Progress in Mathematics
Volume 145

Integrable Systems and Foliations

Feuilletages et Systèmes Intégrables

Claude Albert
Robert Brouzet
Jean Paul Dufour
Editors

Birkhäuser
Boston • Basel • Berlin

Claude Albert
Robert Brouzet
Jean Paul Dufour
Départment de Mathématiques Case 51
Université Montpellier II, France

Library of Congress Cataloging-in-Publication Data

Integrable systems and foliations = Feuilletages et systèmes intégrables / Claude Albert, Robert Brouzet, Jean Paul Dufour, editors.
p. cm. -- (Progress in mathematics ; v. 145)
Papers from a colloqium held in Montpellier, France, May 22--26, 1995. in honor of Pierre Molino's 60th birthday.
ISBN-13: 978-1-4612-8668-4 e-ISBN-13: 978-1-4612-4134-8
DOI: 10.1007/978-1-4612-4134-8
1. Foliations (Mathematics)--Congresses. 2. Differentiable dynamical systems--Congresses. 3. Symplectic manifolds--Congresses. I. Molino, Pierre, 1935- . II. Albert, C. (Claude), 1944- III. Brouzet, Robert, 1960- . IV. Dufour, Jean Paul. V. Title: Feuilletages et systèmes intégrables VI. Series: Progress in mathematics (Boston, Mass.) ; vol. 145
QA613.62.I56 1997 96-48688
514'.7--dc21 CIP

Printed on acid-free paper

Birkhäuser ®

Reformatted from authors' disks in Tex by Texniques, Inc., Boston, MA.
Printed and bound by Quinn-Woodbine, Woodbine, NJ.

9 8 7 6 5 4 3 2 1

Contents

Preface

Ce volume rassemble les actes du colloque "Systèmes Intégrables et Feuilletages" qui a eu lieu à Montpellier (France) du 22 Mai au 26 Mai 1995.

S'inscrivant dans le cadre des Colloques Internationaux du Séminaire Sud-Rhodanien de Géométrie (GDR 144 du CNRS), cette rencontre, placée sous le parrainage scientifique de M. Audin, E. Ghys, A. Haefliger, A. Lichnerowicz, A. Reiman, W. Van Est et A. Weinstein, était consacrée à des thèmes de recherches chers à P. Molino, qui fêtait cette année là son soixantième anniversaire. Un certain nombre de participants ont tenu à lui dédier leur conférence.

Les conférences de J. Pradines, M. Brunella, W. Van Est, A. Reiman, M. Audin, J. Harnad, L. Haine, A. Zeghib n'ont pas été rédigées.

Claude Albert

List of Contributors

Yves Benoist, URA 748 du CNRS, Université Paris 7, Case 7012, UFR de Mathématiques, 75251 Paris Cedex 05, France

Grant Cairns, School of Mathematics, La Trobe University, Melbourne, Australia 3083

Barry Jessup, Department of Mathematics, University of Ottowa, Ottowa, Canada K1N6N5

Jane Pitkethly, School of Mathematics, La Trobe University, Melbourne, Australia 3083

Vincent Cavalier, Département de Mathématiques, Université de Montpellier II, 34095 Montpellier Cedex 5, France

André Haefliger, Institut de Mathématiques, Université de Genève, 2-4, rue du Lièvre, 1211 Genève 24, Switzerland

Hermann Flaschka, Department of Mathematics, The University of Arizona, Tucson, AZ 85721, USA

Tudor Ratiu, Department of Mathematics, University of California at Santa Cruz, Santa Cruz, CA 95064, USA

Étienne Ghys, École Normale Supérieure de Lyon, 46, Allée d'Italie, 69364 Lyon Cedex 7, France

André Lichnerowicz, 6 Avenue Paul Appel, 75014 Paris Cedex, France

Gaël Meigniez, Mathématiques, Institut Girard Desargues, Université Claude Bernard-Lyon 1, 43, boulevard du 11 Novembre 1918, 69622 Villeurbanne Cedex, France

Ieke Moerdijk, Department of Mathematics, Utrecht University, PO Box 80.010, 3508 TA Utrecht, The Netherlands

Francisco Javier Turiel, Geometría Topología, Facultad de Ciencias, Ap. 59, Universidad de Málaga, 29080 Málaga, Espagne

Izu Vaisman, Department of Mathematics and Computer Science, University of Haifa, Israel

Pol Vanhaecke, University of California, Department of Mathematics, Davis, CA 95616-8633, USA

Orbites des structures rigides
(d'après M. Gromov)

Yves Benoist

Introduction

Dans les articles [B-F-L] et [B-L] que j'ai écrits avec P. Foulon et F. Labourie, nous décrivons, sur toute variété compacte, les flots d'Anosov de contact et les difféomorphismes d'Anosov symplectiques qui ont leurs feuilletages stable et instable de classe C^∞. Pour cela, nous utilisons de façon essentielle la proposition suivante due à M. Gromov (voir 1.3 pour la définition des objets qui interviennent dans cet énoncé).

Proposition. ([Gr]) *Soit M une variété C^∞ munie d'une A-structure rigide g de classe C^∞. Alors, il existe un ouvert dense U de M dans lequel les orbites du pseudogroupe I^{loc} des isométries locales de g sont des sous-variétés fermées.*

Corollaire. ([Gr]) *Si I^{loc} a une orbite dense, celle-ci est ouverte.*

Des exemples de A-structures rigides sont les structures affines (i.e., les connexions ∇ sur le fibré tangent) ou les structures pseudoriemanniennes.

Cette proposition joue aussi un rôle dans l'étude des actions de "gros groupes" (par exemple les réseaux des groupes semisimples) sur des variétés compactes, ou encore dans l'étude des variétés lorentziennes compactes dont le groupe d'isométrie est non compact.

Le but de ces notes de cours est d'extraire de [Gr] les idées qui permettent de démontrer la proposition ci-dessus.

Voici le plan suivi. On introduit tout d'abord les principales notations (§1). On montre ensuite que, si M est une variété munie d'une A-structure g, il existe un ouvert dense U_r de M dans lequel les orbites du pseudogroupe I^r des r-jets isométriques de g (c'est à dire des r-jets qui "préservent" g) sont des sous-variétés fermées. On montre aussi que dans U_r l'ensemble des r-jets isométriques proches de l'identité est une sous-variété localement fermée du fibré D^rM des r-jets de difféomorphismes de M et que des points proches de U_r qui sont reliés par un r-jet isométrique sont aussi reliés par un r-jet isométrique proche de l'identité. Un outil important dans cette discussion est le théorème de stratification des variétés algébriques munies d'une action d'un groupe algébrique (§2).

Ceci nous permettra d'appliquer la théorie des relations aux dérivées partielles et de montrer que, lorsque g est rigide, dans un voisinage V de chaque point de l'intersection de ces ouverts denses U_r, on peut choisir $r \gg 0$ tel que les r-jets isométriques proches de l'identité sont des r-jets d'isométries locales et donc tel que I^r-orbites et I^{loc}-orbites coïncident dans V (§3).

Signalons pour finir que se restreindre au cadre des structures pseudoriemanniennes n'apporte aucune simplification à la démonstration.

La modification principale par rapport à [Gr] consiste à n'étudier les r-jets isométriques qu'au voisinage de l'identité, ce qui est suffisant pour démontrer la proposition et son corollaire.

Ces notes sont issues d'un cours que j'ai donné lors du symposium "On ergodic theory and dynamical systems" à Varsovie début juin 1995. Je remercie W. Ballmann, P. Foulon et F. Labourie pour d'intéressantes discussions à ce sujet.

1. A-structures rigides

Dans cette partie, nous donnons la définition des termes de la proposition ci-dessus et nous expliquons en quoi les A-structures rigides sont des généralisations à la fois naturelles et utiles de notions classiques comme les variétés pseudoriemanniennes ou les variétés affines. On fixe un entier $n \geq 1$.

1.1. Le fibré des r-repères

1.1.1. Le groupe D^r. Soit $J^r_{0,0}(\mathbb{R}^n, \mathbb{R}^p)$ l'espace vectoriel des r-jets en 0 d'applications C^∞ de $\mathbb{R}^n$ dans $\mathbb{R}^p$ qui envoient 0 sur 0. C'est le quotient de $C^\infty(\mathbb{R}^n, \mathbb{R}^p)$ par la relation d'équivalence "avoir le même développement de Taylor à l'ordre r en 0". Un élément φ de $J^r_{0,0}(\mathbb{R}^n, \mathbb{R}^p)$ s'écrit $\varphi = \varphi_1 + \cdots + \varphi_r$ où φ_i est une application polynomiale homogène de degré i de $\mathbb{R}^n$ dans $\mathbb{R}^p$. En coordonnées, si on note $|\alpha| := \alpha_1 + \cdots + \alpha_n$ la longueur d'un multiindice $\alpha = (\alpha_1, \ldots, \alpha_n)$, on a $\varphi_i(x) = \sum_{|\alpha|=i} a_\alpha x_1^{\alpha_1} \cdots x_n^{\alpha_n}$. Par exemple, l'espace $J^1_{0,0}(\mathbb{R}^n, \mathbb{R}^p)$ n'est rien d'autre que l'espace $\mathcal{L}(\mathbb{R}^n, \mathbb{R}^p)$ des applications linéaires de $\mathbb{R}^n$ dans $\mathbb{R}^p$.

L'espace vectoriel $J^r := J^r_{0,0}(\mathbb{R}^n, \mathbb{R}^n)$ est muni d'un produit: la composition. Celle-ci est une application polynomiale de $J^r \times J^r$ dans J^r. On note

$$\begin{aligned} D^r &= \{ \text{ éléments inversibles de } J^r\} \\ &= \{\varphi = \varphi_1 + \cdots + \varphi_r \in J^r \ / \ \det\varphi_1 \neq 0\} \end{aligned}$$

$$= \{r\text{ -jets en } 0 \text{ de difféomorphismes de } \mathbb{R}^n \\ \text{dans lui même qui envoient } 0 \text{ sur } 0\} \; .$$

D^r est un groupe algébrique pour la composition.

1.1.2. Le fibré $J^r(M,N)$ des r-jets de M dans N. Soit M une variété C^∞ de dimension p (bientôt on prendra $p = n$) et N une variété C^∞ de dimension q. On note

$$q_r : J^r(M,N) \to M \times N$$

le fibré vectoriel des r-jets θ d'applications C^∞ de M dans N. La projection $q_r(\theta)$ est le couple (x,y) formé du point de départ x du r-jet θ et de son image $y = \theta(x)$. On note $J^r_{x,y} := q_r^{-1}(x,y)$ la fibre au dessus du point (x,y). Lorsque M est un ouvert de $\mathbb{R}^p$ et N un ouvert de $\mathbb{R}^q$, ce fibré se trivialise: $J^r(M,N) \simeq (M \times N) \times J^r_{0,0}(\mathbb{R}^p, \mathbb{R}^q)$. On note

$$\pi_r : J^r(M,N) \to M$$

ce même espace vu comme fibré au dessus de M. La projection $\pi_r(\theta)$ est le point de départ du r-jet θ.

A toute application $f : M \to N$ de classe C^k avec $k \geq r$ est associée une section

$$J^r f : M \to J^r(M,N)$$

de classe C^{k-r} de ce fibré: pour x dans M, l'image $J^r f(x) \in J^r_{x,f(x)}$ est le r-jet de f en x.

1.1.3. Le fibré $J^{n,r}M$ des r-jets de $(\mathbb{R}^n, 0)$ dans M. On note

$$p_{n,r} : J^{n,r}M \to M$$

le fibré des r-jets ψ en 0 d'applications C^∞ de $\mathbb{R}^n$ dans M. La projection $p_{n,r}$ est l'évaluation en 0: $p_{n,r}(\psi) = \psi(0)$. Le groupe D^r agit à droite sur $J^{n,r}M$ par la composition: $\psi.\varphi = \psi \circ \varphi$. Par exemple, le fibré $J^{1,1}M$ n'est rien d'autre que le fibré tangent TM à M.

On a une injection canonique

$$i_{r,s} : J^{n,r+s}M \to J^{n,s}(J^{n,r}M) \; .$$

L'image du $(r+s)$-jet $\psi \in J^{n,r+s}M$ (que l'on étend en une application $\tilde{\psi} \in C^\infty(\mathbb{R}^n, M)$) est le s-jet en 0 de l'application de $\mathbb{R}^n$ dans $J^{n,r}M$ qui, à x dans

$\mathbb{R}^n$, associe le r-jet en 0 de l'application $y \to \tilde{\psi}(x+y)$. Cela ne dépend pas du choix de $\tilde{\psi}$.

A notre application f sont aussi associées des applications de classe C^{k-r}

$$J^{n,r}f \ : \ J^{n,r}M \to J^{n,r}N$$

entre les espaces de r-jets, données par: $J^{n,r}f(\psi) = f \circ \psi$. Bien sûr, pour ψ dans $J^{n,r}M$, $J^{n,r}f(\psi)$ ne dépend que des r-jets $J^r f(\psi(0))$ et ψ. Par construction, $J^{n,r}f$ commute à l'action de D^r: $J^{n,r}f(\psi \circ \varphi) = J^{n,r}f(\psi) \circ \varphi$. Par exemple, l'application $J^{1,1}f$ n'est rien d'autre que la différentielle de f.

1.1.4. Le fibré des r-repères $R^r M$. On suppose désormais que $n = p$. On note

$$p_r : R^r M \to M$$

le fibré des r-repères de M et $R^r_x M = p_r^{-1}(x)$ la fibre en un point x de M. L'espace $R^r M$ est l'ouvert de $J^{n,r}M$ formé des r jets d'applications étales en 0 et la projection p_r est encore l'évaluation en 0. L'action de D^r sur $J^{n,r}M$ préserve $R^r M$ et est simplement transitive sur les fibres de p_r. Autrement dit, le fibré des r-repères est un D^r-fibré principal.

Lorsque f est un difféomorphisme, l'application $J^{n,r}f$ envoie $R^r M$ sur $R^r N$.

Exemples.

- $r = 0$. On a $R^0 M = M$.
- $r = 1$. Le groupe D^1 est le groupe $\mathrm{GL}(n, \mathbb{R})$ des endomorphismes inversibles de $\mathbb{R}^n$ et le fibré $R^1 M$ est le fibré des repères $R(M)$ de M:

$$R(M) = \{(x, l) \ / \ x \in M \text{ et } l \in \mathcal{L}(\mathbb{R}^n, T_x M)\} .$$

1.2. A-structures

Soit Z une variété algébrique réelle lisse sur laquelle le groupe D^r agit algébriquement. Soit k un entier strictement positif, ou $k = \infty$ (dans les applications on aura $k = \infty$).

Définition. On appelle A-structure (d'ordre r, de type Z, de classe C^k) une application g de classe C^k du fibré $R^r M$ dans Z qui est D^r-équivariante, i.e., telle que $g(\psi\varphi) = \varphi^{-1} \cdot g(\psi)$, pour tous ψ dans $R^r M$ et φ dans D^r.

Remarques. a) Le préfixe A signifie algébrique.

b) Une A-structure n'est donc rien d'autre qu'une section du fibré associé $Z(M) := R^r M \times_{D^r} Z$. Par définition, ce fibré est le quotient de l'espace produit $R^rM \times Z$ par la relation d'équivalence: $(\psi, z) \simeq (\psi\varphi^{-1}, \varphi z)$ pour tout φ dans D^r.

c) Si on se donne une carte $\varphi_a : U_a \to V_a$ entre un ouvert U_a de M et un ouvert V_a de $\mathbb{R}^n$, on a une trivialisation du fibré des r-repères: $J^{n,r}\varphi_a : R^rU_a \xrightarrow{\simeq} R^rV_a = V_a \times D^r$. Une A-structure équivaut donc à la donnée, pour toutes les cartes φ_a d'un atlas, d'applications $g_a \in C^k(V_a, Z)$ telles que (en notant $\Psi_{ba} = \varphi_b \circ \varphi_a^{-1}$ les changements de cartes et $J^r\Psi_{ba}(v) = (v, \Psi_{ba}(v), \Psi^r_{ba}(v)) \in V_a \times V_b \times D^r$ leur r-jet en un point v) les g_a se recollent selon la formule:

$$g_b(\Psi_{ba}(v)) = (\Psi^r_{ba}(v)) \cdot g_a(v) \quad \forall v \in \varphi_a(U_a \cap U_b) \, .$$

d) En particulier, si M est un ouvert de $\mathbb{R}^n$, une A-structure sur M est tout simplement une application de classe C^k de M dans Z.

Exemples. a) *Structures pseudoriemanniennes.* Supposons que $r = 1$, $Z = \{$formes quadratiques q sur $\mathbb{R}^n$ non dégénérées$\}$ et que l'action de $D^1 = \mathrm{GL}(n, \mathbb{R})$ sur Z est donnée par $\varphi.q = q \circ \varphi^{-1}$. Dans ce cas, une A-structure g n'est rien d'autre qu'une structure pseudoriemannienne, c'est à dire la donnée d'un champ C^k $(g_x)_{x\in M}$ de formes quadratiques sur T_xM non dégénérées. Le lien entre ces deux structures est donnée par l'égalité: $g((x, l)) = g_x \circ l$, pour tout repère $\psi = (x, l) \in R^1M = R(M)$.

Autrement dit, si M est muni d'une structure pseudoriemannienne, on peut associer à chaque repère (x, l) sur M une forme quadratique sur $\mathbb{R}^n$: celle qui dans la base canonique de $\mathbb{R}^n$ admet la même matrice que notre forme quadratique g_x sur T_xM dans la base donnée de T_xM.

b) *Application aux systèmes d'Anosov à feuilletages stable et instable différentiables.* Supposons que $r = 1$, $n = 2p$,

$$\begin{aligned} Z = \{(q, E^+, E^-) \,/ q \text{ est une forme quadratique sur } \mathbb{R}^{2p} \text{ de signature } (p,p), \\ E^+ \text{ et } E^- \text{sont deux sous-espaces vectoriels de } \mathbb{R}^{2p} \\ \text{transverses et lagrangiens}\} \end{aligned}$$

et que Z est muni de l'action naturelle de $\mathrm{GL}(n, \mathbb{R})$.

Dans ce cas, une A-structure sur M est la donnée d'une structure pseudoriemannienne de signature (p, p) et d'une décomposition du fibré tangent en somme de deux sous-fibrés lagrangiens.

C'est cette A-structure qui joue un rôle central dans l'étude des difféomorphismes d'Anosov symplectiques à feuilletages stable et instable de classe C^∞ (voir [B-L]). Une A-structure analogue joue un rôle central dans l'étude des flots d'Anosov de contact à feuilletages C^∞ (voir [B-F-L]).

c) *Structures affines.* Une variété affine est une variété munie d'une connexion ∇. C'est un cas particulier de A-structure d'ordre 2. En effet, posons

$Z = \{$0-jets en 0 de connexions sur $\mathbb{R}^n\}$. Un élément de Z est simplement la donnée de la valeur $\Gamma_{ij}^k(0)$ au point 0 des coefficients de Christoffel. Z est donc une variété algébrique isomorphe à $\mathbb{R}^{n^3}$.

Considérons l'image d'un germe en 0 de connexion sur $\mathbb{R}^n$ par un germe en 0 de difféomorphisme de $\mathbb{R}^n$ préservant 0. Un calcul explicite laissé au lecteur montre que le 0-jet en 0 de la connexion image ne dépend que du 0-jet en 0 de la connexion de départ et du 2-jet en 0 du difféomorphisme et que cette dépendance est polynomiale. Autrement dit, on a une action algébrique naturelle de D^2 sur Z.

Si (M, ∇) est une variété affine, chaque élément ψ de R^2M permet de la même façon de ramener le 0-jet de la connexion ∇ au point $\psi(0)$ en un 0-jet en 0 de connexion sur $\mathbb{R}^n$ que l'on note $g(\psi) \in Z$. L'application $g : R^2M \to Z$ ainsi construite est la A-structure associée à ∇.

Réciproquement, une A-structure de type Z permet de construire une connexion ∇ sur M: dans une carte, on connait la valeur en chaque point des coefficients de Christoffel ...

d) *Autres structures géométriques.* Le lecteur interprètera de la même façon un certain nombre de structures géométriques familières. Structures symplectique, de contact, conforme, projective, presque complexe; structures complexe, hyperbolique, affine plate...

e) $s^{\text{ième}}$*-jet d'une A-structure.* A toute A-structure g d'ordre r, de type Z et de classe C^k et à tout entier $s \leq k$, on associe une A-structure g^s d'ordre $r+s$, de type $J^{n,s}Z$ et de classe C^{k-s}. Cette A-structure g^s est tout simplement la composée des applications naturelles $g^s := J^{n,s}g \circ i_{s,r}$

$$R^{r+s}M \to J^{n,s}(R^rM) \to J^{n,s}Z \ .$$

Le lecteur vérifiera que $J^{n,s}Z$ est une variété algébrique lisse sur laquelle agit algébriquement D^{r+s} et que cette application g^s est D^{r+s}-équivariante. Remarquons que la donnée de g^s équivaut à celle de g !... mais l'introduction de g^s nous permettra d'alléger les notations.

De façon plus prosaïque, g^s consiste en la donnée dans chaque carte des applications $g_a : V_a \to Z$ ... et de leurs dérivées partielles jusqu'à l'ordre s.

f) *Structure d'ordre* 0. C'est une application g de classe C^k de M dans Z. Ce cas particulier trivial, avec $M = \mathbb{R}$, est une bonne source ... de contre-exemples.

1.3. Pseudogroupe d'isométries

Soit M une variété C^∞ munie d'une A-structure g d'ordre r_0 de classe C^k. Les symboles $x, y, x_1, \ldots$ désignent des points de M et $r = r_0 + i$ avec $0 \leq i \leq k-1$.

Définition. On appelle isométrie locale de g un difféomorphisme f de classe

C^{k+r_0} entre deux ouverts U_1 et U_2 de M qui préserve g, i.e., tel que

$$g \circ (J^{n,r_0} f) = g \text{ dans } R^{r_0} U_1 .$$

On appelle r-jet isométrique de g un r-jet en un point x_1 de M d'un difféomorphisme f entre deux ouverts de M qui préserve g à l'ordre $i = r - r_0$ en x_1 , i.e., tel que

$$g^i \circ (J^{n,r} f) = g^i \text{ dans } R^r_{x_1} M .$$

Remarques.

- Cette dernière définition ne dépend pas du choix du difféomorphisme f dont le r-jet en x_1 est prescrit.
- Bien sûr un r-jet isométrique n'est pas toujours le r-jet d'une isométrie locale!

On note:

$$\begin{aligned} I^{loc}_{x_1,x_2} &= \{\text{germes en } x_1 \text{ d'isométries locales de classe } C^{k+r_0} \\ &\qquad \text{qui envoient } x_1 \text{ sur } x_2\} \\ \Omega^{loc}_x &= \{y \in M \ / \ I^{loc}_{x,y} \neq \emptyset\} \\ I^r_{x_1,x_2} &= \{r\text{-jets isométriques en } x_1 \text{ qui envoient } x_1 \text{ sur } x_2 \ \} \\ \Omega^r_x &= \{y \in M \ / \ I^r_{x,y} \neq \emptyset\}. \end{aligned}$$

La composition définit une loi associative $I^{loc}_{x_2,x_3} \times I^{loc}_{x_1,x_2} \to I^{loc}_{x_1,x_3}$ pour laquelle chaque $I^{loc}_{x,x}$ est un groupe et chaque élément de $I^{loc}_{x,y}$ a un inverse dans $I^{loc}_{y,x}$. Cette donnée est un pseudogroupe noté I^{loc}: le pseudogroupe des isométries locales. L'ensemble Ω^{loc}_x n'est rien d'autre que l'orbite de x sous l'action de ce pseudogroupe. De la même façon les ensembles $I^r_{x_1,x_2}$ s'assemblent en un pseudogroupe I^r: le pseudogroupe des r-jets isométriques dont les orbites sont les ensembles Ω^r_x.

Autrement dit, deux points x, y de M sont dans la même I^{loc}-orbite (resp. I^r-orbite) si et seulement si on peut trouver des systèmes de coordonnées centrées en x et y dans lesquels les expressions g_a de g (voir la remarque 1.2.c) sont les mêmes (resp. ont le même $(r - r_0)$-jet à l'origine).

Remarque. Le comportement des I^{loc} (resp. I^r) orbites est beaucoup plus simple que celui des orbites des champs de vecteurs: il n'y a pas de dynamique. En effet, si on connait la A-structure g au voisinage d'un point de M, on connait aussi les orbites de I^{loc} (resp. I^r) au voisinage de ce point. Par contre la description locale d'un champ de vecteurs ne fournit que des informations partielles sur les orbites du champ de vecteurs: elle ne permet pas de savoir si le flot est récurrent!

Définition. La A-structure g est dite rigide à l'ordre $r_1 = r_0 + i_1$ avec $0 \leq i_1 \leq i \leq k-1$ si, pour tout x dans M et $r = r_0 + i$ avec $i_1 \leq i \leq k-1$, l'application naturelle

$$I_{x,x}^{r+1} \to I_{x,x}^{r}$$

est injective.

Exemples.

- Une structure pseudoriemannienne est rigide à l'ordre 1 car on peut entièrement déterminer un r-jet isométrique à partir de son 1-jet grâce à l'application exponentielle.
- Soit g une A-structure d'ordre 0, c'est à dire une application $g : M \to Z$ de classe C^k. Elle est rigide (à l'ordre 0) si et seulement si g est une immersion.

Nous avons introduit tous les objets qui interviennent dans la proposition de l'introduction. Notre but est maintenant de la démontrer.

On peut remarquer que la question est locale et que l'on peut donc supposer que M est une boule ouverte de $\mathbb{R}^n$. Cependant nous n'utiliserons pas cette hypothèse car même si elle permet de trivialiser le fibré $Z(M)$, elle ne permet pas de trivialiser l'action des difféomorphismes de M sur les sections de ce fibré!

2. I^r-orbites

2.1. Le théorème de stratification

Nous admettrons le théorème classique suivant.

Théorème. *Soit G un groupe algébrique réel agissant algébriquement sur une variété algébrique Y. Alors il existe une partition de Y en sous-variétés lisses et localement fermées G-invariantes*

$$Y = Y_0 \cup \cdots \cup Y_l$$

telle que, pour tout $j = 0, \ldots, l$:

- *$Y_0 \cup \cdots \cup Y_j$ est fermé dans Y,*
- *il existe une structure de variété C^∞ sur l'espace des orbites $G\backslash Y_j$ de sorte que l'application quotient $Y_j \to W_j := G\backslash Y_j$ est une fibration C^∞.*

Exemples.

- $G = \mathbb{R}^*$ agit par homothétie sur $Y = \mathbb{R}^n$. On peut prendre $Y_0 = \{0\}$ et $Y_1 = \mathbb{R}^n - \{0\}$. La variété quotient $G\backslash Y_1$ est l'espace projectif réel.

- $G = O(2,1)$ agit sur $Y = \mathbb{R}^3$ en préservant la forme quadratique $q(x) = x_1^2 + x_2^2 - x_3^2$. On peut prendre $Y_0 = \{0\}$, $Y_1 = \{x \neq 0 \ / \ q(x) = 0\}$, $Y_2 = \{x \ / \ q(x) > 0\}$ et $Y_3 = \{x \ / \ q(x) < 0\}$.
- $G = \mathbb{R}$ agit sur le tore $\mathbb{T}^2$ par translation parallèlement à une droite de pente irrationnelle. Les orbites de cette action sont toutes denses. On ne peut pas dans ce cas trouver de partition comme dans le théorème: l'action de G sur Y n'est pas algébrique.

2.2. Etude des I^r-orbites

Démontrons maintenant l'analogue de la proposition pour les I^r-orbites.

Lemme. *Soit g une A-structure sur M d'ordre r_0 et de classe C^k, $k \geq 1$. Pour tout $r = r_0 + i$ avec $0 \leq i \leq k-1$, il existe un ouvert dense U_r de M tel que dans U_r les I^r-orbites sont des sous-variétés fermées de classe C^{k-i}.*

Démonstration. Comme le problème est local, il suffit de trouver un ouvert non vide U de M dans lequel les I^r-orbites sont des sous-variétés fermées.

Comme l'ensemble des r-jets isométriques de g est égal à l'ensemble des r-jets isométriques de la A-structure g^i, on peut, quitte à remplacer g par g^i, supposer que $r = r_0$.

Considérons alors le diagramme suivant

$$\begin{array}{ccc} R^r M & \xrightarrow{g} & Z \\ \Big\downarrow{\scriptstyle p_r} & & \Big\downarrow{\scriptstyle \pi} \\ M & \xrightarrow{\overline{g}} & W \end{array}$$

où $W := D^r \backslash Z$ est l'ensemble des D^r-orbites dans Z, π est l'application quotient, et où $\overline{g}$ est l'unique application qui fait commuter le diagramme. Remarquons que les I^r-orbites ne sont rien d'autre que les images inverses $\overline{g}^{-1}(w)$ des points w de W.

Soient $Z = Z_0 \cup \cdots \cup Z_l$ une stratification pour l'action de D^r dans Z, j le plus grand entier tel que $g(R^r M) \cap Z_j \neq \emptyset$ et d_j la dimension des D^r-orbites dans Z_j. Soit $\rho_{\max}$ la valeur maximum prise par le rang de g sur l'ouvert $g^{-1}(Z_j)$. Comme g est D^r-équivariant, l'ouvert

$$\{\psi \in R^r M \ / \ g(\psi) \in Z_j \text{ et } \mathrm{rang}_\psi(g) = \rho_{\max}\}$$

est de la forme $p_r^{-1}(U)$ où U est un ouvert de M.

On a encore le diagramme

$$\begin{array}{ccc} R^r U & \xrightarrow{g} & Z_j \\ \Big\downarrow p_r & & \Big\downarrow \pi \\ U & \xrightarrow{\overline{g}} & W_j \end{array}$$

mais cette fois $W_j := D^r \backslash Z_j$ est une variété C^∞, π est une fibration et g est une application de rang constant ρ. On en déduit que $\overline{g}$ est une application de rang constant $\rho - d_j$. Donc, pour tout w dans W_j les images inverses $\{x \in U \ / \ \overline{g}(x) = w\}$ sont des sous-variétés fermées. On a vu que ce sont les I^r-orbites dans U. □

On posera désormais:

$$U_r = \{x \in M \ / \ \begin{array}{l} \text{il existe un voisinage } V \text{ de } x \text{ et un entier } j \leq l \\ \text{tel que } g^{r-r_0}(p_r^{-1}(V) \subset Z_j \text{ et l'application} \\ g^{r-r_0} \text{ est de rang constant sur } \ p_r^{-1}(V)\} \end{array}$$

Notre raisonnement prouve que U_r est un ouvert dense dans lequel les I^r-orbites sont des sous variétés fermées qui feuillètent U_r.

2.3. Etude de I^r

Nous rassemblons dans cette partie les renseignements géométriques dont nous aurons besoin sur l'ensemble I^r pour pouvoir intégrer certains r-jets isométriques en germes d'isométries.

Notons $D^r M$ l'ouvert de $J^r(M, M)$ formé des r-jets ψ de difféomorphismes locaux de M dans M et notons encore

$$q_r : D^r M \to M \times M$$

la projection définie par $q_r(\psi) = (x_1, x_2)$ où x_1 est le point de départ de ψ et $x_2 = \psi(x_1)$. La projection q_r est une fibration dont chaque fibre $D^r_{x_1,x_2} := q_r^{-1}((x_1, x_2))$ est difféomorphe à D^r.

L'ensemble $I^r = I^r(M)$ des r-jets isométriques de g est une partie de $D^r M$ et l'ensemble $I^r_{x_1,x_2}$ est l'intersection $I^r \cap D^r_{x_1,x_2}$. On note Ω^r ou $\Omega^r(M)$ l'ensemble

$$\Omega^r = q_r(I^r)$$

des couples d'éléments de M qui sont reliés par un r-jet isométrique.

Pour x dans M, on note 1^r_x le r-jet en x de l'identité: c'est l'élément neutre du groupe $I^r_{x,x}$.

Lemme. *Soient g une A-structure d'ordre r_0 de classe C^k, $r = r_0 + i$ avec $0 \leq i \leq k-1$ et $x \in U_r$ (c.f. 2.2). Alors*

a) *Au voisinage du point (x,x), Ω^r est une sous-variété fermée de classe C^{k-i} de $M \times M$.*

b) *Au voisinage du point 1_x^r, I^r est une sous-variété fermée de classe C^{k-i} de $D^r M$.*

c) *L'application $q_r : I^r \to \Omega^r$ est une submersion au voisinage de 1_x^r.*

Remarque. L'affirmation c) signifie que deux points x_1, x_2 de U_r suffisamment proches qui sont reliés par un r-jet isométrique sont alors reliés par un r-jet isométrique proche de l'identité.

Démonstration. a) Dans tous ces énoncés, on peut supposer $r = r_0$ i.e., $i = 0$. On reprend les notations du lemme 2.2. Comme $\overline{g}$ est une application C^k de rang localement constant, l'ensemble $\Omega^r(U_r) = \{(x_1, x_2) \in U_r \times U_r \ / \ \overline{g}(x_1) = \overline{g}(x_2)\}$ est une sous-variété fermée de classe C^k au voisinage de (x,x).

b) et c) Considérons l'application

$$\begin{aligned} m_r : R^r M \times R^r M &\to D^r M \\ (\psi_1, \psi_2) &\to \psi_2 \circ \psi_1^{-1} \end{aligned}$$

C'est un D^r-fibré principal pour l'action diagonale de D^r: $(\psi_1, \psi_2)\varphi = (\psi_1 \circ \varphi, \psi_2 \circ \varphi)$. Autrement dit, si on se donne deux r-repères ψ_1, ψ_2 de M, on en déduit un r-jet de difféomorphisme f de M dans lui-même: celui qui envoie le premier r-repère sur le second. Lorsque f est donné, le choix du premier r-repère est arbitraire, le second s'en déduit. Soit

$$L^r = \{(\psi_1, \psi_2) \in R^r M \times R^r M \ / \ g(\psi_1) = g(\psi_2)\}.$$

On a l'égalité

$$L^r = m_r^{-1}(I^r) \ .$$

Pour conclure, il suffit donc de montrer les deux assertions suivantes, pour tout ψ dans $R_x^r M$:

b′) Au voisinage du point (ψ, ψ), L^r est une sous-variété fermée de classe C^k de $R^r M \times R^r M$.

c′) L'application $(p_r, p_r) : L^r \to \Omega^r$ est une submersion au voisinage de (ψ, ψ).

La première assertion résulte, comme en a) de ce que g est de rang localement constant. Démontrons la deuxième. Comme L^r contient la diagonale, l'image de l'application tangente en (ψ, ψ) contient la diagonale de $T_x M \times T_x M$.

Soit

$$L^r_\psi := \{\psi' \in R^r M \;/\; g(\psi') = g(\psi)\}\ .$$

Il suffit donc de prouver que la surjection

$$p_r : L^r_\psi \to \Omega^r_x$$

est une submersion en ψ. On déduit du diagramme 2.2, le diagramme commutatif suivant formé de suites exactes, où $z = g(\psi)$, $w = \pi(z) = \overline{g}(x)$, W' est une sous-variété localement fermée de W_j image par $\overline{g}$ d'un petit voisinage de x, $Z' = \pi^{-1}(W')$ et où $D^r.z$ est la fibre de π contenant z.

$$\begin{array}{ccccccccc}
 & & & & 0 & & 0 & & \\
 & & & & \downarrow & & \downarrow & & \\
 & & & & T_\psi(R^r_x M) & \to & T_z(D^r.z) & \to & 0 \\
 & & & & \downarrow & & \downarrow & & \\
0 & \to & T_\psi(L^r_\psi) & \to & T_\psi(R^r M) & \to & T_z Z' & \to & 0 \\
 & & \downarrow & & \downarrow & & \downarrow & & \\
0 & \to & T_x(\Omega^r_x) & \to & T_x M & \to & T_w W' & \to & 0 \\
 & & & & \downarrow & & \downarrow & & \\
 & & & & 0 & & 0 & &
\end{array}$$

L'assertion recherchée est la surjectivité de la flèche verticale de gauche, elle se déduit d'une simple chasse au diagramme. □

Corollaire. *Soient g une A-structure d'ordre r_0 de classe C^k rigide à l'ordre $r_1 = r_0 + i_1$ avec $0 \le i_1 \le k-2$, $r = r_0 + i$ avec $i_1 + 1 \le i \le k-1$ et $x \in U_r \cap U_{r-1}$.*

Alors l'application naturelle $\rho_r : I^r \to I^{r-1}$ est une immersion au voisinage de 1^r_x.

Démonstration. D'après le lemme, l'injection $\Omega^r \hookrightarrow \Omega^{r-1}$ est une immersion au voisinage de (x,x). Comme le diagramme

$$\begin{array}{ccc}
I^r & \longrightarrow & I^{r-1} \\
\downarrow & & \downarrow \\
\Omega^r & \longrightarrow & \Omega^{r-1}
\end{array}$$

est commutatif, il suffit de montrer que la restriction de ρ_r en une application de $I^r_{x,x}$ dans $I^{r-1}_{x,x}$ est une immersion au voisinage de 1^r_x. Cela résulte de ce que cette restriction est un morphisme de groupes injectif. □

3. I^{loc}-orbites

Rappelons maintenant quelques généralités sur les relations aux dérivées partielles que nous appliquerons à la relation $I^r \subset J^r(M,M)$.

3.1. Relations aux dérivées partielles

On reprend les notations de 1.1.2. Soient M (resp. N) une variété C^∞ de dimension n (resp. q), $r \geq 0$, $P^r := J^r(M,N) \xrightarrow{\pi_r} M$ le fibré des r-jets d'applications de M dans N.

Définition. Une section $\tau : M \to P^r$ de classe C^0 est dite holonome si elle est égale au r-jet $J^r f$ d'une application $f : M \to N$ de classe C^r.

La section τ est de classe C^k si et seulement si l'application f est de classe C^{k+r}.

Définition. Un n-plan Π de TP^r est dit holonome si il est tangent à une section holonome τ de classe C^1, i.e., si on peut écrire $\Pi = \mathrm{Im}(T_x\tau)$ pour un point x de M.

On note H^r l'ensemble des n-plans holonomes de TP^r. C'est une famille de n-plans sur P^r qui sont transverses aux fibres de la projection π_r.

Remarque. On a une identification naturelle de fibrés au dessus de P^r

$$P^{r+1} \leftrightarrow H^r$$
$$q \leftrightarrow \Pi_q$$

donné par $\Pi_q = \mathrm{Im}(T_x\sigma^r)$ pour toute section σ de P telle que $q = \sigma^{r+1}(x)$.

En effet, connaître la dérivée en x du r-jet de σ équivaut à connaître le $(r+1)$-jet en x de σ.

Lemme. *Une section $\tau : M \to P^r$ de classe C^1 est holonome si et seulement si elle est tangente en tout point à un n-plan holonome, i.e., si $\mathrm{Im}(T_x\tau) \in H^r$, pour tout x dans M.*

Démonstration. On peut supposer que M est un ouvert de $\mathbb{R}^n$ et N un ouvert de $\mathbb{R}^q$. Une section τ de P^r est la donnée, pour tout multiindice $\alpha = (\alpha_1, \dots, \alpha_n)$ de longueur $|\alpha|$ inférieure ou égale à r, de fonctions $t_\alpha : M \to N$. On note $\overline{\subset}$ le n-uplet dont toutes les coordonnées sont nulles sauf la i[ième] qui est égale à 1.

La section τ est holonome si et seulement si $t_\alpha = \partial_{x_1}^{\alpha_1} \cdots \partial_{x_n}^{\alpha_n} t_0$, pour tout α. La section τ est tangente en tout point à un n-plan holonome si et seulement si, pour tout multiindice β avec $|\beta| \leq r-1$ et $i = 1, \dots, n$, on a $\partial_{x_i} t_\beta = t_{\beta+\overline{\subset}}$. C'est bien la même chose. □

Définition. Une partie R de P^r est appelée une relation aux dérivées partielles. On appelle solution de R une application $f : M \to N$ de classe C^r telle que $J^r f$ prend ses valeurs dans R.

On dit que la solution f passe par un point p de R si ce point est dans l'image de $J^r f$.

En pratique R sera toujours une sous-variété localement fermée de classe C^k de P^r avec $k \geq 1$. Ce que nous supposons désormais.

3.2. Existence et unicité

Définition. R est dit C^k complet si la fibration naturelle ρ_r de P^r sur P^{r-1} induit un C^k-difféomorphisme de R sur son image R_0.

La complétude signifie que, quand on connait le $(r-1)$-jet de f, on connait son r-jet et que ce r-jet dépend de façon C^k du $(r-1)$-jet. Nous verrons que c'est la complétude qui assure l'unicité et la régularité des solutions. L'existence locale de solutions sera une conséquence de la consistance de R:

Définition. R est dit consistant si, pour tout p dans R, il existe une section $\tau : M \to P^r$ de classe C^1 à valeurs dans R, passant par p et tangente en p à un n-plan holonome.

Théorème. (Frobenius) *Soient $k \geq 1$ et $R \subset P^r$ une sous-variété localement fermée de classe C^k, C^k-complète et consistante. Alors, pour tout p dans R, il existe un germe de solution passant par p. Il est unique et de classe C^k.*

Autrement dit, si la relation R exprime le r-jet d'une solution en fonction de son $(r-1)$-jet et si par chaque point de R passe une "solution à l'ordre $r+1$", alors il passe aussi un germe de solution.

Bien sûr, Frobenius ne connaissait pas le langage des jets. Mais on va voir que l'essence de ce théorème est le théorème de Frobenius classique.

Démonstration. Comme R est C^k-complet, la restriction à R de la projection ρ_r admet un inverse $\Phi : R_0 \to R \subset P^r \simeq H^{r-1}$. C'est un champ de n-plans holonomes de classe C^k sur R_0.

Soient p_0 un point de R_0, $p = \Phi(p_0) \in R$ et $x_0 = \pi_{r-1}(p_0) \in M$. La consistance assure tout d'abord que ce champ de n-plans est tangent à R_0. En effet, la section τ donnée par la définition fournit une section $\rho_r \circ \tau : M \to R_0$ qui passe par p_0 et est tangente en p_0 au n-plan holonome p.

La projection $\pi_{r-1} : R_0 \to M$ est donc une submersion et l'application $\Phi : R_0 \to TR_0$ est un champ C^k de n-plans transverses aux fibres. On recherche une application locale $f : M \to N$ de classe C^{k+r} telle que

$$J^r f(x_0) = p \quad \text{et} \quad J^r f(M) \subset R\,.$$

Il revient au même de chercher une section

$$\mu : M \to R_0 \text{ de classe } \mathrm{C}^{k+1} \text{ passant par } p_0$$
$$\text{et tangente en tout point au champ de } n\text{-plans } \Phi\,.$$

Le lien entre μ et f est l'égalité $\mu = J^{r-1} f$.

Comme le problème est local, on peut supposer que $R_0 = M \times M'$ où M est un ouvert de $\mathbb{R}^n$ et M' un ouvert de $\mathbb{R}^{n'}$; la projection π_r étant la projection sur le premier facteur. Le champ de n-plans Φ est alors donné par une application de classe C^k

$$F : M \times M' \to \mathcal{L}(\mathbb{R}^n, \mathbb{R}^{n'}) .$$

La section μ cherchée est donnée par une application $m : M \to M'$ de classe C^{k+1}. La condition sur μ se traduit par l'équation:

$$dm(x) = F(x, m(x)) \quad \forall x \in M .$$

Notons D_xF (resp. D_yF) la différentielle partielle de F par rapport à la première (resp. deuxième) variable. Le théorème de Frobenius classique assure l'existence locale, l'unicité et la régularité des solutions de cette équation passant par un point $p_0 = (x_0, y_0)$ donné, sous l'hypothèse que la forme bilinéaire de $\mathbb{R}^n \times \mathbb{R}^n$ dans $\mathbb{R}^{n'}$

$$D_xF(x,y) + D_yF(x,y) \circ F(x,y) \quad \text{est symétrique,} \ \forall (x,y) \in M \times M' .$$

Cette forme bilinéaire n'est rien d'autre que la différentielle seconde d'une solution passant par (x, y). Elle est donc symétrique dès que, pour tout $p_0 = (x_0, y_0)$ dans $M \times N$ il existe une application $m_0 : M \to M'$ passant par p_0 telle que on ait l'égalité

$$dm_0(x) = F(x, m_0(x)) \quad \text{à l'ordre 1 au point } x_0.$$

C'est précisément ce qu'affirme l'hypothèse de consistance. □

3.3. Etude des I^{loc}-orbites

On peut maintenant démontrer la proposition de l'introduction. Elle résulte du lemme 2.2 et du lemme suivant:

Lemme. *Soit g une A-structure (d'ordre r_0, de classe C^∞) rigide (à l'ordre r_1) sur M. Alors il existe $r_2 \geq 0$ et un ouvert dense U de M tel que, pour tout x dans U il existe un voisinage ouvert V de x dans lequel I^{r_2}-orbites et I^{loc}-orbites coïncident.*

Remarques. a) On peut prendre pour r_2 une fonction polynomiale explicite $r_2(r_1, n)$ de r_1 et n, par exemple $r_2(r_1, n) = r_1 + 2(\dim(D^{r_1}) + n + 1)$. On peut prendre pour ouvert U l'intersection des ouverts U_r pour $r_1 \leq r \leq r_2 + 1$.

b) Dans cet ouvert U, les I^{loc}-orbites sont donc des sous-variétés fermées qui forment un feuilletage de U.

c) Si g est seulement de classe C^k, avec $k > r_2(r_1, n) - r_0$, le lemme est encore valable.

d) Il existe probablement aussi un ouvert dense U de M dans lequel I^{r_2}-orbites et I^{loc}-orbites coïncident. Nous n'en aurons pas besoin.

e) Par contre, dans l'ouvert U de la remarque a), il se pourrait que I^r-orbites et I^{loc}-orbites ne coïncident pas car il se pourrait que certains r-jets isométriques ne s'intègrent pas en des isométries locales. En voici un exemple: prendre $M = \mathbb{R}$, $Z = \mathbb{R}^2$ et g une A-structure rigide d'ordre 0 et de classe C^∞ donnée par une immersion $g : \mathbb{R} \to \mathbb{R}^2$ telle que $g(0) = g(1)$ et telle que le point $0 \in \mathbb{R}$ est un zéro isolé mais d'ordre infini de la fonction $x \to g(x-1) - g(x)$. On choisit en outre le jet en 0 de g en position suffisamment générale pour que les points 0 et 1 soient dans tous les ouverts U_r. Par construction, les points 0 et 1 sont dans la même I^r-orbite pour tout r mais ils ne sont pas dans la même I^{loc}-orbite.

Démonstration. On choisit r_2 et U comme dans la remarque. Soient x un point de U et d_x^r la dimension de I^r au voisinage de 1_x^r. Comme la suite $r \to d_x^r$ est décroissante, on peut trouver un entier r entre r_1 et $r_2 - 1$ tel que $d_x^{r-1} = d_x^r = d_x^{r+1}$. On choisit alors, à l'aide du lemme 2.3 et de son corollaire, un voisinage ouvert V de x dans M et des voisinages ouverts $I_*^{r'}$ de $1_x^{r'}$ dans $I^{r'}(V)$ tels que:

α) $I_*^{r'}$ est une sous-variété localement fermée de $D^{r'}M$ pour $r' = r-1, r$ et $r+1$.

β) L'application $\rho_{r+1} : I_*^{r+1} \to I_*^r$ est un difféomorphisme.

γ) L'application $\rho_r : I_*^r \to I_*^{r-1}$ est un difféomorphisme.

δ) L'application $q_r : I_*^r \to \Omega^r(V)$ est surjective.

Montrons que dans V, I^r-orbites et I^{loc}-orbites coïncident. D'après δ), il suffit de voir que tout élément θ de I_*^r est le r-jet d'une isométrie locale. Autrement dit, on cherche une solution passant par θ à la relation aux dérivées partielles $R := I_*^r \subset P^r = J^r(M, M)$. On la trouve grâce au théorème de Frobenius. La seule chose à vérifier est la complétude et la consistance de I_*^r. La complétude résulte de γ). La consistance résulte de β) et du lemme suivant. □

Lemme. *Soit $x_0 \in U_r$. Pour tout $(r+1)$-jet isométrique $\theta' \in I^{r+1}$ suffisamment proche de l'identité $1_{x_0}^{r+1}$, le n-plan holonome $\Pi_{\theta'}$ est tangent à I^r.*

Remarque. Un tel énoncé n'est pas exact pour un $(r+1)$-jet isométrique quelconque, même si I^r est lisse: prendre le $(r+1)$-jet en 0 de l'application $x \to x+1$ dans l'exemple de la remarque e) ci-dessus.

Démonstration. On peut supposer que M est un ouvert de $\mathbb{R}^n$ et que $r = r_0$. Il résulte de la discussion en 2.3 que, dans un voisinage ouvert P_*^r du point $1_{x_0}^r$

dans $D^r M \subset P^r$, la sous-variété I^r_* est définie par une équation:

$$I^r_* = \{\theta \in P^r_* \;/\; G(\theta) = 0\}$$

où G est une application de rang constant [si on identifie $D^r M$ à $M \times M \times D^r$, Z à une sous-variété d'un espace vectoriel et g à une application C^∞ de M dans Z, on a tout simplement $G(x_1, x_2, \varphi) = g(x_2) - \varphi \cdot g(x_1)$]

Il suffit donc de vérifier que le n-plan holonome $\Pi_{\theta'}$ est inclus dans le noyau de la différentielle de G. C'est exactement ce qu'exprime l'appartenance $\theta' \in I^{r+1}_*$.

Détaillons ce dernier point: soit $f \in C^\infty(M, M)$ une application dont le $(r+1)$-jet en x est notre élément θ' et notons $\theta := J^r f(x)$ le r-jet correspondant. Dire que θ' est un $(r+1)$-jet isométrique, c'est dire que le 1-jet en x de l'application $y \to G(J^r f(y))$ est nul. Autrement dit, on a l'égalité entre les applications tangentes:

$$T_\theta G \circ T_x(J^r f) = 0$$

et donc

$$\Pi_{\theta'} \subset \operatorname{Ker}(T_\theta G) = T_\theta I^r \ . \qquad \square$$

Le corollaire de l'introduction se déduit facilement de la proposition car une I^{loc}-orbite d'intérieur non vide est ouverte.

Références

[B-F-L] Y. Benoist, P. Foulon, F. Labourie, Flots d'Anosov à distributions stable et instable différentiables, *Jour. Am. Math. Soc.* **5** (1992), 33–74.

[B-L] Y. Benoist, F. Labourie, Sur les difféomorphismes d'Anosov affines à feuilletages stable et instable différentiables, *Inv. Math.* **111** (1993), 285–308.

[Gr] M. Gromov, Rigid transformation groups, dans Géométrie différentielle, D. Bernard et Y. Choquet-Bruhat (éditeurs), *Travaux en cours* **33** (1988), 65–139.

URA 748 du CNRS
Université Paris 7, Case 7012
UFR de Mathématiques
75251 Paris cedex 05
benoist@mathp7.jussieu.fr

Received: May, 1996.

On the Betti Numbers of Nilpotent Lie Algebras of Small Dimension

Grant Cairns, Barry Jessup, and Jane Pitkethly

This paper is dedicated with fondness and respect to Pierre Molino, in the year of his retirement from teaching.

Abstract

The work of Golod and Šafarevič on class field towers motivated the conjecture that $b_2 > b_1^2/4$ for nilpotent Lie algebras of dimension at least 3, where b_i denotes the ith Betti number. Using a new lower bound for b_2 and a characterization of Lie algebras of the form $\mathbf{g}/Z(\mathbf{g})$, we prove this conjecture for 2-step algebras. We also give the Betti numbers of nilpotent Lie algebras of dimension at most 7 and use them to establish the conjecture for all nilpotent Lie algebras whose centres have codimension ≤ 7.

1. Introduction

By Pierre Molino's theory, the study of Riemannian foliations reduces to the study of Lie foliations with dense leaves [Mo]. Explicitly, one has

Molino's Structure Theorem. *If $\mathcal{F}$ is a Riemannian foliation on a compact manifold, then $\mathcal{F}$ lifts to a foliation $\tilde{\mathcal{F}}$ on the transverse orthonormal frame bundle E_T of $\mathcal{F}$ such that*

(a) *the closures of the leaves of $\tilde{\mathcal{F}}$ are the fibres of a fibration π of E_T.*

(b) *there is a finite dimensional Lie algebra* $\mathbf{g}$ *such that $\tilde{\mathcal{F}}$ induces a* $\mathbf{g}$*-Lie foliation with dense leaves on each fibre of π.*

In particular, the basic cohomology of $\mathcal{F}$ can be reduced to the cohomology of $\mathbf{g}$-Lie foliations with dense leaves; of course this latter cohomology is nothing other than the usual cohomology of $\mathbf{g}$. Recall that if $\mathbf{g}$ is a Lie algebra over $\mathbb{R}$ with Lie bracket $[\ ,\ ] : \mathbf{g} \otimes \mathbf{g} \to \mathbf{g}$, then the Koszul complex of $\mathbf{g}$ is the exterior algebra $\Lambda\mathbf{g}^*$ equipped with the differential d induced by the dual of $[\ ,\ ]$. The *cohomology* $H^*(\mathbf{g}, \mathbb{R})$ *of* $\mathbf{g}$ is the cohomology of this complex (see [Ko,HS]). Now recall:

Theorem. *Let $M, \mathcal{F}$ and* $\mathbf{g}$ *be as above. Then*

(a) *Carrière* [Ca1]*: if $\mathcal{F}$ is a flow, then* $\mathbf{g}$ *is abelian.*

(b) *Ghys* [Gh]*: if M is simply connected, then* $\mathbf{g}$ *is abelian.*

(c) *Carrière* [Ca2]*: $\mathcal{F}$ has polynomial growth if and only if* $\mathbf{g}$ *is nilpotent.*

If $\mathbf{g}$ is abelian, then $H^*(\mathbf{g}, \mathbb{R})$ is just the exterior algebra on $\mathbf{g}$. In this paper we discuss some of the properties of $H^*(\mathbf{g}, \mathbb{R})$ when $\mathbf{g}$ is nilpotent. In fact, there are surprisingly few things known about the cohomology of nilpotent Lie algebras. It is known that their Euler characteristic is zero and that they satisfy Poincaré duality [Ko]. By [Di], each Betti number $b_i = \dim H^i(\mathbf{g}, \mathbb{R})$ is at least 2, for $1 \leq i \leq \dim \mathbf{g} - 1$. There are Euler-type inequalities [M-B] which imply, in particular, that $b_2 \geq b_1$ if $\dim \mathbf{g} > 1$. In special cases, such as graded Lie algebras, other lower bounds are known [DS]. Nevertheless, it is fair to say that in this area there are more conjectures than theorems. For example, the following are two conjectures on nilpotent Lie algebras that have been open for many years. The first is due to Stephen Halperin [Ha]. The second was related to us by Pierre de La Harpe:

The Toral Rank Conjecture. $\dim\ H^*(\mathbf{g}, \mathbb{R}) \geq 2^{\dim \mathrm{Centre}(\mathbf{g})}$.

The b_2-Conjecture. $b_2 > b_1^2/4$, if $\dim \mathbf{g} > 2$.

In fact, there are very few cases for which the cohomology has actually been determined. Even when one assumes a codimension one abelian ideal, one already encounters formidable combinatorial problems [AS]. The cohomology has not been computed for the universal nilpotent Lie algebras [CH], nor for the affine nilpotent Lie algebras. The cohomology of the infinite dimensional nilpotent Lie algebra of vector fields on the real line has been determined; Fuks describes this in [Fu, p. 120] as "one of the most difficult theorems in the cohomology theory of infinite dimensional Lie algebras". Curiously, the finite dimensional case remains open and experimental evidence indicates that the Betti numbers display a more complicated pattern.

In this paper we address the b_2-conjecture and make some remarks on the cohomology of nilpotent Lie algebras of small dimension. The b_2-conjecture is analogous to the Golod-Šafarevič Theorem for finite p-groups [GS]: if d is the minimal number of generators for such a group, and r is the number of relations, then $r > d^2/4$. In fact, for nilpotent Lie algebras, b_1 is the minimal number of generators of the algebra and b_2 is the dimension of the space of relations between the commutators, modulo the Jacobi relations.

Since the Betti numbers are unaffected by extension of basis to $\mathbb{C}$, we work with complex Lie algebras $\mathbf{g}$ and their cohomology $H^i(\mathbf{g}) = H^i(\mathbf{g}, \mathbb{C})$. Complex nilpotent Lie algebras have been classified up to dimension 7. There are infinitely many such algebras; they can be arranged into approximately 200 individual isomorphism classes, plus 6 families each parametrized by a single variable. In Section 3, we list the Betti numbers of these algebras. As the computation of Betti numbers is just a problem in finite dimensional linear algebra, in small dimensions this can be easily accomplished using symbolic algebraic packages, as has been pointed out in the literature for some time (see for example [LP]). We have computed the Betti numbers of these algebras using a program which we have written in *Mathematica.*

It is well known that the behavior of nilpotent Lie algebras of low dimension does not encompass the general behavior observed in high dimensions. For example, in all the cases we have calculated, the Betti numbers b_i are unimodal as a function of i; that is, $b_i \leq b_j$ for all $i \leq j \leq (\dim \mathbf{g})/2$. However, this is not generally true for nilpotent Lie algebras of higher dimension [ACJ]. In tabulating the Betti numbers in dimension ≤ 7, our main aim has been to provide a basis for making computations in higher dimensions. The idea is to suppose that one has a Lie algebra $\mathbf{h}$ with central quotient $\mathbf{h}/Z(\mathbf{h})$ of dimension ≤ 7, where $Z(\mathbf{h})$ denotes the centre of $\mathbf{h}$. Knowledge of the Betti numbers of $\mathbf{h}/Z(\mathbf{h})$, together with a study of the cohomology of central extensions, could provide a useful tool for examining algebras of low dimension greater than 7. In this direction, the following two lemmas are established in Section 2.

Lemma 1. *A Lie algebra* $\mathbf{g}$ *is of the form* $\mathbf{h}/Z(\mathbf{h})$ *for some algebra* $\mathbf{h}$ *if and only if the natural map*

$$Z(\mathbf{g}) \to Hom(H^2(\mathbf{g}), H^1(\mathbf{g}))$$

is injective.

Lemma 2. *If* $\mathbf{g} = \mathbf{h}/Z(\mathbf{h})$ *and* $b_i = \dim H^i(\mathbf{g})$, *then*

$$\dim H^2(\mathbf{h}) \geq \max\{\mathbf{b_1 z} - \mathbf{b_3}, \mathbf{0}\} + \max\{\mathbf{b_2} - \mathbf{z}, \mathbf{0}\},$$

where $z = \dim Z(\mathbf{h})$.

Analogous inequalities for the higher Betti numbers are given in [CJ], using simple spectral sequence arguments. With these results one can deduce

Theorem. [CJ] *The Toral Rank Conjecture is true for nilpotent Lie algebras* $\mathbf{h}$ *for which* $\mathbf{h}/Z(\mathbf{h})$ *has dimension* ≤ 7.

In Section 2, we use Lemma 2 to give a simple proof of

Theorem 1. *The* b_2*-Conjecture is true for 2-step nilpotent Lie algebras.*

Combined with the results in dimension ≤ 7, Lemma 2 also gives:

Theorem 2. *The* b_2*-Conjecture is true for nilpotent Lie algebras* $\mathbf{h}$ *for which* $\mathbf{h}/Z(\mathbf{h})$ *has dimension* ≤ 7.

2. Central extensions

Proof of Lemma 1. Let $\mathbf{g}$ be a Lie algebra, let $b_2 = \dim H^2(\mathbf{g})$ and let C^2 denote the space of 2-cocycles of $\mathbf{g}$. Consider the map

$$\begin{aligned} \phi :& Z(\mathbf{g}) \to Hom(H^2(\mathbf{g}), H^1(\mathbf{g})) \\ \phi(z) &: [\alpha] \mapsto [i_z \alpha], \end{aligned}$$

where i_z is the derivation of degree -1 extending $z \in \mathrm{Hom}(\mathbf{g}^*, \mathbb{C})$. Notice that if $z \in Z(\mathbf{g})$, then $z \in \ker \phi$ if and only if $i_z \alpha = 0$, for all $\alpha \in C^2$. First suppose $\mathbf{g}$ is of the form $\mathbf{h}/Z(\mathbf{h})$, let z be in $\ker \phi$ and assume $z \neq 0$. Then consider the 2-form α defined as follows: let $s : \mathbf{g} \to \mathbf{h}$ be any section of the natural projection $\pi : \mathbf{h} \to \mathbf{g}$. As $s(z) \notin Z(\mathbf{h})$, there exists $x \in \mathbf{h}$ such that $[s(z), x] \neq 0$. Extend $[s(z), x]$ to a basis for $\mathbf{h}$ and let $f : \mathbf{h} \to \mathbb{C}$ be the coordinate map for the $[s(z), x]$-axis. Now let α be defined by

$$\alpha(u, v) = f([s(u), s(v)]).$$

A simple calculation shows that α is closed. But $i_z \alpha \neq 0$ as $\alpha(z, \pi(x)) \neq 0$. This contradicts the assumption that $z \in \ker \phi$. We conclude that $z = 0$. Hence ϕ is injective.

Conversely, if ϕ is injective, consider the vector space $\mathbf{h} = \mathbf{g} \oplus \mathbb{C}^{b_2}$. If $H^2(\mathbf{g})$ has basis $[\alpha_1], \ldots, [\alpha_{b_2}]$, then we define a Lie algebra structure $[\ ,\ ]_{\mathbf{h}}$ on $\mathbf{h}$ by setting

$$[(u, a), (v, b)]_{\mathbf{h}} = ([u, v], (\alpha_1(u, v), \ldots, \alpha_{b_2}(u, v))).$$

Then it is easy to see that $\mathbf{g}$ is isomorphic to $\mathbf{h}/Z(\mathbf{h})$. □

Proof of Lemma 2. Suppose that $\mathbf{g} = \mathbf{h}/Z(\mathbf{h})$. Let $\pi : \mathbf{h} \to \mathbf{g}$ be the natural projection, let $s : \mathbf{g} \to \mathbf{h}$ be any section of π, let $z_1, \ldots, z_k$ be a basis for $Z(\mathbf{h})$ and let $\sigma : Z(\mathbf{h}) \to Z(\mathbf{h})^*$ be the resulting isomorphism between $Z(\mathbf{h})$ and its dual. Consider the maps

$$\begin{aligned} Z(\mathbf{h}) \xrightarrow{\mu} H^2(\mathbf{g}), &\qquad \mu : z \mapsto s^* d\sigma(z) \\ H^2(\mathbf{g}) \to H^2(\mathbf{h}), &\qquad [\alpha] \mapsto [\pi^* \alpha] \\ H^2(\mathbf{h}) \to H^1(\mathbf{g}) \otimes Z(\mathbf{h}), &\qquad [\beta] \mapsto \sum_{i=1}^{k} [s^* i_{z_i} \beta] \otimes z_i \\ H^1(\mathbf{g}) \otimes Z(\mathbf{h}) \to H^3(\mathbf{g}), &\qquad [\alpha] \otimes z \mapsto [\alpha] \wedge \mu(z). \end{aligned}$$

Then it easy to verify that one has the following "Gysin" exact sequence:

$$Z(\mathbf{h}) \to H^2(\mathbf{g}) \to H^2(\mathbf{h}) \to H^1(\mathbf{g}) \otimes Z(\mathbf{h}) \to H^3(\mathbf{g}).$$

From this, one has the short exact sequence:

$$0 \to H^2(\mathbf{g})/\mathrm{Im}(\mu) \to H^2(\mathbf{h}) \to \ker\{H^1(\mathbf{g}) \otimes Z(\mathbf{h}) \to H^3(\mathbf{g})\} \to 0,$$

which gives the required bound. □

Lemma 3. *The b_2-Conjecture is true if $b_1 \leq 3$.*

Proof. As mentioned in the introduction, from [M-B] one has $b_2 \geq b_1$. The Lemma follows immediately. □

Proof of Theorem 1. Suppose that the Lie algebra $\mathbf{h}$ is such that $\mathbf{h}/Z(\mathbf{h})$ is abelian; say $\mathbf{h}/Z(\mathbf{h}) = \mathbb{C}^b$. Arguing by induction on the dimension of $\mathbf{h}$, it suffices to consider the case where $Z(\mathbf{h}) \subseteq [\mathbf{h}, \mathbf{h}]$. Indeed, otherwise $\mathbf{h} = \mathbf{h}' \oplus \mathbf{a}$ for some Abelian algebra $\mathbf{a}$. But a short calculation shows that if $\dim H^2(\mathbf{h}') \geq [\dim H^1(\mathbf{h}')]^2/4$ then $\dim H^2(\mathbf{h}) \geq [\dim H^1(\mathbf{h})]^2/4$. Now let $b_i = \dim H^i(\mathbf{h}/Z(\mathbf{h}))$. So $b_i = \binom{b}{i}$ and $\dim H^1(\mathbf{h}) = b_1 = b$. By Lemma 2, we have

$$\begin{aligned}\dim H^2(\mathbf{h}) &\geq \max\{zb_1 - b_3, 0\} + \max\{b_2 - z, 0\} \\ &= \max\{zb - \binom{b}{3}, 0\} + \max\binom{b}{2} - z, 0\}.\end{aligned}$$

Considering the second term, we have

$$\dim H^2(\mathbf{h}) \geq \binom{b}{2} - z = b(b-1)/2 - z > b^2/4,$$

as long as $z < b^2/4 - b/2$. Considering the first term, we have

$$\dim H^2(\mathbf{h}) \geq zb - \binom{b}{3} = zb - b(b^2 - 3b + 2)/6 > b^2/4$$

provided $z > b/4 + (b^2 - 3b + 2)/6 = (2b^2 - 3b + 4)/12$. So we get the required inequality if $(2b^2 - 3b + 4)/12 < b^2/4 - b/2$; that is, if $b > 4$. So by Lemma 3, it remains to treat the case $b = 4$. From the above, the inequality holds if $z < b^2/4 - b/2 = 2$, and if $z > (2b^2 - 3b + 4)/12 = 2$. So the only outstanding case is $z = 2, b = 4$. But then the estimate from Lemma 2 is:

$$\dim H^2(\mathbf{h}) \geq zb - \binom{b}{3} + \binom{b}{2} - z = 8,$$

and we only require $\dim H^2(\mathbf{h}) > 4$. □

Proof of Theorem 2. Suppose that the Lie algebra $\mathbf{g} = \mathbf{h}/Z(\mathbf{h})$ has dimension ≤ 7 and let $b_i = \dim H^i(\mathbf{g})$. As in the proof of Theorem 1, it suffices to consider the case where $Z(\mathbf{h}) \subseteq [\mathbf{h}, \mathbf{h}]$. So $\dim H^1(\mathbf{h}) = b_1$ and it is easy to show that $z \leq b_2$, where $z = \dim Z(\mathbf{h})$. By Lemma 3, we may assume that $b_1 \geq 4$ and by Theorem 1, we may assume that $\mathbf{g}$ is not Abelian. So $5 \leq \dim \mathbf{g} \leq 7$. By Lemma 2, we have

$$\dim H^2(\mathbf{h}) \geq \max\{4z - b_3, 0\} + \max\{b_2 - z, 0\}.$$

We apply this result in turn to each of the algebras $\mathbf{g}$ in the tables given in the next section, for which $b_1 \geq 4$ and $5 \leq \dim \mathbf{g} \leq 7$. Considering all possible values of z from 1 to b_2, one finds that $\dim H^2(\mathbf{h}) > b_1^2/4$ in every case except possibly the following:

$$\begin{array}{lll}
\dim \mathbf{h} = 6, & \dim \mathbf{g} = 5: \ G_{5,1}, & (b_1 = 4, b_2 = 5, b_3 = 5) \\
\dim \mathbf{h} = 9, & \dim \mathbf{g} = 7: \ 2,5,7_K, & (b_1 = 4, b_2 = 6, b_3 = 9) \\
\dim \mathbf{h} = 9, & \dim \mathbf{g} = 7: \ 2,5,7_L, & (b_1 = 4, b_2 = 6, b_3 = 9) \\
\dim \mathbf{h} = 9, & \dim \mathbf{g} = 7: \ 1,4,5,7_A, & (b_1 = 4, b_2 = 6, b_3 = 9) \\
\dim \mathbf{h} = 9, & \dim \mathbf{g} = 7: \ 1,4,5,7_B, & (b_1 = 4, b_2 = 6, b_3 = 8) \\
\dim \mathbf{h} = 10, & \dim \mathbf{g} = 7: \ 2,7_B, & (b_1 = 5, b_2 = 9, b_3 = 15)
\end{array}$$

However, by applying Lemma 1, one finds that of these possible exceptions, only the algebra $2, 7_B$ is of the form $\mathbf{h}/Z(\mathbf{h})$. So it remains to deal with this case.

For the algebra $2, 7_B$, we are required to show that $\dim H^2(\mathbf{h}) \geq 7$. The lower bound given by Lemma 2 is only $\max\{5 \times 3 - 15, 0\} + \max\{9 - 3, 0\} = 6$. However, the proof of Lemma 2 shows that the inequality in Lemma 2 can be made strict if we can show that the map $H^1(\mathbf{g}) \otimes Z(\mathbf{h}) \to H^3(\mathbf{g})$ is not surjective. To do this, it suffices to show that the product map

$$H^1(\mathbf{g}) \otimes H^2(\mathbf{g}) \to H^3(\mathbf{g})$$

is not surjective. Now $\mathbf{g} = 2, 7_B$ has basis $x_1, \ldots, x_7$ and relations

$$\begin{aligned}
[x_1, x_4] &= x_6 \\
[x_2, x_5] &= x_7 \\
[x_3, x_4] &= x_6 + x_7 \\
[x_3, x_5] &= x_6 + x_7.
\end{aligned}$$

Using the same symbols $x_1, \ldots, x_7$ to denote the dual basis elements, $H^1(\mathbf{g})$ has basis $\{x_1, x_2, x_3, x_4, x_5\}$ and a direct calculation shows that $H^2(\mathbf{g})$ has basis elements

$$\begin{aligned}
&x_1x_2,\\
&x_1x_3,\\
&x_1x_4 + x_2x_5 - x_3x_5,\\
&x_1x_5,\\
&x_2x_3,\\
&x_2x_4,\\
&x_3x_4 - x_3x_5,\\
&x_4x_5,\\
&x_4x_6 + x_5x_7.
\end{aligned}$$

To see that the product map $H^1(\mathbf{g})\otimes H^2(\mathbf{g}) \to H^3(\mathbf{g})$ is not surjective, we show that its kernel has dimension > 30. By inspection, the following 30 linearly independent elements are in the kernel of the product map, since their images are zero as forms:

$$\begin{aligned}
&x_1 \otimes x_1x_2,\ \ x_1 \otimes x_1x_3,\ \ x_1 \otimes x_1x_5,\ \ x_2 \otimes x_1x_2,\ \ x_2 \otimes x_2x_3,\ \ x_2 \otimes x_2x_4,\\
&x_3 \otimes x_1x_3,\ \ x_3 \otimes x_2x_3,\ \ x_4 \otimes x_2x_4,\ \ x_4 \otimes x_4x_5,\ \ x_5 \otimes x_1x_5,\ \ x_5 \otimes x_4x_5,\\
&x_4 \otimes x_1x_2 - x_1 \otimes x_2x_4,\ \ x_3 \otimes x_1x_2 + x_2 \otimes x_1x_3,\ \ x_5 \otimes x_1x_2 + x_2 \otimes x_1x_5,\\
&x_3 \otimes x_1x_2 - x_1 \otimes x_2x_3,\ \ x_5 \otimes x_1x_3 + x_3 \otimes x_1x_5,\ \ x_4 \otimes x_1x_5 + x_1 \otimes x_4x_5,\\
&x_4 \otimes x_2x_3 + x_3 \otimes x_2x_4,\ \ x_5 \otimes x_2x_4 - x_2 \otimes x_4x_5,\\
&x_1 \otimes (x_1x_4 + x_2x_5 - x_3x_5) + x_2 \otimes x_1x_5 - x_5 \otimes x_1x_3,\\
&x_2 \otimes (x_1x_4 + x_2x_5 - x_3x_5) + x_4 \otimes x_1x_2 - x_5 \otimes x_2x_3,\\
&x_3 \otimes (x_1x_4 + x_2x_5 - x_3x_5) + x_4 \otimes x_1x_3 + x_5 \otimes x_2x_3,\\
&x_4 \otimes (x_1x_4 + x_2x_5 - x_3x_5) + x_5 \otimes x_2x_4 - x_3 \otimes x_4x_5,\\
&x_5 \otimes (x_1x_4 + x_2x_5 - x_3x_5) + x_4 \otimes x_1x_5,\\
&x_1 \otimes (x_3x_4 - x_3x_5) - x_4 \otimes x_1x_3 - x_5 \otimes x_1x_3,\\
&x_2 \otimes (x_3x_4 - x_3x_5) - x_4 \otimes x_2x_3 - x_5 \otimes x_2x_3,\\
&x_3 \otimes (x_3x_4 - x_3x_5),\\
&x_4 \otimes (x_3x_4 - x_3x_5) - x_3 \otimes x_4x_5,\\
&x_5 \otimes (x_3x_4 - x_3x_5) - x_3 \otimes x_4x_5.
\end{aligned}$$

Then it remains to notice that for example

$$x_4 \otimes x_1x_3 \mapsto x_4x_1x_3 = -x_3(x_1x_4 + x_3x_4 + x_3x_5) = -x_3(dx_6) = d(x_3x_6),$$

which is zero in $H^3(\mathbf{g})$. □

3. Dimension ≤ 7

In this section we give the Betti numbers of nilpotent Lie algebras of dimension ≤ 7. We only list the Betti numbers of the non-abelian indecomposable algebras; for decomposable algebras, the cohomology is the tensor product of the cohomology of the factors. In dimensions 3 to 6, we list the algebras according to the classification of Nielsen [Ni]. In dimension 7, we list the algebras according to the classification in Seeley [Se2]. Louis Magnin [Ma] has also calculated these Betti numbers, but has instead used an unpublished classification due to R. Carles. Stefan Sigg also calculated the Betti numbers in his diplom [Si], using the classification of J.M. Anchochea Bermudez and M. Goze [AG]. In fact, there are several recent classifications (see also [Ro]) of nilpotent Lie algebras of dimension 7 and it is hoped that the computations of the Betti numbers will help establish correspondences between the different lists. In the appendix to [Ni], Nielsen compares 4 well known classifications of nilpotent Lie algebras of dimension 6 and shows that each of them contains inaccuracies (errors, omissions, duplications).

Given this history, it would be surprising if there were not errors in the recent classifications in dimension 7. The Betti numbers have a role to play here; they provide a reasonably effective means of distinguishing between non-isomorphic algebras. Among the 169 different entries in the list of 7-dimensional algebras given in [Se2], one finds 51 different sets of Betti numbers. Thus, on average there are only about 3 algebras with the same given Betti numbers. In fact, when b_1 is low, there tends to be many algebras with the same Betti numbers, while for large b_1, there is often only one algebra with any given set of Betti numbers. Combined with the dimension of $H^2(\mathbf{g}, \mathbf{g})$, the cohomology gives a very good means of distinguishing algebras. Although the Betti numbers won't help in determining whether an algebra has been omitted from all the classifications, they are quite useful in detecting algebras that occur in one list but not in another and for finding two elements of a list which are in fact isomorphic. In this way we have detected a considerable number of differences among the three lists [Se2,Ro,AG]. Seeley's classification [Se2] is the most recent and perhaps the most accurate. In this section, we give a compact presentation of our results. By contacting either of the first two authors, the reader can obtain an expanded set of our results, including results for decomposable algebras, the bracket relations and isomorphisms between certain members of the different classifications [Se2,Ro,AG]. We are also happy to provide a copy of our *Mathematica* routine.

We take this opportunity to remark that the degenerations of nilpotent Lie algebras have only been determined up to dimension 6 [GO'H,Se1]. It is easy to show that since the rank of the differential map is lower semi-continuous, the Betti numbers can not decrease when one algebra degenerates to another.

Consequently the Betti numbers have a useful role to play in any future study of the degenerations of 7-dimensional nilpotent Lie algebras. This role is similar to the dimension of the maximal Abelian subalgebra, as used in [GO'H,Se1]. However, this latter invariant provides less information than do the Betti numbers and it is more difficult to compute.

Finally, we need to explain a technical point, concerning the six 1-parameter families of 7-dimensional algebras. In three of these families, the Betti numbers depend on the parameter. For example, in the family $1,4,7_E$ of [Se2], one has the relations

$$\begin{array}{lll} [a,b]=d, & [b,c]=e, & [c,d]=(1-\xi)g \\ [a,c]=-f, & [b,f]=\xi g & \\ [a,e]=-g & & \end{array}$$

where $\xi \neq -1, \frac{1}{2}, 2$. When computing the Betti numbers, symbolic processors like *Mathematica* assume that ξ and *all* functions of ξ are nonzero. The answers obtained are therefore the generic ones. Consequently, in the row reduction performed in calculating the b_i one must keep a list of all the terms that one divides by. These functions of ξ are polynomials ; one must then recompute the cohomology in the special cases given by the zeros of these polynomials. In the above example, one finds that $b_3 = 10$ for $\xi = (1 \pm i\sqrt{3})/2$, while $b_3 = 11$ for $\xi = 0$ or 1 and $b_3 = 9$ for the other possible values of ξ.

Nielsen	b_1	b_2	b_3	Nielsen	b_1	b_2	b_3	Nielsen	b_1	b_2	b_3
G_3	2	2	1	G_4	2	2	2				
$G_{5,6}$	2	3	3	$G_{5,5}$	2	3	3	$G_{5,4}$	2	3	3
$G_{5,3}$	3	4	4	$G_{5,2}$	3	6	6	$G_{5,1}$	4	5	5
$G_{6,14}$	2	2	2	$G_{6,4}$	3	5	6	$G_{6,13}$	2	3	4
$G_{6,1}$	4	6	6	$G_{6,12}$	2	2	2	$G_{6,24}$	2	4	6
$G_{6,11}$	2	3	4	$G_{6,10}$	2	3	4	$G_{6,7}$	3	4	4
$G_{6,22}$	3	5	6	$G_{6,8}$	2	4	6	$G_{6,21}$	3	5	6
$G_{6,3}$	3	5	6	$G_{6,20}$	3	6	8	$G_{6,2}$	3	5	6
$G_{6,19}$	3	6	8	$G_{6,5}$	3	5	6	$G_{6,18}$	3	6	8
$G_{6,16}$	4	8	10	$G_{6,15}$	3	8	12				

Table 1. Dimensions 3,4, 5 and 6.

Seeley	b_1	b_2	b_3	Seeley	b_1	b_2	b_3	Seeley	b_1	b_2	b_3
$3,7_A$	4	12	18	$3,7_B$	4	11	16	$3,7_C$	4	11	17
$3,7_D$	4	11	14	$3,5,7_A$	3	8	14	$3,5,7_B$	3	7	11
$3,5,7_C$	3	7	11	$2,7_A$	5	10	16	$2,7_B$	5	9	15
$2,5,7_A$	4	9	14	$2,5,7_B$	4	8	13	$2,5,7_C$	4	9	13
$2,5,7_D$	4	8	12	$2,5,7_E$	4	8	11	$2,5,7_F$	4	9	12
$2,5,7_G$	4	8	11	$2,5,7_H$	4	8	11	$2,5,7_I$	4	8	11
$2,5,7_J$	4	8	11	$2,5,7_K$	4	6	9	$2,5,7_L$	4	6	9
$2,4,7_A$	3	7	13	$2,4,7_B$	3	6	10	$2,4,7_C$	3	7	11
$2,4,7_D$	3	6	10	$2,4,7_E$	3	5	9	$2,4,7_F$	3	6	10
$2,4,7_G$	3	5	9	$2,4,7_H$	3	5	9	$2,4,7_I$	3	6	10
$2,4,7_J$	3	6	10	$2,4,7_K$	3	5	9	$2,4,7_L$	3	7	13
$2,4,7_M$	3	6	10	$2,4,7_N$	3	7	11	$2,4,7_O$	3	7	11
$2,4,7_P$	3	7	11	$2,4,7_Q$	3	6	10	$2,4,7_R$	3	5	9
$2,4,5,7_A$	3	7	10	$2,4,5,7_B$	3	7	9	$2,4,5,7_C$	3	7	10
$2,4,5,7_D$	3	7	10	$2,4,5,7_E$	3	6	8	$2,4,5,7_F$	3	7	10
$2,4,5,7_G$	3	6	9	$2,4,5,7_H$	3	6	10	$2,4,5,7_I$	3	7	9
$2,4,5,7_J$	3	6	8	$2,4,5,7_K$	3	6	9	$2,4,5,7_L$	2	5	8
$2,4,5,7_M$	2	5	9	$2,3,5,7_A$	3	6	8	$2,3,5,7_B$	3	6	8
$2,3,5,7_C$	3	6	7	$2,3,5,7_D$	3	6	7	$2,3,4,5,7_A$	2	4	7
$2,3,4,5,7_B$	2	3	4	$2,3,4,5,7_C$	2	3	4	$2,3,4,5,7_D$	2	3	4
$2,3,4,5,7_E$	2	4	7	$2,3,4,5,7_F$	2	3	4	$2,3,4,5,7_G$	2	3	4
$1,7$	6	14	14	$1,5,7$	5	10	11	$1,4,7_A$	4	8	9
$1,4,7_B$	4	8	10	$1,4,7_C$	3	8	10	$1,4,7_D$	3	7	9
$1,4,5,7_A$	4	6	9	$1,4,5,7_B$	4	6	8	$1,3,7_A$	4	7	8
$1,3,7_B$	4	7	7	$1,3,7_C$	4	7	8	$1,3,7_D$	4	7	8
$1,3,5,7_A$	4	7	8	$1,3,5,7_B$	4	6	7	$1,3,5,7_C$	4	6	7
$1,3,5,7_D$	3	6	8	$1,3,5,7_E$	3	5	8	$1,3,5,7_F$	3	5	7
$1,3,5,7_G$	3	6	8	$1,3,5,7_H$	3	6	7	$1,3,5,7_I$	3	5	7
$1,3,5,7_J$	3	5	6	$1,3,5,7_K$	3	6	8	$1,3,5,7_L$	3	6	8
$1,3,5,7_O$	3	6	8	$1,3,5,7_P$	3	6	7	$1,3,5,7_Q$	3	6	8
$1,3,5,7_R$	3	6	7	$1,3,4,5,7_A$	3	5	7	$1,3,4,5,7_B$	3	5	7
$1,3,4,5,7_C$	3	4	4	$1,3,4,5,7_D$	3	5	7	$1,3,4,5,7_E$	3	4	4
$1,3,4,5,7_F$	2	4	7	$1,3,4,5,7_G$	2	3	4	$1,3,4,5,7_H$	2	3	4
$1,3,4,5,7_I$	2	3	4	$1,2,4,5,7_A$	3	5	7	$1,2,4,5,7_B$	3	5	7
$1,2,4,5,7_C$	3	4	4	$1,2,4,5,7_D$	3	4	4	$1,2,4,5,7_E$	3	5	6
$1,2,4,5,7_F$	3	4	4	$1,2,4,5,7_G$	3	4	4	$1,2,4,5,7_H$	2	3	6
$1,2,4,5,7_I$	2	3	6	$1,2,4,5,7_J$	2	3	5	$1,2,4,5,7_K$	2	3	5
$1,2,4,5,7_L$	2	3	4	$1,2,4,5,7_M$	2	3	4	$1,2,3,5,7_A$	3	4	4
$1,2,3,5,7_B$	3	4	4	$1,2,3,5,7_C$	3	4	4	$1,2,3,4,5,7_A$	2	4	6
$1,2,3,4,5,7_B$	2	4	6	$1,2,3,4,5,7_C$	2	3	4	$1,2,3,4,5,7_D$	2	4	6
$1,2,3,4,5,7_E$	2	4	6	$1,2,3,4,5,7_F$	2	3	4	$1,2,3,4,5,7_G$	2	3	4
$1,2,3,4,5,7_H$	2	3	4								

Table 2. Dimension 7.

Seeley	b_1	b_2	b_3
$1,4,7_E : \xi \neq 2, \pm 1, \frac{1}{2}, 0, (1 \pm i\sqrt{3})/2$	3	7	9
$1,4,7_E : \xi = 0, 1$	3	7	11
$1,4,7_E : \xi = (1 \pm i\sqrt{3})/2$	3	7	10
$1,3,5,7_M : \xi \neq 2, 0, 1/2$	3	6	8
$1,3,5,7_M : \xi = 2$	3	7	9
$1,3,5,7_M : \xi = (1 \pm i\sqrt{3})/2$	3	6	9
$1,3,5,7_N : \xi \neq 1$	3	5	7
$1,3,5,7_N : \xi = 1$	3	5	8
$1,3,5,7_S : \xi \neq -3$	3	6	7
$1,3,5,7_S : \xi = -3$	3	6	8
$1,2,4,5,7_N : \xi \neq 0$	2	3	4
$1,2,3,4,5,7_I : \xi \neq 1, 3, (1 \pm i\sqrt{3})/2$	2	3	4
$1,2,3,4,5,7_I : \xi = 3$	2	4	5
$1,2,3,4,5,7_I : \xi = (1 \pm i\sqrt{3})/2$	2	3	5

Table 3. Dimension 7, the infinite families

Thanks. Louis Magnin and Craig Seeley helped us resolve errors in an early draft of this paper. Louis Magnin provided us with a preprint of his 984 page book. Craig Seeley provided us with a full copy of the detailed workings behind his paper. We are pleased to thank them both. Victor Fejes was very helpful in checking our calculations and picking up a number of typos. We would also like to thank Pierre de La Harpe for telling us about the b_2 conjecture.

References

[AG] J. M. Anchochea Bermudez and M. Goze, Classification des algèbres de Lie nilpotentes complexes de dimension 7, *Arch. Math.* **52** (1989), 175–185.

[ACJ] G. Armstrong, G. Cairns and B. Jessup, Explicit Betti numbers for a family of nilpotent Lie algebras, preprint.

[AS] G. Armstrong and S. Sigg, On the cohomology of nilpotent Lie algebras containing an abelian ideal of codimension one, preprint.

[CJ] G. Cairns and B. Jessup, New bounds on the Betti numbers of nilpotent Lie algebras, preprint.

[Ca1] Y. Carrière, Flots riemanniens, *Astérisque* **116** (1984), 31–52.

[Ca2] Y. Carrière, Feuilletages riemanniens à croissance polynomiale, *Comment. Math. Helv.* **63** (1988), 1–20.

[CH] S. Conod and P. de La Harpe, Structure du deuxième espace de cohomologie des algèbres de Lie métabéliennes libres, *C. R. Acad. Sc. Paris* **280** (1975), 865–867.

[DS] Ch. Deninger and W. Singhof, On the cohomology of nilpotent Lie algebras, *Bull. Soc. Math. France* **116** (1988), 3–14.

[Di] J. Dixmier, Cohomologie des algèbres de Lie nilpotentes, *Acta Sci. Math. Szeged* **16** (1955), 246–250.

[Fu] D. B. Fuks, *Cohomology of Infinite-Dimensional Lie Algebras*, Consultants Bureau, New York, London, 1986.

[Gh] E. Ghys, Feuilletages riemanniens sur les variétés simplement connexes, *Annal. Inst. Fourier* **34** (1984), 203–223.

[GO'H] F. Grunewald and J. O'Halloran, Deformations of Lie algebras, *J. Algebra* **162** (1993), 210–224.

[GS] E. S. Golod and I. R. Šafarevič, On class field towers, *Amer. Math. Soc. Transl. ser. 2* **48** (1965), 91–102.

[Ha] S. Halperin, Le complexe de Koszul en algèbre et topologie, *Ann. l'Inst. Fourier* **37** (1987), 77–97.

[HS] G. Hochschild and J-P. Serre, Cohomology of Lie algebras, *Annals Math.* **57** (1953), 591–603.

[Ko] J-J. Koszul, Homologie et cohomologie des algèbres de Lie, *Bull. Soc. Math. France* **78** (1950), 65–127.

[LP] D. Leites and G. Post, Cohomology to compute, in: *Computers and Mathematics*, ed. E. Kaltofen and S. M. Watt, Springer Verlag, 1989.

[Ma] L. Magnin, Adjoint and Trivial Cohomology Tables for Indecomposable Nilpotent Lie Algebras of Dimension ≤ 7 over $\mathbb{C}$, preprint.

[M-B] M-P. Malliavin-Brameret, Cohomologie d'algèbres de Lie nilpotentes, et caractéristiques d'Euler-Poincaré, *Bull. Sci. math.* **100** (1976), 269–287.

[Mo] P. Molino, *Riemannian Foliations*, Birkhäuser, Boston, 1988.

[Ni] O. Nielsen, *Unitary Representations and Coadjoint Orbits of Low-Dimensional Nilpotent Lie Groups*, *Queen's Papers in Pure Appl. Math.* (63), Queen's University, Kingston, Canada, 1983.

[Ro] M. Romdhani, Classification of real and complex nilpotent Lie algebras of dimension 7, *Linear and Multilinear Algebra* **24** (1989), 167–189.

[Se1] C. Seeley, Degenerations of 6-dimensional nilpotent Lie algebras over $\mathbb{C}$, *Comm. Algebra* **18** (1990), 3493–3505.

[Se2] C. Seeley, 7-dimensional nilpotent Lie algebras *Trans. Amer. Math. Soc.* **335** (1993), 479–496.

[Si] S. Sigg, *Zur Kohomologie von nilpotenten Liealgebren*, Diplomarbeit, Bonn, 1991.

Grant Cairns
School of Mathematics
La Trobe University
Melbourne, Australia 3083
matgc@lure.latrobe.edu.au

Barry Jessup
Department of Mathematics
University of Ottawa
Ottawa, Canada K1N6N5
bjessup@acadvm1.uottawa.ca

Jane Pitkethly
School of Mathematics
La Trobe University
Melbourne, Australia 3083

Received: August, 1995.

Réalisations feuilletées de quelques pseudogroupes

Vincent Cavalier et André Haefliger

A Pierre Molino, en témoignage d'amitié et d'admiration

Abstract

Nous montrons que les pseudogroupes de génération compacte quasi-parallélisés méromorphes de dimension complexe un, classés dans [Cav], apparaissent tous comme pseudogroupe d'holonomie de feuilletages transversalement holomorphes sur des variétés compactes.

Introduction

Un pseudogroupe $(\mathcal{H}, T, Z)$ quasi-parallelisé méromorphe de dimension un est un pseudogroupe de transformations holomorphes locales d'une variété complexe T de dimension un qui laissent invariant un champ de vecteurs méromorphe Z sur T, non identiquement nul. Nous supposerons implicitement que $\mathcal{H}$ est connexe, c'est à dire que l'espace des orbites $\mathcal{H}\backslash T$ est connexe.

Un tel pseudogroupe est dit *normal* si la restriction de $\mathcal{H}$ à la partie régulière de T, c'est à dire l'ouvert T_0 de T où Z n'a pas de zéro ou de pôle, est équivalent à un pseudogroupe engendré par l'action d'un sous-groupe H du sous-groupe des translations de $\mathbb{C}$. C'est toujours le cas si $\mathcal{H}$ est le pseudogroupe d'holonomie d'un feuilletage holomorphe sur une variété complexe munie d'un champ de vecteurs holomorphe complet se projetant sur Z, ou d'un feuilletage transversalement holomorphe sur une variété compacte connexe. Dans ce dernier cas H est de génération finie.

Dans [Cav], Vincent Cavalier a donné une classification complète des classes d'équivalence des pseudogroupes $(\mathcal{H}, T, Z)$ normaux, et aussi de ceux qui sont de génération compacte. La condition de génération compacte ([H]) est une condition nécessaire pour que le pseudogroupe soit équivalent au pseudogroupe d'holonomie d'un feuilletage sur une variété compacte.

Le but de cette note est de montrer que tous ces pseudogroupes de génération compacte sont équivalents à des pseudogroupes d'holonomie de feuilletages transversalement holomorphes sur des variétés compactes connexes. Nous montrons aussi que plusieurs d'entre eux peuvent se réaliser comme pseudogroupes d'holonomie de feuilletages holomorphes sur des variétés compactes, répondant ainsi partiellement à une question d'Etienne Ghys.

Il s'avère que le cas méromorphe est facile à traiter, et nous supposerons désormais que le champ Z est holomorphe, le cas où Z a des pôles étant considéré en 2.5. Vincent Cavalier montre dans [Cav] que les classes d'équivalence de pseudogroupes normaux holomorphes sont caractérisés par le sous-groupe H de $\mathbb{C}$ et les groupes des germes des éléments de $\mathcal{H}$ en un point de chaque orbite où le champ Z s'annule. Dans le paragraphe suivant nous rappelons sa classification (pour les démonstrations et références, se reporter à [Cav]).

1. La classification de V. Cavalier

1.1. Singularités des champs de vecteurs holomorphes

Tout champ de vecteurs holomorphe non trivial nul en un point z_0 d'une variété de dimension un est conjugué localement à l'un des champs suivants, caractérisé par la paire (n, r) (n est l'ordre du zéro z_0 de Z et r le résidu en z_0 de la forme duale ω définie par $\omega(Z) = 1$):

$$Z = \frac{z}{r}\,\partial/\partial z \quad n = 1, r \in \mathbb{C} - \{0\} \tag{$*$}$$

$$Z = \frac{z^n}{1 + rz^{n-1}}\,\partial/\partial z \quad n \geq 2, r \in \mathbb{C}. \tag{$**$}$$

La forme duale ω est alors respectivement

$$\begin{aligned} \omega &= \frac{r}{z} dz, \quad n = 1 \\ &= (\frac{1}{z^n} + \frac{r}{z})\, dz, \quad n > 1. \end{aligned}$$

Désignons par $\phi_{\mathbb{C}}$ le groupe des germes en 0 des éléments du flot local ϕ_t de Z, et soit R_{n-1} le groupe des rotations d'ordre $n-1$ de $\mathbb{C}$, si $n \geq 2$ (notons qu'il laisse ω invariant).

Soit $\mathrm{Diff}(Z, 0)$ le groupe des germes en 0 des automorphismes locaux de $\mathbb{C}$ laissant Z invariant. Si $n = 1$, alors $\mathrm{Diff}(Z, O) = \phi_{\mathbb{C}} = \mathbb{C}/2i\pi r\mathbb{Z}$.

Si $n > 1$, alors l'application envoyant $t \in \mathbb{C}$ sur le germe en O de ϕ_t est un isomorphisme de $\mathbb{C}$ sur $\phi_{\mathbb{C}}$ et l'on a la suite exacte qui scinde

$$0 \to \phi_{\mathbb{C}} \to \mathrm{Diff}(Z, O) \to R_{n-1} \to 0.$$

L'homomorphisme $\mathrm{Diff}(Z, 0) \to R_{n-1}$ associe à un germe en O sa dérivée.

Donc $\text{Diff}(Z, 0)$ est canoniquement isomorphe au groupe $C_{n,r}$, défini par

$$C_{1,r} = \mathbb{C}/2i\pi r\mathbb{Z}$$

$$C_{n,r} = \mathbb{C} \times \mathbb{Z}/(n-1)\mathbb{Z}, \quad n > 1.$$

L'isomorphisme canonique de $C_{n,r}$ sur $\text{Diff}(Z, 0)$ associe à $t \in \mathbb{C}/2i\pi r\mathbb{Z}$ le germe en 0 de ϕ_t dans le cas $n = 1$, et à $(t, p) \in \mathbb{C} \times \mathbb{Z}/(n-1)\mathbb{Z}$ le germe en 0 du composé de ϕ_t et de la rotation d'angle $2\pi p/(n-1)$ lorsque $n > 1$. Dorénavant si Z a un zéro z_0 caractérisé par les invariants (n, r), on identifiera $\text{Diff}(Z, z_0)$ au groupe correspondant $C_{n,r}$ par cet isomorphisme canonique. On notera $\phi_{n,r} : \mathbb{C} \to C_{n,r}$ l'homomorphisme qui applique t sur $t/(2i\pi r)$ pour $n = 1$ et sur $(t, 0)$ pour $n > 1$.

Si H est un sous-groupe de $\mathbb{C}$ contenant $2i\pi r$, on notera $C^H_{n,r}$ le sous-groupe de $C_{n,r}$ égal à $H/2i\pi r\mathbb{Z}$ si $n = 1$ et le sous-groupe formé des paires (t, p) telles que $t + \frac{2i\pi r}{n-1}p \in H$ si $n > 1$. Par exemple, si $n > 1$ et H est engendré par $2i\pi r$, alors $C^H_{n,r}$ est le sous-groupe cyclique engendré par $(2i\pi r/(n-1), -1)$; plus généralement, $C^H_{n,r}$ est engendré par cet élément et $\phi_{n,r}(H)$.

Si G est un sous-groupe de $C_{n,r}$, on notera H_G le sous-groupe de $\mathbb{C}$ formé des t tels que t modulo $2i\pi r$ appartient à G si $n = 1$ et tels que $(t, 0) \in G$ si $n > 1$.

Si $n \geq 2$, on notera aussi $\tilde{H}_G$ le sous-groupe de $\mathbb{C}$ formé des nombres de la forme $t + \frac{2i\pi rp}{n-1}$, où $(t, p) \in G$; en particulier $\tilde{H}_G$ contient $2i\pi r$. Via l'isomorphisme canonique de $C_{n,p}$ sur $\text{Diff}(Z, z_0)$, ce groupe s'interprète comme le groupe des G-périodes de ω au voisinage de z_0, c'est à dire des nombres obtenus en intégrant ω le long de petits chemins joignant un point z proche de z_0 à ses images par les diffómorphismes locaux de Z dont les germes appartiennent à G. Lorsque $n = 1$, on pose $\tilde{H}_G = H_G$.

1.2. Classification des pseudogroupes $(\mathcal{H}, T, Z)$ normaux

Rappelons qu'un pseudogroupe holomorphe parallélisé $(\mathcal{H}, T, Z)$ de dimension un est dit *normal* si sa restriction à la partie régulière T_0 est équivalente au pseudogroupe engendré par l'action d'un sous-groupe H du groupe des translations de $\mathbb{C}$. Le groupe H s'interprète comme le groupe des $\mathcal{H}$-périodes de la forme duale ω: par définition, une $\mathcal{H}$-période est l'intégrale de ω le long d'un $\mathcal{H}$-chemin dans T_0 reliant deux points d'une orbite de $\mathcal{H}$.

On lui associe la liste d'invariants algébriques suivants:

(1) le sous-groupe $H \subset \mathbb{C}$ des $\mathcal{H}$-périodes de la forme duale ω,

(2) à chaque orbite d'un zéro z_i de Z d'ordre n_i et résidu r_i, un triple (n_i, r_i, G_i), où G_i est le sous-groupe de C_{n_i,r_i} appliqué par l'isomorphisme

canonique de C_{n_i,r_i} sur Diff(Z, z_i) sur le sous-groupe des germes des éléments de $\mathcal{H}$ en z_i. Le groupe $\tilde{H}_{G_i}$ doit être un sous-groupe de H.

Toute liste d'invariants algébriques comme ci-dessus caractérise uniquement une classe d'équivalence de pseudogroupe normal holomorphe parallélisé connexe de dimension un.

Si un pseudogroupe normal n'a qu'une orbite singulière, sa liste d'invariants se réduit à $[H; (n, r, G)]$. Nous appellerons *pièce élémentaire* un tel pseudogroupe pour lequel G est de type fini et $H = \tilde{H}_G$; sa liste d'invariants sera notée simplement (n, r, G).

1.3. Classification des pseudogroupes de génération compacte

Les pseudogroupes $(\mathcal{H}, T, Z)$ qui sont de génération compacte sont tous normaux et leur liste d'invariants vérifie les conditions nécessaires et suffisantes suivantes:

0) H est de type fini et il n'y a qu'un nombre fini q d'orbites singulières caractérisées par les triplets $(n_j, r_j, G_j), j = 1, \dots, q$.

On distingue trois cas:

1) Si H engendre $\mathbb{C}$ comme espace vectoriel sur $\mathbb{R}$, alors H_{G_j} engendre $\mathbb{C}$ pour tout $j = 1, \dots, q$.

2) Si le sous-espace engendré par H est de dimension un, deux cas peuvent se présenter:

a) $q = 2$ et la liste d'invariants est

$$[H; (1, r_1, G_1), (1, r_2, G_2)],$$

où $G_1 = C^H_{1,r_1}$ et $G_2 = C^H_{1,r_2}$, et r_1/r_2 est un réel négatif.

b) $q = 1$, la liste d'invariants se réduit à

$$[H; (n, r, C^H_{n,r})], \quad n \geq 2.$$

3) Si $H = 0$, alors $q = 1$ et la liste d'invariant se réduit à

$$[\{0\}; (n, 0, R_{n-1})], \quad n \geq 2,$$

où R_{n-1} est le sous-groupe de torsion de $C_{n,0} = \mathbb{C} \times \mathbb{Z}/(n-1)\mathbb{Z}$.

2. Quelques exemples de feuilletages holomorphes sur des surfaces

Dans ce paragraphe nous construisons une série d'exemples de feuilletages holomorphes $\mathcal{F}$ sur des surfaces complexes connexes V possédant un champ de vecteurs holomorphe Z complet projetable (c'est à dire que le flot complexe ϕ_t de Z est défini pour tout $t \in C$ et préserve $\mathcal{F}$) et non partout tangent aux feuilles. Donc leur pseudogroupe d'holonomie est quasiparallélisé holomorphe de dimension un et normal; les invariants de $(\mathcal{F}, Z)$ seront par définition les invariants de ce pseudogroupe. Si ω désigne la 1-forme méromorphe fermée sur V qui s'annule sur les feuilles de $\mathcal{F}$ et telle que $\omega(Z) = 1$, le groupe H est formé des périodes de ω; les orbites singulières de type (n, r) correspondent aux feuilles le long desquelles ω a un pôle d'ordre n et résidu r.

2.1. Les suspensions

Soit S une surface de Riemann connexe munie d'un champ de vecteurs holomorphe complet Z_0 non trivial (donc si S est compacte, c'est la sphère de Riemann ou une courbe elliptique) et soient S_g une surface de Riemann compacte de genre g et $\tilde{S}_g$ son revêtement universel.

Soit $t \mapsto \phi_t$ le flot de Z_0 et soit $h : \pi_1(S_g) \to \mathbb{C}$ un homomorphisme sur un sous-groupe H (un tel homomorphisme existe si le rang de H est $\leq 2g$). Soit V le quotient de $\tilde{S}_g \times S$ par la relation d'équivalence qui identifie (z, w) à $(\gamma.z, \phi_{h(\gamma)}z)$, où γ parcourt les éléments de $\pi_1(S_g)$ et opère sur $\tilde{S}_g$ par translation de revêtement. Le feuilletage holomorphe sur $\tilde{S}_g \times S$ donné par la projection sur S donne sur le quotient V un feuilletage holomorphe $\mathcal{F}$ muni du champ projetable Z quotient du champ $(0, Z_0)$.

Si S est de la forme $\mathbb{C}/\Lambda$, où Λ est un sous-groupe discret de $\mathbb{C}$, et si $Z_0 = \partial/\partial w$, où w est la coordonnée canonique sur $\mathbb{C}$, la liste d'invariants de $(\mathcal{F}, Z)$ se réduit au groupe des périodes de ω qui est engendré par H et par Λ. Si S est la sphère de Riemann $\mathbb{C} \cup \infty$, alors Z_0 est, à conjugaison près, soit de la forme $\frac{w}{r}\ \partial/\partial w$, soit de la forme $w^2\ \partial/\partial w$. Dans le premier cas la liste d'invariant est $[H + 2i\pi r\mathbb{Z}; (1, r, C^H_{1,r}), (1, -r, C^H_{1,r})]$ et dans le second cas $[H; (2, 0, C^H_{2,0})]$.

2.2. Feuilletages sur $S \times \mathbb{C}/\Lambda$

Soit S une surface de Riemann et soit α une 1-forme méromorphe sur S. Sur $S \times \mathbb{C}$ on considère le feuilletage $\tilde{\mathcal{F}}$ donné par la 1-forme méromorphe fermée $\tilde{\omega} = \alpha + dw$, où w est la coordonnée canonique sur $\mathbb{C}$. Plus précisément, α est localement de la forme $\frac{f(z)}{g(z)}\ dz$, où f et g sont holomorphes et ne s'annulent pas simultanément; $\tilde{\mathcal{F}}$ est alors défini par la 1-forme non nulle intégrable $f(z)\ dz + g(z)\ dw$ (cf. [G-M] et [Gh]). Soit $\tilde{Z}$ le champ vertical $\partial/\partial w$; son flot laisse $\tilde{\mathcal{F}}$ invariant. Le champ $\tilde{Z}$ est transverse à $\tilde{\mathcal{F}}$ en tout point (z, w) où z n'est pas un pôle de α. Si z_0 est un pôle de α d'ordre n et résidu r, alors $\{z_0\} \times \mathbb{C}$ est une feuille de $\tilde{\mathcal{F}}$ et la projection Z_0 de $\tilde{Z}$ le long des feuilles sur une transversale $w =$

constante est localement $\frac{g(z)}{f(z)}\,\partial/\partial z$, donc Z_0 est caractérisé par les invariants (n, r).

Le pseudogroupe d'holonomie de $(\tilde{\mathcal{F}}, \tilde{Z})$ est normal et sa liste d'invariants est

$$[H; (n_1, r_1, 0), \ldots, (n_q, r_q, 0)];$$

les (n_j, r_j) sont les ordres et les résidus de α en ses pôles z_j et H est le sous-groupe de $\mathbb{C}$ engendré par les périodes de α (en particulier les $2i\pi r_j$).

En faisant le quotient de $S \times \mathbb{C}$ par un sous-groupe discret Λ de $\mathbb{C}$ agissant par translations verticales, on obtient une surface $V = S \times \mathbb{C}/\Lambda$ muni du feuilletage quotient $\mathcal{F}$ et du champ Z feuilleté holomorphe. La liste des invariants du pseudogroupe d'holonomie de $(\mathcal{F}, Z)$ est

$$[H + \Lambda; (n_1, r_1, G_1), \ldots, (n_q, r_q, G_q)],$$

où $G_j = \phi_{n_j, r_j}(\Lambda)$.

Par exemple si S est la sphère de Riemann, étant donnés q points $z_1, \ldots, z_q$ de S et des couples $(n_1, r_1), \ldots, (n_q, r_q)$ avec $\sum r_j = 0$, il existe une forme méromorphe α ayant précisément comme pôle les z_j d'ordre n_j et résidus r_j. Le groupe des périodes de α est engendré par les $2i\pi r_j$.

Nous explicitons deux exemples simples utiles pour la suite.

Exemples. 1) $S = \mathbb{C}$ et α est la forme méromorphe $\frac{r}{z}\,dz$ ou $(\frac{1}{z^n} + \frac{r}{z})\,dz$ avec $n > 1$. Le feuilletage $\tilde{\mathcal{F}}$ sur $\mathbb{C} \times \mathbb{C}$ est déterminé par $\alpha + dw = 0$ et il est invariant par le champ de vecteurs $\tilde{Z} = \partial/\partial w$. Le groupe $C_{n,r}$ opère par automorphismes de $\tilde{F}$ en laissant $\tilde{Z}$ invariant via le flot de $\tilde{Z}$ et l'action de R_{n-1} par rotation du premier facteur si $n > 1$.

2) S est la sphère de Riemann et $\alpha = \frac{1}{z^n}\,dz$, $n > 1$ (α n'a pas de pôle à l'infini). La liste d'invariants de $(\tilde{\mathcal{F}}, \tilde{Z})$ sur $S \times \mathbb{C}$ est $[0; (n, 0, 0)]$. Le groupe $C_{n,0}$ opère par automorphismes de $(\tilde{\mathcal{F}}, \tilde{Z})$ via le flot de $\tilde{Z}$ et rotations d'ordre $(n-1)$ du premier facteur.

2.3. Connexions méromorphes

Dans ce paragraphe, G désigne le groupe quotient de $\mathbb{C}$ par un sous-groupe discret Λ (la loi de composition de G sera notée additivement). Un fibré G-principal holomorphe sur une surface de Riemann S peut être donné par un recouvrement ouvert $\{U_i\}$ de S et des applications holomorphes $g_{ij} : U_i \cap U_j \to G$ telles que $g_{ik} = g_{ij} + g_{jk}$ sur $U_i \cap U_j \cap U_k$. Le fibré V est obtenu en identifiant dans la réunion disjointe des $U_i \times G$ le point $(x_i, g_i) \in U_i \times G$ au point $(x_j, g_j) \in U_j \times G$ si $x_i = x_j$ et $g_i = g_{ij} + g_j$.

Une *connexion méromorphe* sur le fibré V est déterminée par la donnée d'une forme méromorphe α_i dans chaque U_i de sorte que sur $U_i \cap U_j$ on ait $\alpha_j = \alpha_i + dg_{ij}$. Cette donnée détermine une forme méromorphe fermée ω sur V dont la restriction à $U_i \times G$ s'écrit $\alpha_i + dw$, où w est la coordonnée sur $G = \mathbb{C}/\Lambda$ (multiforme si Λ est non nul) provenant de la coordonnée canonique w sur $\mathbb{C}$. Si Z est le champ de vecteurs vertical $\partial/\partial w$, on a $\omega(Z) = 1$. La forme ω détermine un feuilletage $\mathcal{F}$ sur V invariant par le flot du champ de vecteurs Z. L'exemple 2.2 correspond au cas où le fibré est trivialisé (les g_{ij} sont tous nuls), et 2.1 au cas où les g_{ij} sont localement constants.

Exemple. Soit S la sphère de Riemann $\mathbb{C} \cup \{\infty\}$ réunion des ouverts $U_0 = \mathbb{C}$ et $U_\infty = S - \{\infty\}$. Sur U_0 considérons la forme méromorphe $\alpha_0 = \frac{r}{z}\, dz$ (respectivement $(\frac{1}{z^n} + \frac{r}{z})\, dz$). Soit Λ un sous-groupe discret de $\mathbb{C}$ contenant $2i\pi r$ et $G = \mathbb{C}/\Lambda$. On définit sur S un fibré G-principal V à l'aide du cocycle $g_{0\infty} = -rlog(z)$; il est bien défini puisque Λ contient $2i\pi r$. On obtient une connexion méromorphe en définissant dans l'ouvert U_∞ la forme méromorphe $\alpha_\infty = 0$ (respectivement $\frac{dz}{z^n}$); cette forme n'a pas de pôle à l'infini. Le feuilletage correspondant $(\mathcal{F}, Z)$ sur V n'a qu'une feuille singulière, à savoir la fibre au-dessus de O; sa liste d'invariants est $[\Lambda; (n, r, \phi_\Lambda)]$.

Remarque. Etant donné un fibré G-principal V de base S et projection $p : V \to S$, on peut le modifier comme suit par des transformations logarithmiques (cf. [BPVV]) pour obtenir un fibré ayant des fibres exceptionnelles qui sont des quotients de G par un sous-groupe fini.

Soit $m > 1$ un entier, $g_0 \in G$ un élément d'ordre m et soit U un disque dans S paramétré par z avec $|z| < 1$. Posons $V_U = U \times G$ et V'_U le quotient de V_U obtenu en identifiant (z, g) à $(e^{2i\pi/m}z, g + g_0)$; l'application appliquant la classe de (z, g) sur z^m est une fibration sur U de fibre G avec une fibre exceptionnelle isomorphe au quotient de G par le sous-groupe cyclique C_m d'ordre m engendré par g_0. Soit ${V'_U}^0$ le complémentaire dans V'_U de la fibre exceptionnelle et V_U^0 le complémentaire dans V_U de la fibre $\{0\} \times G$. On a un isomorphisme $h : {V'_U}^0 \to V_U^0$ défini comme suit: si $w \in \mathbb{C}$, on pose $[w] \in G = \mathbb{C}/\Lambda$ la classe de w modulo Λ; choisissons $w_o \in \mathbb{C}$ tel que $[w_0] = g_0$; alors h applique la classe de $(z, [w])$ sur $(z^m, [w - \frac{mw_0}{2i\pi} \log z])$.

Supposons que $V_U = U \times G$ est muni d'une connexion méromorphe donnée par la forme $\omega = \alpha + dw$, où α est une 1-forme méromorphe sur U ayant un seul pôle d'ordre n et résidu r en $0 \in U$. Alors $h^*(\omega)$ relevée à $U \times G$ s'écrit $\alpha' + dw$, où α' est une forme sur U ayant un pôle d'ordre $n' = m(n-1) + 1$ et résidu $r' = m(r - \frac{w_0}{2i\pi})$. Cette forme ainsi que le champ de vecteurs vertical $\partial/\partial w$ sont invariants par l'action du groupe cyclique C_m; en passant au quotient par cette action, on obtient sur V'_U un feuilletage $\mathcal{F}'$ et un champ de vecteurs holomorphe Z' tels que la liste des invariants de $(\mathcal{F}', Z')$ est $[H'; (n', r', G')]$. Le sous-groupe H' est engendré par Λ et $2i\pi r$; si $n = 1$, alors $G' = \phi_{1,r'}(\Lambda)$, et si $n > 1$, alors $G' \subset \mathbb{C} \times \mathbb{Z}/(m'\mathbb{Z})$ est engendré par $(\Lambda, 0)$ et $(-w_0, n-1)$.

Dans le fibré V, identifions $p^{-1}(U)$ à $V_U = U \times G$ et recollons V'_U à $V - p^{-1}(0)$ le long de V_U^0 en utilisant l'isomorphisme $h : {V'_U}^0 \to V_U^0$. On obtient un fibré V' de même base S avec une fibre exceptionnelle au-dessus de $0 \in U$ (suivant Kodaira, on dit que V' est obtenu à partir de V par une transformation logarithmique). Si le fibré V est muni d'un feuilletage $(\mathcal{F}; Z)$ défini par une connexion méromorphe donnée dans $p^{-1}(U)$ par la forme $\alpha + dw$, on obtient sur V' un nouveau feuilletage $(\mathcal{F}', Z')$ dont la liste d'invariants est modifiée comme ci-dessus. Notons que le groupe des périodes de la forme duale est resté inchangé.

2.4. Les variétés de Hopf

Considérons dans $\mathbb{C}^2$ un champ de vecteurs holomorphe X de l'une des formes suivantes (Poincaré-Dulac):

$$X = \lambda x\ \partial/\partial x + \mu y\ \partial/\partial y, \quad \lambda/\mu \notin [-\infty, 0], \lambda \neq \mu \tag{*}$$
$$X = x\ \partial/\partial x + ((n-1)y + x^{n-1})\ \partial/\partial y, \quad n \geq 2 \tag{**}$$

Les orbites du flot ψ_t de X (défini par $\psi_t(x,y) = (e^{\lambda t}x, e^{\mu t}y)$ dans le cas (*) et $(e^t x, y + e^{(n-1)t}(tx^{n-1} + y))$ dans le cas (**)) sont les feuilles d'un feuilletage holomorphe $\tilde{F}$ dans $\mathbb{C}^2 - \{0\}$.

Soit $\tilde{Z}$ le champ holomorphe donné respectivement dans les cas * et ** par

$$\tilde{Z} = \frac{x}{r}\ \partial x/\partial x + \frac{y}{r}\ \partial/\partial y$$
$$\tilde{Z} = \frac{x}{r}\ \partial/\partial x + (n-1)\frac{y}{r}\ \partial/\partial y.$$

Le flot ϕ_t de $\tilde{Z}$ est défini respectivement par

$$\phi_t(x,y) = (e^{t/r}x, e^{t/r}y)$$

et par

$$\phi_t(x,y) = (e^{t/r}x, e^{(n-1)t/r}y)$$

Comme $[\tilde{X}, \tilde{Z}] = 0$, le champ $\tilde{Z}$ est feuilleté. Dans le cas (*), le champ $\tilde{Z}$ est tangent aux feuilles $y = 0$ et $x = 0$. La projection de $\tilde{Z}$ parallèlement aux feuilles sur la transversale $y = 1$ et $x = 1$ s'écrit respectivement $Z_1 = \frac{\mu-\lambda}{\mu r}x\ \partial/\partial x$ et $Z_2 = \frac{\lambda-\mu}{\lambda r}y\ \partial/\partial y$. La liste des invariants du pseudogroupe d'holonomie de $(\tilde{\mathcal{F}}, \tilde{Z})$ est

$$[H; (1, r_1, C^H_{1,r_1}), (1, r_2, C^H_{1,r_2})],$$

où $r_1 = \frac{\mu r}{\mu-\lambda}, r_2 = \frac{\lambda r}{\lambda-\mu}$ et H est engendré par $2i\pi r_1$ et $2i\pi r_2$.

Dans le cas (**), $\tilde{Z}$ est tangent à la feuille $x = 0$ et sa projection le long de $\tilde{\mathcal{F}}$ sur la transversale $y = 1$ est le champ $Z_1 = \frac{x^n}{r(n-1+x^{n-1})} \partial/\partial x$. Le pseudogroupe d'holonomie de $(\tilde{\mathcal{F}}, \tilde{Z})$ est caractérisé par les invariants

$$[H; (n, r, C^H_{n,r})],$$

où H est engendré par $2i\pi r$.

Pour un nombre complexe générique t_0, l'automorphisme ψ_{t_0} de $\mathbb{C}^2$ ou son inverse est une contraction et le quotient de $\mathbb{C}^2 - \{0\}$ par l'action du groupe engendré par ψ_{t_0} est une surface complexe compacte appelée variété de Hopf (généralisée). Comme ψ_t applique chaque feuille de $\tilde{\mathcal{F}}$ sur elle-même et préserve $\tilde{Z}$, on obtient sur V un feuilletage quotient $\mathcal{F}$ et un champ Z dont le flot préserve $\mathcal{F}$ et les invariants de $(\mathcal{F}, Z)$ sont les mêmes que ceux de $(\tilde{F}, \tilde{Z})$.

Remarques. 1) On peut aussi faire le quotient de $\mathbb{C}^2 - \{0\}$ par une contraction ϕ_{t_1} dans le flot de Z; dans ce cas les invariants du pseudogroupe d'holonomie du feuilletage quotient s'enrichissent par l'adjonction de l'élément t_1 dans H et dans le groupe d'holonomie des feuilles singulières. On pourrait aussi faire le quotient de $\mathbb{C}^2 - \{0\}$ par le groupe engendré par ψ_{t_0} et l'élément d'ordre fini $\phi_{2i\pi r/k}$, (où k est premier à $n-1$ si $n > 1$).

2) On peut aussi décrire l'exemple de 2.3 de la manière suivante. Dans $\mathbb{C}^2 = \{(x, y) : x, y \in \mathbb{C}\}$, on considère le feuilletage dont les feuilles sont les droites $y = cte$; il est invariant par le champ de vecteurs $\frac{x}{r} \partial/\partial x + \frac{y}{r} \partial/\partial y$. Par restriction à $\tilde{V} = \mathbb{C}^2 - \{0\}$, on obtient un feuilletage $\tilde{\mathcal{F}}$ et un champ de vecteurs $\tilde{Z}$ qui réalise la pièce $(1, r, \{0\})$. Le groupe $C_{1,r} = \phi_{\mathbb{C}}$ opère sur $\tilde{V}$ via le flot ϕ_t de $\tilde{Z}$ (i.e. par homothéties). Si on fait le quotient par une contraction ϕ_{t_1}, on obtient l'exemple de 2.3, où Λ est le réseau engendré par $2i\pi r$ et t_1.

2.5. Fibré tangent à un orbifold

Soit S une surface de Riemann connexe compacte et soient $y_1, \ldots, y_r$ des points de S et $m_1, \ldots, m_r$ des entiers > 1. On considère l'orbifold complexe $\mathcal{O}$ dont l'espace sous-jacent est S et qui a une ramifications d'ordre m_j en chaque point y_j. Un système de cartes uniformisantes p_j est obtenues comme suit. On considère des disques disjoints D_j dans S centrés en y_j munis chacun d'une coordonnée locale notée z qui l'identifie au disque unité $D = \{z \in \mathbb{C} : |z| < 1\}$. La carte uniformisante p_j est l'application d'une copie $\tilde{D}_j$ du disque unité dans D_j donnée par $p_j(z) = z^{m_j}$; le groupe R_{m_j} cyclique d'ordre m_j opère par rotations sur $\tilde{D}_j$ et ses orbites sont les fibres de p_j; la restriction de p_j au complémentaire $\tilde{D}^0_j$ de l'origine dans $\tilde{D}_j$ induit un isomorphisme de $\tilde{D}^0_j/R_{m_j}$ sur le complémentaire D^0_j de y_j dans D_j. Désignons par $T^*\tilde{D}_j/R_{m_j}$ la surface complexe qui est le quotient du fibré des vecteurs non nuls tangents à $\tilde{D}_j$ par l'action de la différentielle de R_{m_j}. La différentielle de p_j induit un isomorphisme de $T^*\tilde{D}_j^0/R_{m_j}$ sur le fibré $T^*D_j^0$.

Le fibré $T^*\mathcal{O}$ des vecteurs non nuls tangents à l'orbifold $\mathcal{O}$ est la surface complexe obtenue en recollant $T^*\tilde{D}_j^0/R_{m_j}$ à $T^*D_j^0$ à l'aide de ces applications dans la réunion disjointe des $T^*\tilde{D}_j/R_{m_j}$ et du fibré $T^*(S - \{y_1, \dots, y_r\})$. On a une fibration naturelle de $T^*\mathcal{O}$ sur S ramifiée au-dessus des points y_j; la fibre au-dessus d'un point y distincts des y_j est $T_y^*S = \mathbb{C}^*$, et la fibre au-dessus de y_j est le quotient $\mathbb{C}^*/R_{m_j}$. Les fibres de cette fibration (de Seifert) sont les feuilles d'un feuilletage holomorphe $\mathcal{F}$ sur la surface $T^*\mathcal{O}$.

Soit Z^0 un champ de vecteurs méromorphe sur S dont la forme duale ω est d'ordre n_j aux points y_j, et a un résidu r_j si $n_j < 0$ (i.e. si y_j est un pôle d'ordre $-n_j$ de ω). La forme $p_j^*(\omega)$ dans $\tilde{D}_j$ est invariante sous l'action de R_{m_j}; elle est d'ordre $m_j(n_j+1)-1$ en O et son résidu est $m_j r_j$; le champ de vecteurs dual Z_j^0 est donc aussi R_{m_j}-invariant. Sur T^*S on a un champ de vecteurs méromorphe dont le flot est la différentielle du flot de Z^0. De même on obtient sur $T^*\mathcal{O}$ un champ de vecteurs méromorphe Z se projetant sur Z^0; le flot local de sa restriction à $T^*\tilde{D}_j/R_{m_j}$ provient de la différentielle du flot local de Z_j^0. Le flot de Z préserve le feuilletage $\mathcal{F}$. D'autre part on a une action naturelle de $\mathbb{C}^*$ sur $T^*\mathcal{O}$ provenant de la multiplication par les scalaires dans les fibres, donc préservant les feuilles et commutant avec le flot de Z. En passant au quotient par l'action d'un sous-groupe de $\mathbb{C}$ engendré par un nombre complexe de module différent de 1, on obtient une surface compacte feuilletée par des courbes elliptiques et un champ de vecteur méromorphe dont le flot préserve le feuilletage et dont le pseudogroupe d'holonomie avec sa quasi-trivialisation est le même que celui de $(\mathcal{F}, Z)$.

D'après [Cav] Th.3.2 , tous les pseudogroupes de génération compacte quasiparallélisés par un champ de vecteurs ayant au moins un pôle sont obtenus de cette manière.

Example. Soit S la sphère de Riemann $\mathbb{C} \cup \{\infty\}$ avec un seul point de ramification en 0 d'ordre $n-1$ et soit Z le champ de vecteurs $z^2\ \partial/\partial z$ (qui est holomorphe à l'infini); la construction précédente donne un feuilletage sur une surface complexe compacte munie d'un champ holomorphe projetable dont la liste d'invariants se réduit à $[0; (n, 0, R_{n-1})]$.

3. Quelques procédés de construction de feuilletages

Dans ce paragraphe nous rappelons quelques procédés de construction de feuilletages à partir de feuilletages donnés en contrôlant les effets sur le pseudogroupe d'holonomie.

3.1. Passage d'une variété à bord à une variété sans bord

Soit $\mathcal{F}$ un feuilletage sur une variété compacte M transverse au bord ∂M de M. Il existe un feuilletage $\overline{\mathcal{F}}$ sur une variété compacte $\overline{M}$ sans bord dont le pseudogroupe d'holonomie est équivalent à celui de $\mathcal{F}$.

En effet, soit N une variété connexe compacte N à bord ∂N connexe (par exemple un disque). Soit $\mathcal{F}_0$ le feuilletage sur $M \times \partial N$ image inverse de $\mathcal{F}$ par la projection sur M, et soit $\mathcal{F}_1$ le feuilletage sur $\partial M \times N$ image inverse par la projection sur ∂M du feuilletage $\mathcal{F}$ restreint à ∂M. Les feuilletages sur les variétés $M \times \partial N$ et $\partial M \times N$ restreints à leur bord commun $\partial M \times \partial N$ sont les mêmes, donc leur recollement le long de leur bord commun donne un feuilletage sur $(M \times \partial N) \cup (\partial M \times N)$ dont le pseudogroupe d'holonomie est équivalent à celui de $\mathcal{F}$.

3.2. Enrichissement par suspension du pseudogroupe d'holonomie

Soit $\mathcal{F}$ un feuilletage sur une variété M et soit G un groupe d'automorphismes de $\mathcal{F}$ de génération finie, préservant une structure transverse donnée. Soit N une variété compacte connexe avec une surjection Φ de son groupe fondamental $\pi_1(N)$ sur G (par exemple on peut prendre pour N une surface de Riemann de genre assez grand). On identifie N au quotient de son revêtement universel $\tilde{N}$ par l'action de son groupe fondamental $\pi_1(N)$. Le feuilletage sur $\tilde{N} \times M$ image inverse de $\mathcal{F}$ par la projection sur M est invariant par cette action de $\pi_1(N)$ et donne par passage au quotient un feuilletage $\widehat{\mathcal{F}}$ sur le quotient $\widehat{M} = \tilde{N} \times_\Phi M$ de $\tilde{N} \times M$ par la relation d'équivalence qui identifie $(\tilde{x}, y)$ à $(\gamma.\tilde{x}, \Phi(\gamma).y)$, pour tout $\gamma \in \pi_1(N)$. Notons que $\widehat{M}$ est un fibré de base N et fibre M.

Si T est une transversale pour le feuilletage $\mathcal{F}$ coupant toutes les feuilles et si $\tilde{x} \in \tilde{N}$, l'image dans le quotient de la sous-variété $\{\tilde{x}\} \times T$ est une sous-variété $\hat{T}$ coupant toutes les feuilles de $\widehat{F}$. Le pseudogroupe d'holonomie de $\widehat{F}$ associé à $\hat{T}$ est isomorphe au pseudogroupe de transformations de T engendré par le pseudogroupe d'holonomie de $\mathcal{F}$ associé à T et par les transformations locales de T obtenues en appliquant à un petit ouvert de T un élément de G et en revenant sur T en glissant le long des feuilles de $\mathcal{F}$. On dira que le pseudogroupe ainsi décrit est obtenu en enrichissant le pseudogroupe d'holonomie de $\mathcal{F}$ à l'aide de l'action de G et que $\widehat{\mathcal{F}}$ est obtenu à partir de $\mathcal{F}$ par suspension.

Notons que si M et $\mathcal{F}$ sont holomorphes et si G opère par automorphismes holomorphes de M en préservant $\mathcal{F}$ et un champ de vecteurs holomorphe Z projetable, alors en prenant pour N une variété complexe on obtient par suspension un feuilletage holomorphe $\widehat{\mathcal{F}}$ et un champ de vecteurs holomorphe projetable tangents aux fibres.

3.3. Recollement de deux feuilletages

Soient $\mathcal{F}$ and $\mathcal{F}'$ des feuilletages de même codimension q et dimension n sur des variétés M et M' respectivement. Soient S une variété différentiable de dimension q et $B^n = \{y \in \mathbb{R}^n, ||y|| < 1\}$ la boule ouverte de dimension n et rayon 1. Soient $f : S \times B^n \to M$ et $f' : S \times B^n \to M'$ des plongements différentiables appliquant chaque boule $\{x\} \times B^n$ dans les feuilles. Ainsi les applications $f_0 : S \to M$ et $f'_0 : S \to M'$ définies par $f_0(x) = f(x,0)$ et $f'_0(x) = f'(x,0)$ sont transverses aux feuilles. Recollons $M - f_0(S)$ à $M' - f'_0(S)$ en identifiant $f(x,y)$ à $f'(x,\rho(y))$ où ρ est le difféomorphisme de $B^n - \{0\}$ appliquant y sur $\frac{1-||y||}{||y||}\, y$; on obtient ainsi une variété différentiable $\hat{M}$ réunion de deux ouverts difféomorphes à $M - f_0(S)$ et $M' - f'_0(S)$ et les feuiletages $\mathcal{F}$ et $\mathcal{F}'$ restreints à ces ouverts se recollent et donnent un feuilletage $\widehat{\mathcal{F}}$ sur $\hat{M}$.

Pour décrire son pseudogroupe d'holonomie, on peut considérer des sous-variétés transverses T et T' dans $M - f_0(S)$ et $M' - f'_0(S)$ respectivement coupant toutes les feuilles et contenant $f(S \times \{y\})$ et $f'(S \times \{y\})$ comme composante connexe, où y est un point de B^n de norme $1/2$. Alors la réunion $\hat{T}$ de T et de T' peut être considéré comme une sous-variété dans $\hat{M}$ transverse à $\widehat{\mathcal{F}}$ coupant toutes les feuilles. Le pseudogroupe d'holonomie de $\widehat{\mathcal{F}}$ associé à $\hat{T}$ est le pseudogroupe de transformations de T engendré par les pseudogroupes d'holonomie de $\mathcal{F}$ et $\mathcal{F}'$ associés à T et T' et l'isomorphisme naturel de $f(S \times \{y\})$ sur $f'(S \times \{y\})$.

Si $\mathcal{F}$ et $\mathcal{F}'$ sont transversalement holomorphes et si S est analytique complexe, alors $\widehat{\mathcal{F}}$ est aussi transversalement holomorphe si f_0 et f'_0 sont des plongements transversalement holomorphes. De plus si Z et Z' sont des champs de vecteurs projetables transversalement holomorphes sur M et M' et si Z_0 est un champ de vecteurs holomorphe sur S tel que f_0 et f'_0 appliquent Z_0 sur les restrictions de Z et Z' aux images de f_0 et f'_0, alors on obtient un champ de vecteurs transversalement holomorphe $\hat{Z}$ sur $\hat{M}$.

4. Réalisations feuilletées des pseudogroupes de génération compacte

Par réalisation feuilletée d'un pseudogroupe de génération compacte nous entendons la construction d'un feuilletage sur une variété compacte (transverse au bord) dont le pseudogroupe d'holonomie est équivalent au pseudogroupe donné. Dans ce paragraphe nous montrons le résultat suivant.

Theorème. *Tout pseudogroupe quasi-parallélisé holomorphe de dimension un et de génération compacte est équivalent au pseudogroupe d'holonomie d'un feuilletage transversalement holomorphe sur une variété compacte de dimension* ≤ 6

La démonstration se fera en plusieurs étapes en suivant la classification rappelée en 1.3. Dans la mesure de nos possibilités nous essayerons de construire des réalisations holomorphes sur des variétés analytiques complexes compactes de dimension complexe ≤ 3.

4.1. Réalisation des pièces élémentaires (n, r, G)

Tout d'abord nous réalisons les pièces élémentaires comme pseudogroupes d'holonomie de feuilletages holomorphes sur des variétés complexes non compactes de dimension 3. Etant donné un triple $(n, r; G)$, il suffit de considérer l'exemple 1) de 2.2 qui réalise la pièce élémentaire (n, r, O) et de construire une suspension comme dans 3.2 en prenant pour N une surface de Riemann compacte de genre g et en utilisant un homomorphisme surjectif de $\pi_1(S_g)$ sur le sous-groupe donné G de $C_{n,r}$ (considéré comme un groupe d'automorphismes de $(\tilde{\mathcal{F}}, \tilde{Z})$).

Pour obtenir une réalisation compacte lorsque H_G contient un réseau Λ, on réalise d'abord (n, r, G) avec $H_G = \Lambda$ comme suit.

1) Cas $(1, r)$. On peut supposer que Λ est engendré par $2i\pi r$ et par un élément $2i\pi t$ et l'on construit $(\mathcal{F}, Z)$ sur la surface compacte V comme dans l'exemple de 2.3 (voir aussi la remarque 2) de 2.4). Remarquons que le groupe $C_{1,r}$ opère via le flot de Z sur V par automorphismes en préservant $\mathcal{F}$ et Z.

2) Cas $(n, 0)$, $n > 1$. On considère comme dans l'exemple 2) de 2.2 le feuilletage $\tilde{\mathcal{F}}$ et le champ de vecteurs holomorphe vertical $\tilde{Z}$ sur $(\mathbb{C} \cup \{\infty\}) \times \mathbb{C}$, et on considère le feuilletage quotient $(\mathcal{F}, V)$ sur la surface complexe compacte $(C \cup \{\infty\}) \times \mathbb{C}/\Lambda$. Le groupe $C_{n,0}$ opère par automorphismes de $(\mathcal{F}, Z)$ via le flot de Z et le groupe des rotations d'ordre $(n-1)$ de $\mathbb{C} \cup \{\infty\}$.

3) Cas (n, r), avec $n > 1, r \neq 0$. On considère le feuilletage holomorphe $\mathcal{F}$ sur la variété complexe compacte à bord non vide $D \times \mathbb{C}/\Lambda$, où D est le disque unité $\{|z| \leq 1\}$, défini par la forme $\omega = (\frac{1}{z^n} + \frac{r}{z})\, dz + dw$. Le feuilletage $\mathcal{F}$ est transverse au bord et le champ vertical $Z = \partial/\partial z$ préserve $\mathcal{F}$ et est tangent au bord. De nouveau le groupe $C_{n,r}$ opère par automorphismes sur V en préservant $(\mathcal{F}, Z)$ via le flot de Z et les rotations d'ordre $(n-1)$ du premier facteur. Nous ne savons pas réaliser la pièce $(n, r, \phi_{n,r}(\Lambda))$ par un feuilletage sur une variété complexe compacte sans bord si Λ ne contient pas $2i\pi r$.

Pour réaliser les pièces élémentaires (n, r, G) par un feuilletage sur une variété complexe compacte de dimension complexe 3 (avec bord non vide dans le cas 3)), il suffit d'appliquer la construction de suspension en utilisant l'action de $C_{n,r}$ sur les surfaces ci-dessus.

4.2. Recollement des pièces (cas 1) de 1.3)

Supposons que l'on soit dans le cas 1) de la classification 1.3, c'est à dire que la liste des invariants du pseudogroupe parallélisé est de la forme

$$[H; (n_1, r_1, G_1), \ldots, (n_q, r_q, G_q)],$$

où chaque H_{G_j} contient un réseau Λ_j; si $n_j = 1$, on peut supposer que Λ_j est engendré par deux éléments dont l'un d'eux est $2i\pi r_j$.

On réalise d'abord chaque pièce (n_j, r_j, G_j) comme ci-dessus par un feuilletage $(\mathcal{F}_j, Z_j)$ sur une variété complexe compacte V_j de dimension complexe 3 qui est un fibré de fibre $\mathbb{C}/\Lambda_j$, le champ de vecteurs Z_j étant tangent aux fibres. Comme $\mathcal{F}_j$ est transverse à presque toutes les fibres, on peut construire un plongement $f^j : \mathbb{C}/\Lambda_j \times D^4 \to V_j$ comme dans 3.3 tel que $f_0^j : \mathbb{C}/\Lambda_j \to V_j$ soit un isomorphisme sur une fibre, appliquant le champ de vecteurs $\partial/\partial w$ sur la restriction de Z_j à cette fibre et que les $f^j([w] \times D^4)$ soient contenus dans les feuilles (ici $[w]$ désigne la classe modulo Λ_j du point $w \in \mathbb{C}$).

Choisissons d'autre part un réseau Λ contenu dans H et des surfaces de Riemann compactes S_1 et S_2 de genre assez grand pour qu'il existe des homomorphismes surjectifs $\Phi_1 : \pi_1(S_1) \to H$ et $\Phi_2 : \pi_1(S_2) \to H$. Soit $\Phi = (\Phi_1, \Phi_2) : \pi_1(S_1) \times \pi_1(S_2) = \pi_1(S_1 \times S_2) \to H$. Comme H opère par translations sur $\mathbb{C}/\Lambda$, à l'aide de la représentation Φ, on construit comme dans 3.2 sur la variété $V = (S_1 \times S_2) \times_\Phi \mathbb{C}/\Lambda$ un feuilletage $\mathcal{F}$ transverse aux fibres $\mathbb{C}/\Lambda$ et le champ de vecteurs holomorphe Z dont la restriction à chaque fibre est $\partial/\partial w$. Soit ω la forme sur V qui s'annule sur les feuilles et telle que $\omega(Z) = 1$.

Nous cherchons à construire des plongements disjoints $f'^j : \mathbb{C}/\Lambda_j \times D^4 \to V$ tels que les boules $f^j([w] \times D^4)$ soient contenues dans les feuilles et que $(f'^j_0)^*(\omega)$ soit la forme dw sur $\mathbb{C}/\Lambda$ (où $f'^j_0([w]) = f'^j([w], 0)$). Ceci réalisé, on pourra utiliser le procédé décrit en 3.3 pour recoller chaque pièce $V_j - f_0^j(\mathbb{C}/\Lambda_j)$ à $V - f'^j_0(\mathbb{C}/\Lambda_j)$ pour obtenir une variété différentiable compacte munie d'un feuilletage transversalement holomorphe et un champ de vecteurs projetable transversalement holomorphe de sorte que la liste des invariants soit la liste donnée.

Pour construire f'^j, choisissons d'abord une base (w_1, w_2) du réseau Λ_j. Comme $\Lambda_j \subseteq H$, il existe $\gamma_1 \in \pi_1(S_1)$ et $\gamma_2 \in \pi_1(S_2)$ tels que $\Phi_1(\gamma_1) = w_1$ et $\Phi_2(\gamma_2) = w_2$. Les éléments γ_i, $i = 1, 2$, sont les classes d'homotopies de courbes différentiables immergées $C_i : S^1 \to S_i$ qui se relèvent dans les revêtements universels suivant des courbes $\tilde{C}_i : \mathbb{R} \to \tilde{S}_i$ telles que $\tilde{C}_i(t+1) = \gamma_i.\tilde{C}_i(t)$, où γ_i opère sur $\tilde{S}_i$ par translation de revêtement. On obtient une immersion $\tilde{f}'^j_0 : \mathbb{C} \to \tilde{S}_1 \times \tilde{S}_2 \times \mathbb{C}/\Lambda$ définie par

$$\tilde{f}'^j_0(t_1 w_1 + t_2 w_2) = (\tilde{C}_i(t_1), \tilde{C}_2(t_2), t_1 w_1 + t_2 w_2 + \Lambda).$$

Par passage au quotient on obtient une immersion $f'^j_0 : \mathbb{C}/\Lambda_j \to V = (\tilde{S}_1 \times \tilde{S}_2) \times_\Phi \mathbb{C}/\Lambda$. Par position générale on peut se ramener au cas où cette application est un plongement différentiable et on peut aussi s'arranger pour que les plongements f'^j_0 soient tous disjoints. On peut les étendre suivant des plongements $f'^j : D^4 \times \mathbb{C}/\Lambda_j \to V$ disjoints qui appliquent les boules $f'^j(D^4 \times [w])$ dans les feuilles.

4.3. Les cas 2) et 3) de 1.3

Dans le cas 2) a), H engendre un espace vectoriel réel de dimension 1 et la liste d' invariants est $[H; (1, r_1, \phi_{1,r_1}(H)), (1, r_2, \phi_{1,r_2}(H))]$, avec r_1/r_2 un réel négatif. On distingue deux cas.

Si $r_1 + r_2 = 0$, on considère la sphère de Riemann $S = \mathbb{C} \cup \{\infty\}$ feuilletée par les points et munie du champ de vecteurs $Z_0 = \frac{z}{r_1}\ \partial/\partial z$. Dans ce cas H est engendré par $2i\pi r_1$. Si H est un groupe contenant $2i\pi r_1$, il opère sur S par le flot de Z_0 et par suspension on obtient un feuilletage holomorphe sur une variété complexe compacte de dimension 2 munie d'un champ de vecteurs holomorphe dont le pseudogroupe d'holonomie a les invariants donnés.

Si $r_1 \neq -r_2$, on part du feuilletage sur la variété de Hopf V munie du champ de vecteurs Z construit en 2.4 dans le cas (*) (pour r_1 et r_2 donnés, on prend comme paramètres $\mu = 1, \lambda = -\frac{r_2}{r_1}$ et $r = r_1 + r_2$). Dans ce cas H est engendré par $2i\pi r_1$ et $2i\pi r_2$. Si H est un sous-groupe plus grand, on le fait opèrer sur V via le flot de Z et par suspension on obtient sur une variété complexe compacte de dimension 3 un feuilletage holomorphe avec un champ de vecteurs holomorphe dont le pseudogroupe d'holonomie correspond aux invariants donnés.

Dans le cas 2 b), si $r = 0$, on part de l'exemple donné à la fin de 2.5, et si $r \neq 0$, du feuilletage sur une variété de Hopf construit en 2.4 dans le cas (**). Si H est un sous-groupe de génération finie de $\mathbb{C}$ contenant $2i\pi r$, on le fait opèrer via le flot de Z et par suspension on obtient sur une variété complexe compacte de dimension 3 un feuilletage holomorphe avec un champ de vecteurs holomorphe projetable dont le pseudogroupe d'holonomie a comme liste d'invariants $[H; (n, r, C^H_{n,r})]$.

Le cas 3) est réalisé par l'exemple donné à la fin de 2.5.

Références

[BPVV] W. Barth, C. Peters, A. Van de Ven, *Compact Complex Surfaces*, Ergebnisse der Mathematik und ihrer Grenzgebiete, Springer Verlag, 1984.

[Cav] V. Cavalier, Pseudogroupes complexes quasiparallélisés de dimension un, *Ann. Institut Fourier* **44** (1994), 1539–1565.

[H] A. Haefliger, Pseudogroups of local isometries, in: *Proc. Coll. in Differ. Geometry*, ed. L.A. Cordero, *Research Notes in Math* **131** (1985), 179–197, Pitman.

[Gh] E. Ghys, Feuilletages holomorphes de codimension un sur les espaces homogènes complexes, preprint.

[G-M] X. Gomez-Mont, Holomorphic foliations on ruled surfaces, *Trans. A.M.S.* **312** (1989), 179–201.

Vincent Cavalier
Département de Mathématiques
Université de Montpellier II
34095 Montpellier Cedex 5, France

André Haefliger
Institut de Mathématique
Université de Genève
2-4, rue du Lièvre
1211 Genève 24, Switzerland

Received: May, 1995.

A Morse Theoretic Proof of Poisson Lie Convexity

Hermann Flaschka and Tudor Ratiu

1. Introduction

Let K be a connected compact Lie group that acts on the connected compact symplectic manifold (X, ω) preserving the symplectic form. If for every ξ in the Lie algebra $\mathfrak{k}$ of K, the vector field $\xi_X(x) = d/dt|_{t=0} \exp(t\xi) \cdot x$ is Hamiltonian relative to a function, say H_ξ, then the map $\Phi : X \to \mathfrak{k}^*$ (to the dual $\mathfrak{k}^*$ of $\mathfrak{k}$) defined by $H_\xi(x) = \langle \xi, \Phi(x) \rangle$ is called *momentum mapping* for the action of K. If the momentum mapping is equivariant relative to the given action of K on X and the coadjoint action of K on $\mathfrak{k}^*$, the action is called *Hamiltonian*. A remarkable property of this map was discovered by Guillemin–Sternberg [GS1,GS2] and Kirwan [Ki2]. It asserts that if T is a maximal torus of K and $\mathfrak{t}^*_+$ is a positive Weyl chamber, then $\Phi(X) \cap \mathfrak{t}^*_+$ is a convex polytope. This theorem was first proved as follows. The image $\Phi(X) \cap \mathfrak{t}^*_+$ was shown to be a finite union of compact convex polytopes in [GS1], and a convex polytope for X a Kähler manifold [GS2]. From the partial result in [GS1], Kirwan [Ki2] deduced convexity by appealing to her Morse theory (developed in [Ki1]) for $\|\Phi\|^2$.

The goal of the present paper is to prove a similar theorem for Poisson actions of compact semisimple Lie groups endowed with the Lu-Weinstein structure by the same Morse theoretic method. As will be recalled in Section 3, in this set up there is also a momentum mapping $J : X \to B$, where B is the *dual group* of K. It turns out that there is a diffeomorphism between B and the (-1)-eigenspace $\mathfrak{p}$ of the Cartan involution (it is the set of Hermitian matrices when $K = SU(n)$). The theorem will state that the image of the compact connected symplectic manifold X under the momentum map to $\mathfrak{p}$ intersects the positive Weyl chamber $\mathfrak{a}_+$ (diagonal matrices with non-increasing entries) in a convex polytope.

In [FR1] it is shown that this theorem can be further generalized to any compact connected semisimple Poisson Lie group (endowed with an arbitrary Poisson Lie structure) acting in a Poisson fashion on a compact connected symplectic manifold. An even more general statement is proved in [FR1] that uses minimal symplectic information and has as nontrivial corollary the aforementioned Poisson Lie convexity theorem. The technique of proving these more general theorems relies heavily on the alternate proof, due to [CDM], of the GSK convexity theorem, a method that does not use at all Morse theory and is considerably more powerful. For example, the proof to be presented in this paper does not generalize, to our knowledge, to arbitrary Poisson Lie structures. In this light, the [CDM] method appears for the first time as not just another proof of the convexity theorem, but an essential advance in the understanding of the relationship between symplectic geometry and convexity.

So why bother with a proof based on Morse theory that cannot yet be generalized? We believe that it sheds a totally different light on the convexity phenomenon, precisely due to the fact that it works so surprisingly well. It turns out that the only fact needed from the symplectic Morse theory in [Ki1] follows by appeal to the Ginzburg–Weinstein isomorphism (Section 3E). While working out the Morse theory proof, we were struck by the success of every attempted translation from "symplectic" to "Poisson Lie". This led us to think about the isomorphism [GiWe] between the Poisson Lie bracket induced on $\mathfrak{p}$ (see section 3.E) and the Lie Poisson (or Kirillov-Kostant-Souriau) bracket on $\mathfrak{p}$. It turns out that manifestations of this isomorphism were already known.

The study of oscillatory integrals in [DKV] relies on the fact that the function $k \mapsto \operatorname{Im} \kappa(\log \circ H \circ \exp(\operatorname{Ad}_{k^{-1}}(U)), \xi)$ (with $k \in K$, $U \in \mathfrak{p}$, $\xi \in \mathfrak{t}$, κ the Killing form of the Lie algebra of the complex connected semisimple Lie group G whose compact real form is K, $H : kan \in KAN \mapsto a \in A$ the projection given by the Iwasawa decomposition $G^{\mathbb{R}} = KAN$ where $G^{\mathbb{R}}$ is the Lie group G thought of as a real Lie group) has the same critical points as its linearization $k \mapsto \operatorname{Im} \kappa(\pi(\operatorname{Ad}_{k^{-1}}(U)), \xi)$, where π is the orthogonal projection $\mathfrak{p} \to \mathfrak{a} = i\mathfrak{t}$. To explain this, Duistermaat [D] subsequently proved existence of a smooth map intertwining the diagonal projection and the Iwasawa projection. The Ginzburg–Weinstein isomorphism appears to be another manifestation of this mysterious correspondence between Lie algebra decompositions and Lie group factorizations. Explicit formulae are only known for $K = SU(2)$ (see [D] and Example 3.27 below).

While [GiWe] established their isomorphism only for the Lu-Weinstein Poisson tensor on $\mathfrak{p}$, there must be an analogous result for all Lie Poisson structures on compact semisimple groups. We conjecture that *there is a Ginzburg–Weinstein isomorphism that fixes the positive Weyl chamber*. The Poisson Lie convexity theorem would then follow immediately from the classical symplectic GSK version.

The paper is organized as follows. Section 2 presents the classical motivation of the convexity theorems coming from linear algebra and the precise statement of the Poisson Lie convexity theorem is given in the framework of the Lu-Weinstein structure. Section 3 gives an overview of the relevant background from the still young theory of Poisson Lie groups. Section 4 contains the Morse theoretical proof of the main theorem.

2. Motivation from linear algebra

"Linear" convexity theorems are motivated by questions about the behavior of eigenvalues of matrices under various linear (Lie algebraic) operations. Let $\mathcal{O}_\lambda$ be the set of $n \times n$ Hermitian matrices with fixed eigenvalues $\lambda_1, \ldots, \lambda_n$, and let ϕ be the projection that sends a matrix to its diagonal (thought of as vector in $\mathbb{R}^n$). A theorem of Schur [Sch] and Horn [Ho1] asserts that the image $\phi(\mathcal{O}_\lambda)$ is a certain convex polytope. After interpreting $\mathcal{O}_\lambda$ as adjoint orbit of the compact group $U(n)$ and ϕ as orthogonal projection onto a Cartan subalgebra, Kostant [Ko] generalized this result to all semisimple compact Lie groups K. The orbit $\mathcal{O}_\lambda$ is now thought of as a symplectic submanifold of the Lie algebra $\mathfrak{k}$ with its usual Lie-Poisson structure, and ϕ is the momentum mapping for the Hamiltonian action (by conjugation) of a maximal torus T of K. Because of this Hamiltonian interpretation, Schur-Horn-Kostant convexity is a special case of the following theorem of Atiyah, Guillemin, and Sternberg ([A], [GS1]): whenever a torus T acts on a connected compact symplectic manifold X with equivariant momentum mapping ϕ, the image $\phi(X)$ is a convex polytope. The Guillemin–Sternberg–Kirwan theorem completes this chain of ideas.

"Nonlinear" convexity theorems are motivated by questions about the behavior of eigenvalues or singular values of matrices under various nonlinear (multiplicative, or Lie group) operations. Let P be the set of *positive definite* Hermitian matrices, let Σ_λ be the subset of matrices with fixed eigenvalues $\lambda_1, \ldots, \lambda_n$, and let $p \mapsto \phi(p)$ be the "projection" onto the vector $(\log(\det p_1), \ldots, \log(\det p_n))$, where $p_k = (p_{ij})$, $i, j = 1, \ldots, k$ is the $k \times k$ principal submatrix of p. Theorems of Weyl [Wey] and Horn [Ho 2] describe the image $\phi(\Sigma_\lambda)$ as a certain convex polytope. In Lie group language, Σ_λ is an orbit (by conjugation) of $K = U(n)$ on its Cartan complement P in $GL(n, \mathbb{C})$, and $\phi(p)$ is (essentially) the logarithm of the diagonal factor in the decomposition $p = kan$, where k is unitary, a is positive diagonal, and n is upper triangular with ones on the diagonal. The general Lie-theoretic convexity theorem in this setting is again due to Kostant [Ko]. A symplectic proof was found by Lu and Ratiu [LuRa]: Σ_λ is a symplectic manifold, ϕ is the momentum mapping for a Hamiltonian torus action, and convexity follows from the Atiyah–Guillemin–Sternberg theorem. This time, however, the symplectic form on the orbit Σ_λ comes not from a Lie algebra, but from a certain Poisson structure on the *group* $GL(n, \mathbb{C})$. This chain of ideas is in some sense completed by the convexity theorem in the present paper.

The flavor of the linear and nonlinear GSK convexity theorems is captured very well by two closely related examples.

Example 2.1. Estimating the eigenvalues of the sum of two Hermitian matrices is a basic problem in perturbation theory, and has been studied extensively (see [Ka] and [MO] for long lists of references). Let $\mathcal{O}_\lambda$ and $\mathcal{O}_\mu$ denote the sets of $n \times n$ trace-free Hermitian matrices with eigenvalues $\lambda_1 \geq \ldots \geq \lambda_n$, respectively $\mu_1 \geq \ldots \geq \mu_n$. If $x \in \mathcal{O}_\lambda$ and $y \in \mathcal{O}_\mu$, what can one say about the eigenvalues of $x + y$?

Let us show that the above question can be phrased in terms of momentum mappings. The set $X = \mathcal{O}_\lambda \times \mathcal{O}_\mu$ is a connected compact symplectic manifold on which the compact group $K = SU(n)$ acts by conjugation. The equivariant momentum mapping of this canonical action is $\Phi(x, y) = x+y$. If $z = x+y$ has eigenvalues $\nu_1 \geq \ldots \geq \nu_n$, then by conjugation we can find $x' \in \mathcal{O}_\lambda, y' \in \mathcal{O}_\mu$ such that $x' + y' = \operatorname{diag}(\nu_1, \ldots, \nu_n)$. Such a diagonal matrix lies in the positive Weyl chamber $\mathfrak{t}_+$ of the Cartan subalgebra $\mathfrak{t}$ of the Lie algebra $su(n)$, and the perturbation problem formulated above is equivalently rephrased as follows: describe the intersection $\Phi(X) \cap \mathfrak{t}_+$. By the GSK theorem it is a convex polytope (as usual, one identifies $\mathfrak{t}$ with its dual).

As far as we know, this qualitative statement has not yet been obtained by linear algebra methods, although various partial results were known. Let $\operatorname{Ch}(\lambda + \mu)$ denote the convex hull of the vectors

$$(\lambda_{\sigma(1)} + \mu_{\sigma(1)}, \ldots, \lambda_{\sigma(n)} + \mu_{\sigma(n)}),$$

where σ ranges over the permutations on n letters. It is easy to prove with linear algebra [MO, p. 242] (or by using the Atiyah–Guillemin–Sternberg convexity theorem for Hamiltonian *torus* actions) that $\Phi(X) \subseteq \operatorname{Ch}(\lambda + \mu)$. It is false, even for 2×2 matrices, that $\Phi(X) \cap \mathfrak{t}_+ = \operatorname{Ch}(\lambda + \mu) \cap \mathfrak{t}_+$. Horn [Ho 3] computed $\Phi(X) \cap \mathfrak{t}_+$ for small n, and conjectured, but could apparently not show, that it is always a convex polytope.

Example 2.2. Another linear algebra problem is the multiplicative version of Example 2.1: the description of the *singular values* of the product of two matrices. Recall that the singular values of an $n \times n$ matrix g are the eigenvalues of $\sqrt{g^* g}$. Suppose now that g_1 and g_2 have singular values $\lambda_j > 0$ and $\mu_j > 0$, with the same ordering convention as above. What can be said about the singular values ν_j of the product $g_1 g_2$? Linear algebra can prove, easily, that the vector $(\log \nu_1, \ldots, \log \nu_n)$ lies in the intersection of the convex hull $\operatorname{Ch}(\log \lambda + \log \mu)$ with the positive Weyl chamber [MO, p. 246]. Beyond that, nothing seems to be known, at least by Marshall and Olkin, whose wonderful monograph is our main reference. The 2×2 case again shows that the set of possible $\log \nu$'s is strictly smaller than this intersection, but *that it is still convex*, in this simple case an interval.

Let us show that this question is also equivalently rephrased in terms of momentum mappings. We do this by first stating it in terms of Lie theory. The group $G = SL(n, \mathbb{C})$, considered as *real* Lie group $G^{\mathbb{R}}$, has the Iwasawa decomposition (in linear algebra: *Gram-Schmidt orthogonalization*) $G^{\mathbb{R}} = KAN$; here $K = SU(n)$, the compact real form of G, A= the subgroup of positive diagonal matrices, and N= the group of upper triangular matrices with ones on the diagonal. Set $B = AN$. The singular values of $g = kb \in G$ $(k \in K, b \in B)$ are determined by the upper triangular factor b, since $g^*g = b^*k^*kb = b^*b$. Moreover, when $g_1, g_2 \in G$, we can factor g_1 as k_1b_1 and g_2^{-1} as $k_2^{-1}b_2^{-1}$, so that $g_1g_2 = k_1b_1b_2k_2$, and this has the same singular values as b_1b_2. Describing the possible singular values of g_1g_2, given the singular values of g_1 and g_2, is therefore equivalent to describing the possible singular values of b_1b_2, given the singular values of b_1 and b_2. This problem admits a further reduction. Let Σ_λ denote the set of elements of B with singular values $\lambda_1 \geq \ldots \geq \lambda_n > 0$ (*).

Lemma 2.3. *Let $b_1 \in \Sigma_\lambda$ and $b_2 \in \Sigma_\mu$. If b_1b_2 has singular values $\nu_1 \geq \ldots \geq \nu_n > 0$, then there exist $b_3 \in \Sigma_\lambda$ and $b_4 \in \Sigma_\mu$ with $b_3b_4 = \nu = \mathrm{diag}(\nu_1, \ldots, \nu_n)$.*

Proof. If b_1b_2 has singular values ν_j, then one can find $k_1, k_2 \in K$ such that $k_1b_1b_2k_2 = \nu$. Write $b_2k_2 = k_4b_4$ and $b_1k_4 = k_3b_3$. Clearly, $b_3 \in \Sigma_\lambda$ and $b_4 \in \Sigma_\mu$, and we have $k_1k_3b_3b_4 = \nu$. Because $\nu \in A$, the uniqueness of the KAN decomposition shows that k_1k_3 is the identity and $b_3b_4 = \nu$. □

Thus, following the model of Example 2.1, we define $X = \Sigma_\lambda \times \Sigma_\mu$ and $J : X \to B$ by $J(b_1, b_2) = b_1b_2$. Let A_+ denote the set of elements of A with decreasingly ordered entries. The perturbation problem can now be equivalently rephrased as: describe $J(X) \cap A_+$.

It will be seen in Section 3 that X is a symplectic manifold (coming from a Poisson Lie structure on B), that K acts on it in a Poisson fashion (the action is the map $(k_2^{-1}, (b_1, b_2)) \mapsto (b_3, b_4)$ in the proof of Lemma 2.3), and that J is a momentum mapping for this action. The theorem we will prove in this paper states that $J(X) \cap A_+$ is (the exponential of) a convex polytope.

We state below the precise theorem to be proved in Section 4, deferring all technical background to the next section.

Main Theorem. *Let K be the compact real form of a connected complex semisimple Lie group G, let $G^{\mathbb{R}}$ be the real Lie group underlying G, and let $G^{\mathbb{R}} = KAN$ be its Iwasawa decomposition. Equip K and $B = AN$ with the Lu-Weinstein Poisson Lie structures (B is the Poisson Lie group dual to K). Let X be a connected compact symplectic manifold, and suppose that K acts on it in a Poisson fashion with equivariant momentum mapping (in the sense of Lu) $J : X \to B$. Let $\mathfrak{a}_+$ be a positive Weyl chamber in the Lie algebra $\mathfrak{a}$ of*

(*) To connect this present setup with the earlier discussion, note that the correspondence $b \leftrightarrow b^*b$ is a bijection between B and the set P of positive definite Hermitian matrices.

A (which can be identified with $\mathfrak{t}^*$ *via the imaginary part of the Killing form), and set* $A_+ = \exp \mathfrak{a}_+$. *Then* $\log(J(X) \cap A_+)$ *is a convex polytope.*

3. Review of Poisson Lie groups

This section summarizes the necessary information about Poisson Lie groups, their Poisson actions, and momentum mappings. Proofs of all assertions can be found in [LuWe], [LuRa], [Lu1], [Lu2]. For the Poisson structure on $B = AN$, consult [LuRa], for dressing transformations see [LuWe], and for the momentum mapping see [Lu2] or [Lu1]. A theorem of Ginzburg and Weinstein [GiWe] provides a crucial connection between the symplectic and the Lu-Weinstein Poisson settings. Readers familiar with Poisson Lie groups should just skim this section to see our notations and conventions, and refer back to specific results as needed.

A. Poisson Lie groups

Let (M, π) be a Poisson manifold; recall that the bivector field π defines the Poisson bracket $\{\varphi, \psi\} = \pi(d\pi, d\psi)$, $\varphi, \psi \in C^\infty(M)$, satisfying the Jacobi identity. We denote by $\pi^\#$ the bundle map

$$\pi^\# : T^*M \to TM, \quad (\alpha, \pi^\# \beta) = \pi(\alpha, \beta).$$

Definition 3.1. A Poisson manifold (H, π_H) is said to be a Poisson Lie group if H is a Lie group and the multiplication $(h_1, h_2) \mapsto h_1 h_2$ is a Poisson map from $H \times H$, equipped with the product Poisson structure, to H.

The Poisson tensor π_H of a Poisson Lie group H must vanish at the identity element e. One can then define the *intrinsic derivative* $\epsilon : \mathfrak{h} \to \mathfrak{h} \wedge \mathfrak{h}$ by $\epsilon(\xi) = (\mathcal{L}_V \pi)(e)$, where V is any vector field with $V_e = \xi$. The dual map $\epsilon^* : \mathfrak{h}^* \wedge \mathfrak{h}^* \to \mathfrak{h}^*$ turns out to satisfy the Jacobi identity, and so makes the dual $\mathfrak{h}^*$ of the Lie algebra $\mathfrak{h}$ into a Lie algebra as well. The corresponding connected and simply connected Lie group H^{d} is called the *dual group of H*. It has a unique Poisson structure $\pi_{H^{\mathrm{d}}}$ making it into a Poisson Lie group such that the intrinsic derivative, at the identity, of $\pi_{H^{\mathrm{d}}}$, is the Lie bracket on $\mathfrak{h}$. We note that ϵ is in fact a cocycle, and that it determines uniquely the Poisson Lie structures on H and H^{d} [LuWe]; it will not be necessary to understand the details of this correspondence.

Example 3.2. A Lie group H equipped with the zero Poisson tensor is trivially a Poisson Lie group. The dual group is then $\mathfrak{h}^*$, the dual of the Lie algebra $\mathfrak{h}$ of H, viewed as abelian group under vector space addition; its

Poisson structure is given by the usual Lie-Poisson bracket.

B. Poisson Lie structures on K and B

We now turn to the pair H, H^{d} of most interest in the sequel. Let G denote a connected complex semisimple Lie group. The Lie group K is a compact real form of G and is therefore connected ([He, p. 256]). If G is thought of as a real Lie group $G^{\mathbb{R}}$, it has the Iwasawa decomposition $G^{\mathbb{R}} = KAN$; we set $B = AN$ (see Example 1.2). The Lu-Weinstein Poisson Lie structure makes K into a Poisson Lie group and B into its dual group. Finally, let $\mathfrak{g}^{\mathbb{R}} = \mathfrak{k} + \mathfrak{a} + \mathfrak{n}$ be the Lie algebra decomposition corresponding to $G^{\mathbb{R}} = KAN$, and let T be the connected maximal torus of K with Lie algebra $\mathfrak{t} = i\mathfrak{a}$.

Notation 3.3. The symbols R and L denote right and left translation in G. The projections from G to its factors K and B are denoted by ρ_K, ρ_B, and the corresponding Lie algebra projections from $\mathfrak{g} = \mathfrak{k} + \mathfrak{b}$ to $\mathfrak{k}$ and $\mathfrak{b}$ by $\rho_{\mathfrak{k}}, \rho_{\mathfrak{b}}$. The symbols Ad and ad denote, respectively, the adjoint actions of the big group G on $\mathfrak{g}$ and of $\mathfrak{g}$ on itself.

Let κ denote the Killing form on $\mathfrak{g}$. Its imaginary part $\operatorname{Im}\kappa$ is a non-degenerate invariant symmetric bilinear form on $\mathfrak{g}^{\mathbb{R}}$. One has $\operatorname{Im}\kappa(\mathfrak{k},\mathfrak{k}) = \operatorname{Im}\kappa(\mathfrak{b},\mathfrak{b}) = 0$, so that $\mathfrak{k}$ and $\mathfrak{b}$ are dual to each other with respect to $\operatorname{Im}\kappa$. In particular, we shall identify $\mathfrak{k}$ with $\mathfrak{b}^* = T_e^*B$, and we denote this pairing between $\mathfrak{b}$ and $\mathfrak{k} \cong \mathfrak{b}^*$ by $\langle\cdot,\cdot\rangle$.

The Poisson structures on K and B are conveniently described, for our purpose, by defining them at the identity and extending by right translation.

Proposition 3.4. *The bivector fields π_K and π_B given by*

$$\pi_K(k)(T_k^*R_{k^{-1}}Y_1, T_k^*R_{k^{-1}}Y_2) = -\langle\rho_{\mathfrak{k}}(\mathrm{Ad}_{k^{-1}}Y_1), \rho_{\mathfrak{b}}(\mathrm{Ad}_{k^{-1}}Y_2)\rangle \tag{3.5}$$

for $Y_1, Y_2 \in \mathfrak{b} \cong \mathfrak{k}^*$, and

$$\pi_B(b)(T_b^*R_{b^{-1}}\xi_1, T_b^*R_{b^{-1}}\xi_2) = \langle\rho_{\mathfrak{k}}(\mathrm{Ad}_{b^{-1}}\xi_1), \rho_{\mathfrak{b}}(\mathrm{Ad}_{b^{-1}}\xi_2)\rangle \tag{3.6}$$

for $\xi_1, \xi_2 \in \mathfrak{k} \cong \mathfrak{b}^*$, make K and B into dual Poisson Lie groups.

Corollary 3.7. *The Poisson tensor π_K vanishes on T.*

Proof. The torus T normalizes B. Therefore, when $k \in T$ and $Y_1 \in \mathfrak{b}$, one has $\mathrm{Ad}_{k^{-1}}Y_1 \in \mathfrak{b}$. Then on the right side of (3.5), $\rho_{\mathfrak{k}}\mathrm{Ad}_{k^{-1}}Y_1 = 0$. □

C. Dressing actions

A left (resp. right) action Ξ of the Poisson Lie group (H, π_H) on a Poisson manifold (X, π_X) is said to be a *Poisson action* if $\Xi : H \times X \to X$ (resp.

$\Xi : X \times H \to X$) is a Poisson map. There are always two infinitesimal Poisson actions of H on its dual group H^{d}:

$$\begin{aligned} \xi \in (\mathfrak{h}^*)^* &\mapsto \pi_{H^{\mathrm{d}}}(\cdot, \xi^\ell) \\ \xi \in (\mathfrak{h}^*)^* &\mapsto -\pi_{H^{\mathrm{d}}}(\cdot, \xi^r), \end{aligned}$$

where ξ^ℓ and ξ^r are the left and right invariant one-forms on H^{d} whose values at the identity are ξ. In the Lu-Weinstein setting, the corresponding global Lie group actions are easy to describe.

Proposition 3.8. *The K-actions on B defined by*

$$\mathrm{D}^\ell(k)(b) = \rho_B(bk^{-1}) \tag{3.9}$$

respectively

$$\mathrm{D}^r(k)(b) = \rho_B(b^{-1}k)^{-1} \tag{3.10}$$

are Poisson actions, called the left *and* right dressing actions. *The orbits of these actions are the symplectic leaves in the Poisson manifold (B, π_B). The infinitesimal actions are given by*

$$\mathrm{d}^\ell(\xi)(b) = -T_e R_b \rho_{\mathfrak{b}}(\mathrm{Ad}_b \xi), \quad \mathrm{d}^r(\xi)(b) = T_e L_b \rho_{\mathfrak{b}}(\mathrm{Ad}_{b^{-1}} \xi). \tag{3.11}$$

Proof. The Poisson nature of (3.9) is verified in [LuRa], as is the assertion about its orbits. To see where the formula for d^ℓ comes from, note that

$$\rho_B(bk^{-1}) = \rho_B(bk^{-1}b^{-1}b) = \rho_B(bk^{-1}b^{-1})b.$$

Now set $k = \exp t\xi$ and differentiate. The arguments for the right dressing action are similar. □

Remark 3.12. The dressing action D^ℓ is particularly easy to understand if we identify B with the symmetric space $P = B^*B$ via $b \leftrightarrow b^*b$. If we write $bk^{-1} = k_1 b_1$ (so that $\rho_B(bk^{-1}) = b_1$), then since

$$b_1^* b_1 = (k_1 b_1)^*(k_1 b_1) = (bk^{-1})^*(bk^{-1}) = kb^*bk^{-1},$$

we see that D^ℓ *is simply conjugation by K on P*. In addition, if we subsequently identify $\mathfrak{p}$ with P via the exponential map, it follows that D^ℓ is the *usual adjoint action of K on $\mathfrak{p}$*.

Example 3.13. The dressing action of H with zero Poisson structure on its dual group $\mathfrak{h}^*$ (Example 3.2) is the ordinary coadjoint action. When we adapt results about momentum mappings from the symplectic case to the Poisson case, we will routinely replace "coadjoint action of K on $\mathfrak{k}^*$" by "dressing action of K on B".

Example 3.14. Example 2.2 fits into this scheme. The iso-singular-value sets $\Sigma_\lambda, \Sigma_\mu$ are just two orbits of the dressing action of K on B: for example, Σ_λ may be identified with the set of all $b^*b \in P$ with fixed spectrum, and this is an orbit of K on P—a dressing orbit, as explained in Remark 3.12. Hence $X = \Sigma_\lambda \times \Sigma_\mu \subset B \times B$ is a symplectic leaf in $B \times B$.

It should be noted, however, that the Poisson action of K on X is not the obvious one. Of course, $(k, (b_1, b_2)) \mapsto (\mathrm{D}^\ell(k)(b_1), \mathrm{D}^\ell(k)(b_2))$ is an action of K on X, but it is not Poisson. The reason is this: while $K \times K$ acts on $B \times B$ in a Poisson fashion, by dressing in each factor, the diagonal subgroup $\{(k,k) \mid k \in K\} \subset K \times K$ is not a Poisson submanifold of $K \times K$, and the induced action does not preserve the product structure $\pi_K \times \pi_K$.

Some additional "twisting" is needed, and it is remarkable that the correct action arises completely naturally in the linear algebra problem of Example 2.2. Define (S stands for "singular value")

$$\begin{aligned} S(k)(b_1, b_2) &= (\rho_B(b_1 \rho_K(b_2 k^{-1})), \rho_B(b_2 k^{-1})) \\ &= (\mathrm{D}^\ell(\rho_K(b_2 k^{-1})^{-1})(b_1), \mathrm{D}^\ell(k)(b_2)). \end{aligned} \tag{3.15}$$

A short calculation (along the lines of Lemma 2.3) shows that this is indeed a (left) action of K on X, and one can check that it is Poisson. It then follows from (3.11) that the infinitesimal action s is given by

$$s(\xi)(b_1, b_2) = (\mathrm{d}^\ell(\rho_{\mathfrak{k}}(\mathrm{Ad}_{b_2} \xi))(b_1), \mathrm{d}^\ell(\xi)(b_2)). \tag{3.16}$$

These actions on a product space are perhaps best understood from the point of view of momentum mappings; we return to this example in the next subsection.

D. Momentum mappings

The notion of momentum mapping was generalized from the symplectic case to the Poisson case by Lu [Lu1, Lu2]. We recall the definition and some important properties in the Lu-Weinstein setting.

Definition 3.17. Let the Poisson Lie group K act on a Poisson manifold (X, π_X) in a Poisson fashion, and for $\xi \in \mathfrak{k}$, let ξ_X be the induced vector field $d/dt|_{t=0} \exp(t\xi) \cdot x$. Via the identification $\mathfrak{k} \cong \mathfrak{b}^* = T_e^* B$, every $\xi \in \mathfrak{k}$ defines a left-invariant one-form ξ^ℓ on B. We say that $J : X \to B$ is a momentum mapping for the action of K if

$$\xi_X = \pi_X^{\#}(J^*(\xi^\ell)) = \pi_X(\cdot, J^*(\xi^\ell)). \tag{3.18}$$

Proposition 3.19. *J is a Poisson map from (X, π_X) to (B, π_B) if, and only if, it is equivariant:*

$$J(k \cdot x) = \mathrm{D}^\ell(k)(J(x)). \tag{3.20}$$

Conversely, if the Poisson Lie group K acts on the Poisson manifold (X, π_X) and if there is a Poisson mapping $J : X \to B$ satisfying (3.18), then the action of K is Poisson (and J is its momentum mapping).

The forms ξ^ℓ and $J^*(\xi^\ell)$ are not exact. Hence $\pi^{\#}(J^*(\xi^\ell))$ is not a Hamiltonian vector field and does not preserve π_X. This is consistent with the fact that a Poisson action of K on X does not preserve the Poisson structure on X.

Example 3.21. By definition, the dressing action D^ℓ of (K, π_K) on a dressing orbit $\Sigma_\lambda \subset (B, \pi_B)$ is a Poisson action. The momentum mapping is just inclusion:

$$J : b \in \Sigma_\lambda \mapsto b \in B.$$

Compare the symplectic analog: the momentum mapping for the (Hamiltonian) coadjoint action of K on an orbit $\mathcal{O}_\lambda \subset \mathfrak{k}^*$ is inclusion.

Example 3.22. The action S in Example 3.14 has a momentum mapping, namely $J(b_1, b_2) = b_1 b_2$ (this will follow from the next lemma). Because J is just the multiplication in the Poisson Lie group B, it is a Poisson map by definition. Hence, it should be equivariant: that is precisely what makes Lemma 2.3 work.

Example 3.22 is a special case of a general fact that will be of use later.

Lemma 3.23. *Let (P_1, π_1) and (P_2, π_2) be two Poisson manifolds on which K acts, and suppose that there are equivariant momentum mappings $J_i : P_i \to B$, $i = 1, 2$. For $\xi \in \mathfrak{k}$, let ξ_{P_i} be the infinitesimal action on P_i. Then the action of K on the product manifold $(P, \pi) = (P_1 \times P_2, \pi_1 \times \pi_2)$ defined by*

$$k : (p_1, p_2) \mapsto \left(\rho_K(J_2(p_2)k^{-1}J_2(p_2)^{-1})^{-1} \cdot p_1, k \cdot p_2\right)$$

(or, infinitesimally, for $\xi \in \mathfrak{k}$,

$$\xi_P(p_1, p_2) = ([\rho_{\mathfrak{k}}(\mathrm{Ad}_{b_2} \xi)]_{P_1}(p_1), \xi_{P_2}(p_2)), \quad b_2 = J_2(p_2)),$$

is Poisson and has momentum map $J(p_1, p_2) = J_1(p_1) J_2(p_2)$.

Remark. Only the action in the first factor is "twisted". As can be seen from the proof, this is due to the fact that a *left*-invariant one-form, ξ^ℓ, enters in the definition of momentum mapping.

Proof. Using equivariance of J_2 and (3.9), one verifies easily that the proposed formula defines a left action. Each J_i is a Poisson map by Proposition 3.19. Because multiplication in B is a Poisson map from $B \times B$ to B, the product $J = J_1 J_2$ is again Poisson. According to Proposition 3.19, we need only check that J satisfies formula (3.18).

Let $(v_1, v_2) \in T_{(p_1,p_2)} P_1 \times P_2$, write $J_i(p_i) = b_i$, and recall that the value of the left-invariant one-form ξ^ℓ at $b_1 b_2$ is given by

$$\xi^\ell(b_1 b_2) = T^*_{b_1 b_2} L_{b_1^{-1}} \circ T^*_{b_2} L_{b_2^{-1}}(\xi).$$

We want to express

$$\langle (v_1, v_2), T^*_{(p_1,p_2)} J(\xi^\ell(b_1 b_2))\rangle = \langle T_{(p_1,p_2)} J(v_1, v_2), \xi^\ell(b_1 b_2)\rangle \tag{3.24}$$

as a sum of contributions from the two factors P_1 and P_2; this will ultimately relate $J^*(\xi^\ell)$ to $J_1^*(\xi^\ell)$ and $J_2^*(\xi^\ell)$ via (3.18).

Because

$$T_{(p_1,p_2)} J(v_1, v_2) = T_{b_1} R_{b_2}(T_{p_1} J_1(v_1)) + T_{b_2} L_{b_1}(T_{p_2} J_2(v_2)),$$

the right side of (3.24) is a sum of two terms:

$$\langle T_{p_1} J_1(v_1), T^*_{b_1} R_{b_2} \circ T^*_{b_1 b_2} L_{b_1^{-1}} \circ T^*_{b_2} L_{b_2^{-1}}(\xi)\rangle$$

and

$$\langle T_{p_2} J_2(v_2), T^*_{b_2} L_{b_1} \circ T^*_{b_1 b_2} L_{b_1^{-1}} \circ T^*_{b_2} L_{b_2^{-1}}(\xi)\rangle = \langle T_{p_2} J_2(v_2), T^*_{b_2} L_{b_2^{-1}}(\xi)\rangle.$$

The second term is just

$$\langle v_2, T^*_{p_2} J_2(\xi^\ell(b_2))\rangle.$$

The first term is

$$\langle T_{p_1} J_1(v_1), T^*_{b_1} L_{b_1^{-1}}(T^*_e R_{b_2} \circ T^*_{b_2} L_{b_2^{-1}}(\xi))\rangle. \tag{3.25}$$

Now, $T^*_e R_{b_2} \circ T^*_{b_2} L_{b_2^{-1}}(\xi)$ is a cotangent vector, say η, at the identity element of B. It is obtained by applying to ξ the adjoint action of b_2 *in the big group* G and then projecting back to $\mathfrak{k} \cong \mathfrak{b}^*$:

$$\eta = \rho_{\mathfrak{k}}(\mathrm{Ad}_{b_2} \xi).$$

Then $T^*_{b_1} L_{b_1^{-1}}(\eta)$ is just $\eta^\ell(b_1)$, and we finally get (3.25) in the form

$$\langle v_1, T^*_{p_1} J_1(\rho_{\mathfrak{k}}(\mathrm{Ad}_{b_2}\,\xi)^\ell)\rangle.$$

Thus, we have a "factorization":

$$\begin{aligned} J^*(\xi^\ell)(p_1,p_2) &= T^*_{(p_1,p_2)} J(\xi^\ell(b_1b_2)) = (T^*_{p_1} J_1(\rho_{\mathfrak{k}}(\mathrm{Ad}_{b_2}\,\xi)^\ell(b_1)), T^*_{p_2} J_2(\xi^\ell(b_2))) \\ &= (J_1^*(\rho_{\mathfrak{k}}(\mathrm{Ad}_{b_2}\,\xi)^\ell)(p_1), J_2^*(\xi^\ell)(p_2)), \end{aligned}$$

and hence applying (3.18) to J_1 and J_2, we find

$$\begin{aligned} \pi^\#(J^*(\xi^\ell))(p_1,p_2) &= \left(\pi_1^\#(J_1^*(\rho_{\mathfrak{k}}(\mathrm{Ad}_{b_2}\,\xi)^\ell))(p_1), \pi_2^\#(J_2^*(\xi^\ell))(p_2)\right) \\ &= \left([\rho_{\mathfrak{k}}(\mathrm{Ad}_{b_2}\,\xi)]_{P_1}(p_1), \xi_{P_2}(p_2)\right) \\ &= \xi_P(p_1,p_2), \end{aligned}$$

which is formula (3.18) for the infinitesimal action of K on the product manifold P. □

E. The Ginzburg–Weinstein isomorphism

The Cartan decomposition $G^{\mathbb{R}} = PK$ of G thought of as a *real* Lie group defines the Cartan involution $\tau : G^{\mathbb{R}} \to G^{\mathbb{R}}$. Throughout this paper, we will write $g^* = \tau(g^{-1})$, and we will employ the same notation for the derivative at the identity of $g \mapsto g^*$. This is an isomorphism of $\mathfrak{g}^{\mathbb{R}}$ whose eigenvalues are ± 1. The $+1$ eigenspace is $\mathfrak{k}$ and the -1 eigenspace is $\mathfrak{p}$. When $G = SL(n,\mathbb{C})$, the matrix g^* is the usual Hermitian adjoint.

The symplectic leaves $\Sigma_\lambda \subset B$ inherit a symplectic form from the Poisson manifold B. On the other hand, $b \mapsto b^*b$ sends Σ_λ to a K-orbit in P, and taking the (globally defined) logarithm produces a K-orbit in $\mathfrak{p}$. Write Sym : $b \mapsto b^*b \in P$ and sym : $b \mapsto \log(b^*b) \in \mathfrak{p}$.

The Killing form identifies $\mathfrak{k}^*$ with $\mathfrak{p}$ (in fact, $\kappa(\mathfrak{k},\mathfrak{p}) = i\mathbb{R}$, so the pairing used is $\mathrm{Im}\,\kappa$). Thus, a coadjoint orbit $\mathcal{O}_\lambda$ in $\mathfrak{k}^*$ carries two symplectic forms: the orbit symplectic form ω_0 induced by the Lie-Poisson structure on the dual $\mathfrak{k}^*$ of $\mathfrak{k}$, and the "nonlinear" symplectic form ω_1 transferred by the diffeomorphism sym : $B \to \mathfrak{p}$. (The subscripts 0 and 1 are explained in [LuRa]: ω_0 is obtained from ω_1 by letting a parameter vary from 1 to 0.) Lu-Ratiu conjectured, and Ginzburg–Weinstein proved, the existence of a global isomorphism.

Theorem 3.26. [GiWe] *Let π_0 be the Lie-Poisson tensor on $\mathfrak{p} \cong \mathfrak{k}^*$, and let $\pi_1 = \mathrm{sym}_*\,\pi_B$ be the Poisson tensor induced on $\mathfrak{p}$ from the Poisson Lie structure on B. Then there is a global diffeomorphism of $\mathfrak{p}$ taking π_0 to π_1.*

The proof is based on a rigidity theorem about cohomology of symplectic manifolds, and is not constructive. Moreover, the diffeomorphism is far from unique (any given one can be composed with an arbitrary Poisson diffeomorphism of $(\mathfrak{p}, \pi_1)$). Still, the theorem can be used to deduce properties of Poisson momentum mappings from known results about symplectic momentum mappings (Section 4). Conversely, our convexity theorem suggests the existence of an almost canonical Ginzburg–Weinstein isomorphism.

Example 3.27. Consider the case $K = SU(2)$. The orbit $\mathcal{O}_\lambda \subset \mathfrak{p}$ of 2×2 Hermitian matrices with eigenvalue $\pm\lambda$ can be parametrized as follows:

$$\begin{pmatrix} \mu & \sqrt{\lambda^2 - \mu^2}\, e^{i\theta} \\ \sqrt{\lambda^2 - \mu^2}\, e^{-i\theta} & -\mu \end{pmatrix} \tag{3.28}$$

where $-\lambda \leq \mu \leq \lambda$ and $0 \leq t < 2\pi$. The map that sends the matrix (3.28) to the positive definite matrix

$$\begin{pmatrix} e^{2\mu} & \sqrt{(e^{2\lambda} - e^{2\mu})(e^{2\mu} - e^{-2\lambda})}\, e^{i\theta} \\ \sqrt{(e^{2\lambda} - e^{2\mu})(e^{2\mu} - e^{-2\lambda})}\, e^{-i\theta} & 2\cosh 2\lambda - e^{2\mu} \end{pmatrix} \tag{3.29}$$

is a symplectomorphism between $(\mathcal{O}_\lambda, \pi_0)$ and $(\Sigma_{\exp 2\lambda}, \pi_1)$. To get the Ginzburg–Weinstein isomorphism, one should take the logarithm of (3.29), but the resulting formula is still more complicated, and we omit it. Ping Xu was probably the first to write this explicit symplectomorphism.

For the case of $SU(n)$ with $n \geq 3$, we conjecture a generalization of the logarithm of the map (3.28)$\mapsto$(3.29) that fixes the positive Weyl chamber (that is, the existence of a distinguished Ginzburg–Weinstein isomorphism that fixes the positive Weyl chamber) based on a Poisson-Lie interpretation of Gelfand-Tsetlin coordinates. This will be published in [FR2].

4. The proof of the main theorem

Three proofs of the Guillemin–Sternberg–Kirwan convexity theorem are now available. The most recent one by Sjamaar [Sj] gets the most precise information about the polytope $\Phi(X) \cap \mathfrak{t}^*_+$, but also makes the most extensive use of the fact that K acts symplectically on X; we do not know whether it can be adapted to Poisson actions. The original proof in [GS1] and [Ki2] relies in the end on Kirwan's Morse theory [Ki1] of $\|\Phi\|^2$, which appears again to depend crucially on symplectic geometry. In fact, only one result from [Ki1] plays a role in the convexity proof, and it turns out to be available in the Poisson setting as we shall see below. The third proof, due to Condevaux, Dazord, and Molino [CDM] circumvents Morse theory. Even though we will not present the Poisson Lie version of this proof contained in [FR1], we want to make a few comments about it in order to contrast it with the Morse theoretical proof given below.

As was already mentioned in the introduction, this third proof, though phrased by all authors in the language of momentum mappings for Hamiltonian actions of K, in fact does not need the full force of that assumption. The first key idea (introduced in [GS1]) is the construction of a certain (noncompact) symplectic submanifold Y of X on which the torus T acts symplectically with momentum map ϕ; one arranges that

$$\overline{\phi(Y)} = \Phi(X) \cap \mathfrak{a}_+$$

and thereby reduces the non-abelian convexity theorem to a study of Hamiltonian torus actions on noncompact symplectic manifolds. Now, Y being a manifold comes from transversality, which is a consequence of a characterization of the image of the derivative $T_x\Phi$ of Φ; Y being symplectic follows from a characterization of the symplectic orthogonal of the kernel of $T_x\Phi$. These two properties of $T_x\Phi$ are available in the Poisson Lie case, and we have already seen (Corollary 3.7) that T acts symplectically. The second key idea is the application (again due to [GS1]) of an equivariant Darboux lemma, which tells one that $\phi(Y)$ is a polyhedral set. Here one needs only the symplectic action of T, which, as just remarked, holds in our case. The fact that the closure of $\phi(Y)$ is a convex polytope follows from the third key idea, introduced by [CDM]; it is almost a purely topological statement, in which the symplectic nature of the action of K is again largely irrelevant. In this outline, the only step that depends on the choice of Poisson structure on K is the calculation of the image of the derivative of the momentum mapping. The details are lengthy, even in the Lu-Weinstein case, because of the nonlinearity of the map from the dual group B to $\mathfrak{p}$. The Morse theoretical proof presented below also uses this derivative and we will give all the details of this computation at the appropriate moment. This calculation is the only common point between the proof by the [CDM] method and the one presented below based on Morse theory.

We recall that X is always assumed to be a compact, connected, symplectic manifold. Compactness is relaxed in [CDM], [HNP], and [CK] (the momentum mapping is merely assumed to be proper), but the only Poisson Lie examples we know at this time have compact X, and we prefer to keep to the simpler situation.

We now describe the Morse theory proof of the nonlinear convexity theorem. Guillemin–Sternberg [GS1] proved that $\Phi(X) \cap \mathfrak{t}^*_+$ is a finite union of convex polytopes, where Φ is the momentum map for a Hamiltonian action of the connected compact Lie group K on the compact connected symplectic manifold X, T is a maximal torus in K, and $\mathfrak{t}^*_+$ is the positive Weyl chamber.

Kirwan [Ki2] proved convexity of $\Phi(X) \cap \mathfrak{t}_+^*$, thereby showing that this set is itself a compact convex polytope. There are three key ingredients in her argument:

i) connectedness of the manifold on which $\|\Phi\|^2$ assumes its minimum;

ii) characterization of the critical points of $\|\Phi\|^2$ in terms of the $\mathfrak{k}$-action on X;

iii) a purely geometrical lemma about unions of convex polytopes.

The preliminary step showing that $j(X) \cap \mathfrak{a}_+$ is a finite union of convex polytopes is carried out in [FR1], Proposition 4.38 and follows the pattern of [GS1]; we will not repeat this argument. Steps i) and ii) can be adapted to the Poisson Lie setting, and step iii) then applies without any changes whatsoever.

As in Section 3E, we write sym : $B \to \mathfrak{p}$ for the map $b \mapsto \log b^* b$. Set $j = \mathrm{sym} \circ J$. Let $\| \cdot \|^2$ be the restriction of the Killing form κ to $\mathfrak{p}$. We begin by showing that the set of minima of $\|j\|^2$ is a connected submanifold of X. The symplectic techniques of [Ki1] do not seem to adapt easily to $\|j\|^2$, but we can nevertheless reduce the essence of [Ki2] to the symplectic case.

Lemma 4.1. *The function $\|j\|^2$ assumes its minimum value on a connected submanifold of X.*

Proof. Let $\psi : (\mathfrak{p}, \pi_1) \to (\mathfrak{p}, \pi_0)$ be the Poisson diffeomorphism constructed by Ginzburg and Weinstein (Section 3E), and set $j' = \psi \circ j$. This j' is a Poisson map from X to $\mathfrak{p} \cong \mathfrak{k}^*$. Hence (see, for example, [MR], page 359), since K is connected, j' is an equivariant momentum mapping for a *Hamiltonian* action of K on X (not the original action, of course, but the one that associates to $\xi \in \mathfrak{k}$ the Hamiltonian vector field corresponding to the function $x \mapsto \langle j'(x), \xi \rangle$). Therefore, Kirwan's Morse theory [Ki1] applies to $\|j'\|^2$ and thus the manifold of minima of $\|j'\|^2$ is connected. By equivariance, it is a union of coadjoint orbits in $\mathfrak{p} \cong \mathfrak{k}^*$. The diffeomorphism ψ preserves every generic coadjoint orbit [GiWe], so that it will also preserve any function constant on these orbits, in particular the quadratic form defined by the Killing form. Thus, $\|U\|^2 = \|\psi(U)\|^2$ for a dense open set of $U \in \mathfrak{p}$, and hence for all $U \in \mathfrak{p}$. Hence $\|j'(x)\|^2 = \|j(x)\|^2$ for all $x \in X$, the minimum manifold of $\|j\|^2$ coincides with that of $\|j'\|^2$, and is therefore connected. □

Next, we turn to the characterization of the critical points of $\|j\|^2$ in terms of the $\mathfrak{k}$-action on X. For this, we need a preparatory formula.

For $U \in \mathfrak{p}$, introduce the series (see [He])

$$\mathbf{S}(U) := \frac{\sinh \mathrm{ad}\, U}{\mathrm{ad}\, U}$$

in $(\mathrm{ad}\, U)^2$ whose constant term is the identity. This linear map leaves $\mathfrak{p}$ and $\mathfrak{k}$

invariant and is an isomorphism on each of these two spaces. The inverse of $\mathbf{S}$ on $\mathfrak{p}$ or $\mathfrak{k}$ will be denoted by $\mathbf{S}^{-1}$.

Lemma 4.2. *If $b \in B$, $\beta \in \mathfrak{b}$, and $p = b^*b \in P$, the derivatives of* Sym *and* sym *are given by*

$$T_b \operatorname{Sym}(T_eL_b(\beta)) = T_eR_p(\beta^*) + T_eL_p(\beta) \in T_pP, \tag{4.3}$$

$$T_b \operatorname{sym}(T_eL_b(\beta)) = \mathbf{S}^{-1}(\log p)\big(\frac{1}{2}(\beta + \beta^* + \operatorname{Ad}_p \beta + \operatorname{Ad}_{p^{-1}} \beta^*)\big) \in T_{\log p}\mathfrak{p}. \tag{4.4}$$

Proof. For $\beta_b \in T_bB$, we have $T_b \operatorname{Sym}(\beta_b) = T_{b^*} R_b(\beta_b^*) + T_b L_{b^*}(\beta_b)$. Take β_b to be of the form $T_eL_b(\beta)$ for $\beta \in \mathfrak{b}$, and remember that $p = b^*b$. Then the previous formula becomes (4.3).

To prove (4.4), we begin by recalling the formula for the derivative of the exponential map $\exp : \mathfrak{p} \to P$ [He]. If $U \in \mathfrak{p}$ and $V \in T_U\mathfrak{p} \cong \mathfrak{p}$, then

$$\begin{aligned} T_U \exp(V) &= T_{\exp U}\Pi \circ T_e L_{\exp U}\big(\frac{\sinh \operatorname{ad} U}{\operatorname{ad} U}(V)\big) \\ &= T_{\exp U}\Pi \circ T_e L_{\exp U} \circ \mathbf{S}(U)(V). \end{aligned} \tag{4.5}$$

In (4.5), $\Pi : G \to G/K \cong P$ is the natural projection $g \mapsto gg^* \mapsto p_1$, with $p_1^2 = gg^*$; when restricted to P, $\Pi|P$ is a diffeomorphism.

To compute the derivative of the diffeomorphism $\Pi|P$, set $W = \mathbf{S}(U)(V) \in \mathfrak{p}$ in (4.5) and consider the curve $p\exp(tW) \in P$, which is mapped by Π as follows:

$$p\exp(tW) \mapsto p(\exp(2tW))p = p_1(t)^2 \mapsto p_1(t). \tag{4.6}$$

Differentiation of (4.6) gives

$$T_eL_p(W) \mapsto 2T_pR_p \circ T_eL_p(W) = T_pL_p(v_p) + T_pR_p(v_p), \quad v_p = \dot{p}_1(0) \in T_pP. \tag{4.7}$$

Applying the inverses of T_pR_p and T_eL_p to (4.7), we get

$$2W = T_pL_{p^{-1}}(v_p) + T_pR_{p^{-1}}(v_p) \in \mathfrak{p} \tag{4.8}$$

and therefore the derivative of $\Pi|P$ is the following isomorphism of T_pP:

$$2T_p\Pi(T_eL_pW) = T_p\Pi\big(T_eL_p(T_pL_{p^{-1}}(v_p) + T_pR_{p^{-1}}(v_p))\big) = 2v_p. \tag{4.9}$$

By the inverse function theorem, for $v_p \in T_pP$, we have

$$T_p \log(v_p) = \left(T_{\log p} \exp\right)^{-1}(v_p)$$

and thus (4.5) and (4.9) give

$$T_p \log(v_p) = (T_{\log p} \exp)^{-1} \circ T_p\Pi \circ T_e L_p(W) = \mathbf{S}^{-1}(\log p)(W), \tag{4.10}$$

with W given by (4.8).

We are now in the position to compute the derivative of $\mathrm{sym} = \log \circ \mathrm{Sym}$ by using (4.3), (4.10), and (4.8). We have for $\beta \in \mathfrak{b}$ and $p = b^*b \in \mathfrak{p}$:

$$\begin{aligned} T_b \,\mathrm{sym}(T_e L_b(\beta)) &= T_p \log \circ T_b \,\mathrm{Sym}(T_e L_b(\beta)) \\ &= T_p \log\left(T_e R_p(\beta^*) + T_e L_p(\beta)\right) = \mathbf{S}^{-1}(\log p)(W'), \end{aligned} \tag{4.11}$$

where

$$\begin{aligned} 2W' &= T_p L_{p^{-1}}\left(T_e R_p(\beta^*) + T_e L_p(\beta)\right) + T_p R_{p^{-1}}\left(T_e R_p(\beta^*) + T_e L_p(\beta)\right) \\ &= \beta + \beta^* + \mathrm{Ad}_p \beta + \mathrm{Ad}_{p^{-1}} \beta^* \in \mathfrak{p}. \end{aligned} \tag{4.12}$$

Formulae (4.11) and (4.12) give (4.4). □

Next, we prove the analog of Lemma 3.1 in [Kil], which says that $x_0 \in X$ is critical for $\|\Phi\|^2$ if, and only if, the Hamiltonian vector field $X_{\Phi(x_0)}$ vanishes at x_0; here $\Phi(x_0) \in \mathfrak{k}^*$ is identified with an element of $\mathfrak{k}$ via the Killing form.

Lemma 4.13. *A point $x_0 \in X$ is critical for $\|j\|^2$ if, and only if, the vector field*

$$(\sqrt{-1}j(x_0))_X = \left(\sqrt{-1}\log(J(x_0)^*J(x_0))\right)_X \tag{4.14}$$

vanishes at x_0. (We multiply $j(x_0) \in \mathfrak{p}$ by $\sqrt{-1}$ to get an element of $\mathfrak{k}$.)

Proof. Write $N : B \to \mathbb{R}$ for the function $b \mapsto \|\log(b^*b)\|^2$, so that $\|j\|^2 = N \circ J$ and $d(\|j\|^2) = J^*(dN)$. Given $x_0 \in X$, there is a $\xi_0 \in \mathfrak{k} \cong \mathfrak{b}^*$ such that the left invariant one-form ξ_0^ℓ on B coincides with dN at $J(x_0)$. Then, by (3.18),

$$(\xi_0)_X(x_0) = \pi^\#(J^*(\xi_0^\ell))(x_0) = \pi^\#(x_0)(\cdot, d(\|j\|^2)(x_0)). \tag{4.15}$$

By nondegeneracy of the Poisson tensor π on X, (4.15) shows that x_0 is a critical point of $\|j\|^2$ if, and only if, x_0 is an equilibrium point of $(\xi_0)_X$.

We must therefore compute the explicit form of ξ_0; for this, we will use Lemma 4.2. Let us decompose $N = \mathrm{nr} \circ \mathrm{sym}$, where $\mathrm{sym} : b \mapsto \log b^* b$ and $\mathrm{nr}(U) = \|U\|^2$, $U \in \mathfrak{p}$. Since

$$d\,\mathrm{nr}(U) \cdot V = 2\kappa(U, V), \tag{4.16}$$

for $U, V \in \mathfrak{p}$, (4.4) gives for $\beta \in \mathfrak{b}$, $b \in B$, and $p = b^* b$,

$$\begin{aligned} dN(b)(T_e L_b \beta) &= d\,\mathrm{nr}(\log b^* b) \cdot T_b\,\mathrm{sym}(T_e L_b \beta) \\ &= \kappa\big(\log p, \mathbf{S}^{-1}(\log p)(\beta + \beta^* + \mathrm{Ad}_p\,\beta + \mathrm{Ad}_{p^{-1}}\,\beta^*)\big). \end{aligned} \tag{4.17}$$

To simplify this expression we make the following remarks.

First, since $\mathfrak{k}_{\log p} = \{\xi \in \mathfrak{k} \mid [\xi, \log p] = 0\}$, we conclude that for any $\xi \in \mathfrak{k}_{\log p}$ and any positive integer n we have $(\mathrm{ad}\,\log p)^n \xi = 0$. Therefore,

$$\xi = \mathrm{e}^{\mathrm{ad}\,\log p} \xi = \mathrm{Ad}_{\exp\,\log p}\,\xi = \mathrm{Ad}_p\,\xi \tag{4.18}$$

for any $\xi \in \mathfrak{k}_{\log p}$. Second, since $\mathbf{S}(\log p)$ is a power series in $(\mathrm{ad}\,\log p)^2$ with constant term the identity, it stabilizes any $\xi \in \mathfrak{k}_{\log p}$, that is

$$\mathbf{S}(\log p) | \mathfrak{k}_{\log p} = \text{identity on } \mathfrak{k}_{\log p}. \tag{4.19}$$

It also follows that

$$\mathbf{S}(\log p) \text{ is } \kappa\text{-symmetric}. \tag{4.20}$$

Now we can simplify (4.17). By (4.20), we can move $\mathbf{S}^{-1}(\log p)$ to the left slot, where only the constant term in the series does not vanish on $\log p$. By (4.19) this constant term applied to $\log p$ is again $\log p$. Likewise, $\mathrm{Ad}_{p^{\pm 1}}$ can be moved to the left, and it stabilizes $\log p$ by (4.18). Thus (4.17) reduces to

$$dN(b)(T_e L_b \beta) = 2\kappa(\log p, \beta + \beta^*). \tag{4.21}$$

Finally [He], $\kappa(\log p, \beta^*) = \overline{\kappa(\log p, \beta)}$, so that

$$dN(b)(T_e L_b \beta) = 4\,\mathrm{Re}\,\kappa(\log p, \beta) = 4\mathrm{Im}\,\kappa(\sqrt{-1}\log p, \beta). \tag{4.22}$$

Therefore, by the definition of ξ_0, if we write $b_0 = J(x_0)$, we have for any $\beta \in \mathfrak{b}$,

$$\mathrm{Im}\,\kappa(\xi_0, \beta) = \xi_0^\ell(b_0)(T_e L_{b_0} \beta) = dN(b_0)(T_e L_{b_0} \beta) = \mathrm{Im}\,\kappa(4\sqrt{-1}\log b_0^* b_0, \beta), \tag{4.23}$$

which says that

$$\xi_0 = 4\sqrt{-1}\log(J(x_0)^* J(x_0)) = 4\sqrt{-1} j(x_0) \tag{4.24}$$

and thus proves the lemma. □

Let $a \in A_+ \subset B$, and let Σ_a be the dressing orbit of K through a. It is a symplectic leaf of B in its Poisson Lie structure; let Σ_a^- be the orbit equipped with the *negative* of that symplectic form.

Lemma 4.25. *The left action of K on Σ_a^- given by*

$$(k, b) \mapsto \rho_B(b^{-1}k^{-1})^{-1}, \tag{4.26}$$

or infinitesimally by

$$(\xi, b) \mapsto T_e L_b(\rho_{\mathfrak{b}}(\mathrm{Ad}_{b^{-1}}\,\xi)), \tag{4.27}$$

is a Poisson action. Its momentum mapping is $b \mapsto b^{-1}$.

Proof. The action (4.26) is in fact the *right* dressing action (given by (3.10)) of K on B turned into a left action by the replacement $k \mapsto k^{-1}$. The right dressing action is known to be Poisson on Σ_a, and the resulting left action is easily seen to be Poisson on Σ_a^-. The form of the momentum mapping comes directly from the expression for the infinitesimal action in (4.27) and the definition (3.6) of the Poisson structure on B. □

The next result is a consequence of Lemmas 3.23 and 4.25.

Lemma 4.28. *The action of K on $X \times \Sigma_a^-$ given by*

$$k : (x, b) \mapsto (\rho_K(b^{-1}k^{-1}b)^{-1} \cdot x, \rho_B(b^{-1}k^{-1})^{-1}) \tag{4.29}$$

is Poisson, and its momentum mapping is $J^{(a)}(x, b) = J(x)b^{-1}$.

Set $j^{(a)} = \mathrm{sym} \circ J^{(a)}$. According to Lemma 4.1, the submanifold of $X \times \Sigma_a^-$ on which $\|j^{(a)}\|^2$ assumes its minimum is connected. Finally, we show that every critical point of $\|j^{(a)}\|^2$ is conjugate to another critical point having a particularly simple form. Note that since $\|j^{(a)}(k \cdot (x, b))\|^2 = \|j^{(a)}(x, b)\|^2$ for all $k \in K$ (equivariance), every point on the K-orbit through a critical point is also critical.

Lemma 4.30. *If $(x, b) \in X \times \Sigma_a^-$ is a critical point for $\|j^{(a)}|\,^2$, then the orbit $K \cdot (x, b)$ contains a critical point (x_1, a) with $J(x_1) \in A$.*

Proof. Since $b \in \Sigma_a^-$, we may assume from the start that $b = a$. Let $H \subset K$ be the stabilizer subgroup of a under the action (4.26). Along the lines of Remark 3.12, one checks that the diffeomorphism $b \in B \mapsto bb^* \in P$ transforms the action (4.26) of K on B to conjugation of K on P (but note that this is not the map Sym). Because the map $p \mapsto p^2$ is a diffeomorphism of P [He], one has $ka^2k^{-1} = a^2$ if and only if $kak^{-1} = a$. Hence we may think of H as the stabilizer of a under conjugation of K on P; the Lie algebra $\mathfrak{h}$ of H is the stabilizer algebra (centralizer in $\mathfrak{k}$) of $\log a \in \mathfrak{p}$.

Since (x, a) is a critical point of $\|j^{(a)}\|^2$, Lemma 4.2 (applied to $Y \stackrel{\text{def}}{=} X \times \Sigma_a^-$ and $J^{(a)}$) guarantees that (x, a) is an equilibrium point of the vector field ξ_Y, where (by Lemma 4.28)

$$\xi = i \log((J(x)a^{-1})^*(J(x)a^{-1})). \tag{4.31}$$

In particular, the second component of ξ_Y vanishes at a, whence $\xi \in \mathfrak{h}$.

Now let $k \in H$. For such k, the action in the first factor of (4.29) reduces to the original action of K on X: indeed, $a^{-1}k^{-1}a = k^{-1}a^{-1}a = k^{-1}$, so that $\rho_K(a^{-1}k^{-1}a)^{-1} = \rho_K(k^{-1})^{-1} = k$. By equivariance of J and by Remark 3.12, we have

$$J(k \cdot x)^* J(k \cdot x) = kJ(x)^* J(x)k^{-1}.$$

When (x, a) is replaced by the action (4.29) of $k \in H$ on (x, a), that is, by $(k \cdot x, a)$ (from what we just proved), the element ξ in (4.31) becomes

$$\begin{aligned} &i \log \left((a^{-1})^* kJ(x)^* J(x)k^{-1}a^{-1}\right) \\ =&i \log \left(k(a^{-1})^* J(x)^* J(x)a^{-1}k^{-1}\right) \quad (\text{since } k \in H) \\ =& \operatorname{Ad}_k i \log \left((a^{-1})^* J(x)^* J(x)a^{-1}\right) = Ad_k\xi. \end{aligned}$$

But $\xi \in \mathfrak{h}$ can be conjugated into the Cartan subalgebra $\mathfrak{t} \subset \mathfrak{h}$ by a suitable element $k_1 \in H$. Denoting now $x_1 = k_1 \cdot x$, the above identity shows that

$$i \log \left((a^{-1})^* J(x_1)^* J(x_1)a^{-1}\right) \in \mathfrak{t}.$$

This implies $(a^{-1})^* J(x_1)^* J(x_1)a^{-1} \in A$, and therefore $J(x_1)^* J(x_1) \in A$. Since $J(x_1) \in B$, we have $J(x_1) \in A$ because of the following simple observation: if $b \in B$, then $b^*b \in A$ if, and only if, $b \in A$. Indeed, if $b^*b \in A$, then $b \in (b^{-1})^* A \subset \tau(B)$, where τ is the Cartan involution, and hence $b \in B \cap \tau(B) = A$. □

The last ingredient needed is a geometric lemma in [Ki2] about $j(X) \cap \mathfrak{a}_+$; we do not reproduce the proof.

Lemma 4.32. [Ki2, Lemma 3.2] *Suppose $j(X) \cap \mathfrak{a}_+$ is not convex. Then for any sufficiently small $\epsilon > 0$ there exists $a \in A_+$ such that the ball of radius ϵ and center $\log a$ meets $j(X) \cap \mathfrak{a}_+$ in precisely two points α_1 and α_2 neither of which lies in the interior of the ball. We may assume that the centralizer H of $\log a$ in K fixes both α_1 and α_2.*

Proof of the Main Theorem. It was shown in [FR1], following the strategy of [GS1], that $j(X) \cap \mathfrak{a}_+$ is a finite union of convex polytopes. Thus, in order to show that $j(X) \cap \mathfrak{a}_+$ is a convex compact polytope, it suffices to show that it is a convex set. As in [Ki2], we will assume that it is *not* convex and arrive at a contradiction.

For $\epsilon > 0$ small enough take the element $a \in A$ given by Lemma 4.32 so that the conclusions of Lemma 4.32 hold (and provide the special α_1, α_2 mentioned there). Let us write a as square of another element a_1 of A_+, $a = a_1^2$. By Lemma 4.30, we may assume that $j^{(a_1)}$ has a critical point (x_1, a_1) with $J(x_1) \in A$. We will show that *all* $x \in X$ with $J(x) \in A$ satisfy $\|j(x) - \log a_1^2\| \geq \epsilon$, with equality if and only if $j(x) = \alpha_1$ or α_2. Because

$$j^{(a_1)}(x) = \log\left((J(x)a_1^{-1})^*(J(x)a_1^{-1})\right) = \log(J(x)^*J(x)) - \log a_1^2 = j(x) - \log a$$

(since all the group elements lie in A), it will follow that the minimum manifold of $\|j^{(a_1)}\|^2$ is the disjoint union of the closed sets $K \cdot (j^{-1}(\alpha_i), a_1), i = 1, 2$, which contradicts Lemma 4.1.

Since $\log a \in \mathfrak{a}_+$, we have

$$\|w \cdot \alpha - \log a\| > \|\alpha - \log a\|$$

for any $\alpha \in \mathfrak{a}_+$ and w in the Weyl group with $w \cdot \alpha \neq \alpha$. Therefore, we need only consider the case $j(x) \in \mathfrak{a}_+$, and now Lemma 4.32 gives the conclusion. □

Acknowledgments. Ratiu was supported in part by NSF Grant DMS-9503273 and by a Miller Research Professorship at UC Berkeley. Our collaboration started while we were both members of MSRI in the spring of 1994 and the work was finished when Ratiu was a member of IHES. We thank Eugene Lerman for some explanations on compact Lie group actions.

References

[A] M. F. Atiyah, Convexity and commuting Hamiltonians, *Bull. London Math. Soc.* **14** (1982), 1–15.

[CK] S. Chemla and Y. Karshon, Convexity of the moment map for nonabelian compact groups; a proof by M. Condevaux, P. Dazord, P. Molino. Unpublished lecture notes, MIT, February 1991.

[CDM] M. Condevaux, P. Dazord, P. Molino, Geometrie du moment, in Seminaire Sud-Rhodanien, Lyon, 1988.

[D] J. J. Duistermaat, On the similarity between the Iwasawa projection and the diagonal part, *Bull. Soc. Math. Fr., 2e série, Mémoire 15* (1984), 129–138.

[DKV] J. J. Duistermaat, J. A. C. Kolk, V. S. Varadarajan, Functions, flows, and oscillatory integrals on flag manifolds and conjugacy classes in real semisimple Lie groups, *Comp. Math.* **49** (1983), 309–398.

[FR1] H. Flaschka and T. Ratiu, A Convexity Theorem for Poisson Actions of Compact Lie groups, to appear in *Ann. Scient. Éc. Norm. Sup.*, t. 29, 1996.

[FR2] H. Flaschka and T. Ratiu, Convexity and Gelfand-Tsetlin coordinates, in preparation.

[GiWe] V. L. Ginzburg and A. Weinstein, Lie-Poisson structure on some Poisson Lie groups, *J. AMS* **5** (1992), 445–453.

[GS1] V. Guillemin and S. Sternberg, Convexity properties of the momentum mapping I, *Invent. Math.* **67** (1982), 491–513.

[GS2] V. Guillemin and S. Sternberg, Convexity properties of the momentum mapping II, *Invent. Math.* **77** (1984), 533–546.

[He] S. Helgason, *Differential Geometry, Lie Groups, and Symmetric Spaces*, Academic Press, New York, 1978.

[HNP] J. Hilgert, K.-H. Neeb, W. Plank, Symplectic convexity theorems and coadjoint orbits, *Comp. Math.* **94** (1994), 129–180.

[Ho1] A. Horn, Doubly stochastic matrices and the diagonal of a rotation matrix, *Amer. J. Math.* **76** (1954), 620–630.

[Ho2] A. Horn, On the eigenvalues of a matrix with prescribed singular values, *Proc. AMS* **5** (1954), 4–7.

[Ho3] A. Horn, Eigenvalues of sums of Hermitian matrices, *Pac. J. Math.* **12** (1962), 225–241.

[Ka] T. Kato, *Perturbation Theory for Linear Operators*, Die Grundlehren der Mathematischen Wissenschaften, Band **132**, Springer Verlag, New York-Berlin-Heidelberg, 1966.

[Ki1] F. C. Kirwan, *Cohomology of Quotients in Symplectic and Algebraic Geometry*, Mathematical Notes **31**, Princeton University, 1984.

[Ki2] F. C. Kirwan, Convexity properties of the momentum mapping III, *Invent. Math.* **77** (1984), 547–552.

[Ko] B. Kostant, On convexity, the Weyl group, and the Iwasawa decomposition, *Ann. Sci. École Norm. Sup.* **6** (1973), 413-455.

[Lu1] J.-H. Lu, *Multiplicative and Affine Poisson Structures on Lie Groups*, Ph. D. dissertation, University of California at Berkeley, 1990.

[Lu2] J.-H. Lu, Momentum mappings and reduction of Poisson actions, in *Proc. of the Sem. Sud-Rhodanien de Géometrie á Berkeley, 1989*, Springer Verlag MSRI Series, 1991.

[LuRa] J.-H. Lu and T. Ratiu, On the nonlinear convexity theorem of Kostant, *J. AMS* **4** (1991), 349–363.

[LuWe] J.-H. Lu, A. Weinstein, Poisson Lie groups, dressing transformations, and Bruhat decompositions, *J. Diff. Geom.* **31** (1990), 510–526.

[MR] J. E. Marsden and T. Ratiu, *Introduction to Mechanics and Symmetry*, Springer Verlag, New York–Berlin–Heidelberg, 1994.

[MO] A. W. Marshall and I. Olkin, *Inequalities: Theory of Majorization and its Applications*, Academic Press, New York, 1979.

[Sch] I. Schur, Über eine Klasse von Mittelbildungen mit Anwendungen auf die Determinantentheorie, *Sitzungsber. der Berliner Math. Gesellschaft* **22** (1923), 9–20.

[Sj] R. Sjamaar, Convexity properties of the moment mapping re-examined, preprint August 1994.

[Wey] H. Weyl, Inequalities between two kinds of eigenvalues of a linear transformation, *Proc. Nat. Acad. Sci. U.S.A.* **35** (1949), 408–411.

Hermann Flaschka
Department of Mathematics
The University of Arizona
Tucson, AZ 85721 USA

Tudor Ratiu
Department of Mathematics
University of California at Santa Cruz
Santa Cruz, CA 95064 USA

Received: January, 1996.

Sur l'uniformisation des laminations paraboliques

Étienne Ghys

1. Introduction

Dans cet article, nous nous proposons de discuter de la possibilité éventuelle de généraliser les théorèmes fondamentaux d'uniformisation des surfaces de Riemann aux feuilletages et laminations. Nous commençons par rappeler quelques énoncés extrêmement classiques.

Soit g une métrique riemannienne sur une surface orientée connexe S. Au voisinage de chaque point p de S, on peut introduire un système de *coordonnées isothermes*, c'est-à-dire un difféomorphisme *conforme* ϕ d'un voisinage de p sur un ouvert du plan euclidien. Bien entendu, deux tels difféomorphismes ϕ diffèrent par un difféomorphisme conforme d'un ouvert du plan euclidien, c'est-à-dire par un difféomorphisme holomorphe d'un ouvert de $\mathbf{C}$ (si l'on impose à ϕ de respecter l'orientation). Autrement dit, toute métrique riemannienne sur une surface orientée détermine naturellement une structure de *surface de Riemann.*

On sait par ailleurs que toute surface de Riemann simplement connexe est isomorphe à la sphère de Riemann $\widehat{\mathbf{C}}$, au plan complexe $\mathbf{C}$ ou au disque unité ouvert $\mathbf{D}$ dans $\mathbf{C}$. Ces trois surfaces de Riemann sont naturellement munies de métriques riemanniennes complètes à courbure constante $+1$, 0 et -1 respectivement.

L'association de ces deux résultats montre que la métrique $\widetilde{g}$ relevée de g au revêtement universel $\widetilde{S}$ de S est *globalement* conforme à une métrique complète à courbure $+1,0$ ou -1. Le groupe fondamental Γ de S opère donc conformément sur $\widehat{\mathbf{C}}, \mathbf{C}$ ou $\mathbf{D}$. Les trois cas, qualifiés respectivement de *elliptique*, *parabolique* et *hyperbolique*, se traitent alors séparément:

Toute bijection holomorphe de $\widehat{\mathbf{C}}$ possède un point fixe de sorte que ce cas ne se présente que lorsque S est simplement connexe.

Les bijections holomorphes de $\mathbf{C}$ sont affines mais seules les translations opèrent sans point fixe. Par conséquent, dans ce cas, Γ doit opérer par translations et, en particulier, par isométries de la métrique euclidienne qui définit donc sur S une métrique plate complète et conforme à g.

Toute bijection holomorphe de **D** est une isométrie de la métrique de Poincaré par le lemme de Schwarz. Par conséquent, Γ agit par isométries de la métrique de Poincaré et celle-ci descend donc sur S en une métrique complète conforme à g.

Nous avons donc l'énoncé suivant:

Théorème 1.1 (Gauss-Riemann-Koebe-Poincaré). *Considérons une métrique riemannienne g (de classe C^∞) sur une surface orientée connexe S. Il existe une fonction $u : S \to \mathbf{R}$ (de classe C^∞) telle que la métrique $g' = \exp(u)g$ soit complète à courbure $+1$, 0 ou -1. Cette fonction u est unique sauf dans le cas parabolique où elle n'est unique qu'à une constante additive près.*

Dans cet article, nous considérons une *lamination* $\mathcal{F}$ dont les feuilles sont de dimension 2 sur un espace compact M. Rappelons que ces laminations généralisent les feuilletages dans le sens où l'on n'impose aucune structure de variété sur l'espace ambiant. Par définition, M est recouvert par des ouverts U_i (que nous appellerons les *ouverts distingués*) et on dispose d'homéomorphismes h_i de U_i sur $D \times T_i$ où D est un disque dans $\mathbf{R}^2$ et T_i un certain espace topologique. On suppose aussi que les *changements de cartes* $h_{ij} = h_j \circ h_i^{-1}$, sur leur domaine de définition, sont de la forme:

$$h_{ij}(x,t) = (f_{ij}(x,t), \gamma_{ij}(t)).$$

On appelle *plaque* un ensemble de la forme $h_i^{-1}(D \times \{t\})$. Les *feuilles* de $\mathcal{F}$ sont les plus petits ensembles connexes tels que si une plaque les rencontre, elle y est entièrement contenue.

Nous supposerons toujours que la lamination est *lisse*, c'est-à-dire que les $f_{ij}(x,t)$ sont de classe C^∞ en la variable x et que toutes ses dérivées partielles sont continues en t. On suppose aussi que la lamination est orientée, c'est-à-dire que, à t fixé, l'homéomorphisme $f_{ij}(x,t)$ préserve l'orientation.

On dira qu'une fonction $u : M \to \mathbf{R}$ est *lisse* si elle est continue, si les $u \circ h_i^{-1}$ sont de classe C^∞ en la variable x et si ses dérivées partielles sont continues en t.

Il y a de nombreux exemples de laminations. Outre les feuilletages des variétés compactes, on peut considérer la restriction d'un feuilletage à un ensemble compact invariant mais il existe des exemples importants qui ne sont pas plongés naturellement dans une variété (voir par exemple [14]).

Soit g une métrique riemannienne lisse définie le long des feuilles de $\mathcal{F}$. Cela signifie qu'on se donne dans chaque $h_i(U_i)$ une famille de métriques riemanniennes de classe C^∞ sur les plaques $D \times \{t\}$ dépendant continûment du paramètre t, dans la topologie C^∞. On demande bien sûr que ces métriques soient compatibles avec les changements de cartes h_{ij}.

Chaque feuille L de $\mathcal{F}$ est donc munie d'une métrique riemannienne (complète) et on peut donc lui appliquer le théorème 1.1. Nous nous proposons d'étudier le comportement global des diverses fonctions u ainsi définies sur les feuilles.

Remarquons que si g_1 et g_2 sont deux métriques sur M, alors la compacité de M montre que les deux métriques induites sur chaque feuille sont dans un rapport borné, *i.e.* sont Lipschitz équivalentes et, en particulier, sont quasi-conformément équivalentes (voir par exemple [2]). Il en résulte qu'elles ont le même type conforme. Ainsi, *le caractère elliptique, parabolique ou hyperbolique d'une feuille ne dépend pas d'un choix de métrique sur M.*

Pour fixer les idées, il est peut-être utile de donner quelques exemples.

D'après le théorème de stabilité de Reeb (légèrement généralisé au cas des laminations), la réunion des feuilles difféomorphes à la sphère S^2 est un ouvert. Un voisinage d'une feuille sphérique est homéomorphe à un produit $S^2 \times T$ par un homéomorphisme envoyant les feuilles sur les sphères $S^2 \times \{t\}$. Une métrique g sur la lamination donne alors lieu à une famille continue g_t de métriques sur S^2 paramétrée par T. Dans ce cas, on a pour chaque t une fonction u_t bien définie telle que $\exp(u_t)g$ soit à courbure $+1$. Il se trouve que la fonction u_t dépend continûment de t, comme il résulte par exemple de [2]. Autrement dit, *les feuilles elliptiques ne posent aucun problème.* En ôtant les feuilles elliptiques à une lamination, on obtient un nouveau compact muni d'une lamination induite. *Nous supposerons donc par la suite qu'aucune des feuilles de $\mathcal{F}$ n'est sphérique.*

Les feuilles d'un feuilletage défini par une action localement libre de $\mathbf{R}^2$ sont bien sûr équipées d'une métrique plate qui dépend continûment du point. On obtient ainsi beaucoup d'exemples de feuilletages paraboliques. On peut aussi vérifier que le feuilletage de Reeb sur la sphère S^3 a toutes ses feuilles paraboliques.

Soit S une surface compacte orientée munie d'une métrique riemannienne à courbure -1 et considérons un homomorphisme de son groupe fondamental dans le groupe des homéomorphismes d'un espace compact T. Par suspension, on construit une lamination $\mathcal{L}$ sur un fibré de fibre T au dessus de S. Chaque feuille est un revêtement de S et on peut donc équiper cette lamination d'une métrique à courbure -1. On obtient ainsi des laminations à feuilles hyperboliques.

Les exemples précédents sont particuliers dans le sens où toutes les feuilles sont du même type. On peut bien sûr obtenir des exemples mixtes en considérant une réunion disjointe mais on peut obtenir des exemples moins triviaux de la manière suivante. Partant d'un feuilletage dont toutes les feuilles sont hyperboliques sur une variété compacte de dimension 3, on introduit une composante de Reeb par le procédé de tourbillonnement bien connu. Les feuilles de la composante de Reeb sont alors paraboliques alors que les feuilles extérieures à cette composante restent hyperboliques, comme on s'en convainc facilement. On peut aussi "faire spiraler" un feuilletage de codimension 1 sur des ensembles plus compliqués mais nous ne connaissons pas d'exemple où le mélange hyperbolique/parabolique soit véritablement plus complexe ; la réunion des feuilles paraboliques est toujours un G_δ au sens de Baire (voir [8]) mais *nous ignorons si elle peut ne pas être fermée.*

Pour contourner cette difficulté, nous *supposerons en fait que toutes les feuilles sont de même type.* Le cas hyperbolique a été résolu par A. Candel dans [9].

Théorème 1.2 (A. Candel). *Soit $(M,\mathcal{F})$ une lamination compacte dont toutes les feuilles sont hyperboliques et soit g une métrique lisse de long des feuilles. Alors, il existe une fonction* **lisse** $u : M \to \mathbf{R}$ *telle que* $\exp(u)g$ *soit à courbure* -1.

Dans cet article, nous abordons l'étude du cas parabolique. Notre premier résultat garantit l'existence d'une solution approchée.

Théorème 1.3. *Soit $(M,\mathcal{F})$ une lamination compacte dont toutes les feuilles sont paraboliques et g une métrique lisse le long des feuilles. Alors, il existe une suite de fonctions lisses $u_n : M \to \mathbf{R}$ telle que la* **forme** *de courbure de* $\exp(u_n)g$ *tende uniformément vers 0 quand n tend vers l'infini.*

Insistons sur le fait qu'il n'y aurait aucun intérêt à faire tendre la *fonction* courbure vers 0. En multipliant une métrique g par une constante tendant vers l'infini, la courbure tend évidemment vers 0... Cependant, l'élément d'aire est multiplié par le carré de cette constante de sorte que la forme de courbure est préservée! C'est pour cette raison que le théorème 1.3 considère la forme de courbure.

Il est facile de construire des laminations dont toutes les feuilles sont paraboliques et pour lesquelles il n'existe pas de métrique riemannienne lisse qui soit plate dans les feuilles. L'exemple le plus simple est le feuilletage de Reeb habituel sur la sphère S^3. S'il existait une métrique sur la sphère telle que toutes les feuilles sont plates, les feuilles non compactes seraient isométriques à un plan euclidien. La croissance des aires des boules dans les feuilles non compactes serait donc quadratique ce qui contredit le fait que cette croissance est évidemment linéaire. Cet exemple n'est cependant pas satisfaisant pour deux raisons. La première est que les feuilles ne sont pas denses et il est plus raisonnable de s'intéresser aux laminations minimales, *i.e.* dont toutes les feuilles sont denses. D'autre part, on remarque dans l'exemple du feuilletage de Reeb qu'il existe une métrique riemannienne *mesurable*, lisse dans les feuilles et plate. Cette métrique est en fait continue dans le complémentaire de la feuille compacte et tend vers l'infini lorsqu'on tend vers cette feuille compacte. Nous

nous limiterons par la suite aux laminations minimales et nous chercherons des métriques mesurables.

Notre second théorème est un renforcement d'un résultat que nous avions obtenu dans [9].

Théorème 1.4. *Il existe un feuilletage analytique réel $\mathcal{F}$, de dimension 2, sur une variété riemannienne analytique réelle compacte (M, g), tel que:*

- *toutes les feuilles de $\mathcal{F}$ sont denses, à croissance polynomiale,*
- *toutes les feuilles de $\mathcal{F}$ sont paraboliques,*
- *il n'existe aucune fonction $u : M \to \mathbf{R}$ qui soit* **mesurable** *et différentiable dans les feuilles et telle que* $\exp(u)g$ *soit complète et plate dans les feuilles.*

Dans [9], nous n'avions obtenu que l'inexistence de fonction continue u telle que $\exp(u)g$ soit plate.

Notre troisième résultat est positif. Soit (S, g) une surface parabolique. L'application conforme ρ entre le revêtement universel de S et $\mathbf{C}$ est unique à application affine près de sorte que S est naturellement munie d'une structure affine complexe. Par exemple, si x, y, z sont trois points distincts proches de S, on peut choisir trois relevés proches $\tilde{x}, \tilde{y}, \tilde{z}$ dans le revêtement universel et le rapport $(\rho(\tilde{x}) - \rho(\tilde{y}))/(\rho(\tilde{x}) - \rho(\tilde{z})) \in \mathbf{C}$ est indépendant du choix des relevés et du choix de ρ ; nous noterons ce rapport $(x - y)/(x - z)$.

Théorème 1.5. *Soit $(M, \mathcal{F})$ une lamination compacte de dimension 2 dont toutes les feuilles sont paraboliques. Alors, la structure affine des feuilles est continue dans le sens suivant. Soit (x_i, y_i, z_i) $(i \geq 0)$ une suite de triplets de points distincts contenus dans un même ouvert distingué et telle que, pour chaque i, les points x_i, y_i, z_i sont dans la même plaque. On suppose que x_i, y_i, z_i convergent respectivement vers des points distincts $(x_\infty, y_\infty, z_\infty)$ de ce même ouvert distingué. Alors $(x_i - y_i)/(x_i - z_i)$ converge vers $(x_\infty - y_\infty)/(x_\infty - z_\infty)$ lorsque i tend vers l'infini.*

L'exemple le plus simple de feuilletage parabolique est bien sûr un feuilletage $\mathcal{F}$ linéaire de codimension 1 sur le tore $\mathbf{T}^3 = \mathbf{R}^3/\mathbf{Z}^3$ de dimension 3. Soit g une métrique lisse le long des feuilles de $\mathcal{F}$. *Nous ignorons s'il est toujours possible de trouver une fonction continue (ou même mesurable) $u : \mathbf{T}^3 \to \mathbf{R}$ telle que* $\exp(u)g$ *soit complète et plate le long des feuilles.* Le seul résultat que nous ayons dans cette direction est le suivant qui utilise une condition diophantienne que nous décrirons précisément dans le paragraphe 5:

Théorème 1.6. *Soit $\mathcal{F}$ le feuilletage linéaire de $\mathbf{R}^3/\mathbf{Z}^3$ d'équation $dz = \alpha_1 dx + \alpha_2 dy$ et g une métrique de classe C^∞. Si le sous-groupe de $\mathbf{R}$ engendré par α_1 et α_2 contient un nombre rationnel non nul ou un nombre satisfaisant une condition diophantienne, alors il existe une fonction $u : \mathbf{R}^3/\mathbf{Z}^3 \to \mathbf{R}$ de classe C^∞ telle que* $\exp(u)g$ *soit plate dans les feuilles.*

Enfin, pour terminer cette introduction, signalons un problème qui mériterait probablement une étude détaillée. Soit $(M, \mathcal{F})$ une lamination compacte dont toutes les feuilles sont denses et paraboliques (nous avons vu que ceci ne dépend pas du choix d'une métrique). *Existe-t-il une métrique lisse (ou même mesurable) qui est plate dans les feuilles ?* Cette question est différente de celle étudiée dans cet article car nous n'imposons pas *a priori* la structure conforme sur les feuilles.

Les quatre paragraphes qui suivent démontrent successivement les théorèmes 1.3, 1.4, 1.5, et 1.6. Ils peuvent être lus de manière indépendante.

2. Uniformisation approchée

Dans ce paragraphe, nous démontrons le théorème 1.3. Nous fixons donc une lamination compacte $(M, \mathcal{F})$ dont toutes les feuilles sont paraboliques ainsi qu'une métrique lisse g. Rappelons d'abord la définition des *mesures harmoniques*, introduite par L. Garnett dans [7]. On note $\Delta^{\mathcal{F}}$ le *Laplacien feuilleté*, c'est-à-dire l'opérateur qui agit sur l'espace des fonctions lisses $u : M \to \mathbf{R}$ par:

$$\Delta^{\mathcal{F}}(u)(x) = \Delta_{L_x}(u_{|L_x})(x)$$

où L_x est la feuilles qui passe par x et Δ_{L_x} est le Laplacien de la surface L_x équipée de la métrique induite par g. On dit qu'une mesure de probabilité μ sur M est une mesure harmonique si, pour toute fonction lisse u, on a:

$$\int_M \Delta^{\mathcal{F}}(u)\, d\mu = 0.$$

Il existe toujours de telles mesures et leur caractérisation locale est la suivante. Soit μ une mesure a priori quelconque sur M. Considérons un ouvert distingué U_i et la mesure μ_i sur $D \times T_i$ (image directe de la restriction à U_i de μ par la carte $h_i : U_i \to D \times T_i$). Alors on peut *désintégrer* μ_i c'est-à-dire qu'on peut trouver une mesure ν_i sur T_i et pour ν_i presque tout point t de T_i une mesure ξ_i^t de telle sorte que, pour tout borélien B contenu dans $\mathbf{D} \times T_i$, on ait:

$$\mu_i(B) = \int_{T_i} \int_{\mathbf{D}\times\{t\}} \xi_i^t(B \cap (D \times \{t\}))d\,\nu_i(t).$$

Il se trouve qu'une mesure de probabilité μ est harmonique si et seulement si pour tout i, et pour ν_i presque tout t de T_i, les mesures ξ_i^t sont absolument continues par rapport à l'élément d'aire de la plaque correspondante et possèdent des densités qui sont des fonctions harmoniques sur ces plaques [7]. Les fonctions harmoniques ainsi obtenues sur les plaques ne sont pas nécessairement compatibles sur les intersections des ouverts distingués. Cependant, il est facile de vérifier que sur l'intersection de deux plaques, elles diffèrent d'une *constante* multiplicative. Cela signifie que si μ est une mesure harmonique, on peut construire pour μ presque tout point x de M une fonction harmonique positive sur le revêtement universel de la feuille L_x. Puisque nous supposons que toutes les feuilles sont paraboliques, ces revêtements universels sont conformément équivalents à $\mathbf{C}$ et ces fonctions harmoniques sont donc des constantes. Autrement dit, quitte à multiplier chaque mesure ν_i par une constante, les mesures μ_i s'obtiennent en intégrant l'élément d'aire des plaques contre une mesure transverse ν_i. Il est clair que les mesures ν_i définissent ainsi une mesure transverse invariante, dans le sens de [12]. Résumons notre discussion sous la forme d'un lemme que nous avions déjà remarqué dans [8]:

Lemme 2.1. *Si toutes les feuilles d'une lamination compacte $(M,\mathcal{F})$ sont paraboliques, alors toute mesure harmonique est obtenue en intégrant localement l'élément d'aire contre une mesure transverse invariante.*

Un théorème de l'indice feuilleté de A. Connes permet de calculer l'intégrale de la courbure d'un feuilletage de dimension 2 par rapport à une mesure transverse invariante. Dans le cas qui nous intéresse, puisqu'il n'y a pas de forme harmonique de carré intégrable non triviale sur les feuilles, on obtient:

Théorème 2.2 (A. Connes [6]). *Soit g une métrique lisse sur une lamination compacte $(M,\mathcal{F})$ de dimension 2 dont toutes les feuilles sont paraboliques. Soit k la courbure des feuilles. Alors, l'intégrale de k par rapport à une mesure obtenue en combinant l'aire des feuilles et une mesure transverse invariante quelconque est nulle.*

Rappelons une formule classique indiquant la manière dont se transforme la courbure en dimension 2 par transformation conforme. Soit g une métrique riemannienne sur une surface, da son élément d'aire et k sa courbure. Si u est une fonction lisse, on considère la métrique $g' = \exp(u)g$, dont l'élément d'aire est $da' = \exp(u)\, da$. La courbure k' est donnée par

$$k'\, da' = (k - \Delta(u))\, da,$$

où, bien sûr, Δ désigne le Laplacien de g.

Nous pouvons maintenant démontrer le théorème 1.3. Nous fixons donc une lamination compacte $(M,\mathcal{F})$ dont toutes les feuilles sont paraboliques ainsi qu'une métrique lisse g. Soit $k : M \to \mathbf{R}$ la fonction courbure. La formule précédente montre que, pour établir le théorème, il s'agit de trouver une suite de fonctions lisses u_n telle que $\Delta^{\mathcal{F}}(u_n)$ tende uniformément vers k.

Soit $\mathcal{E}$ l'espace de Banach des fonctions continues sur M et $\mathcal{H}$ le sous-espace des fonctions qui sont de la forme $\Delta^{\mathcal{F}}(u)$ avec u lisse. Par définition les mesures harmoniques sont les éléments du dual topologique de $\mathcal{E}$ qui s'annulent sur $\mathcal{H}$. Le théorème de Hahn-Banach permet donc de conclure qu'un élément est dans l'adhérence de $\mathcal{H}$ si et seulement si il s'annule sur toutes les mesures harmoniques. Ainsi, pour démontrer le théorème, il suffit de montrer que $\int k\, d\mu$ est nul pour toute mesure harmonique. D'après le lemme 2.1, toutes les mesures harmoniques proviennent d'une mesure transverse invariante et le théorème 2.2 permet donc de conclure.

3. Un feuilletage parabolique non uniformisable

Comme indiqué dans l'introduction, l'exemple que nous allons décrire est le même que celui donné dans [9] mais nous allons établir ici un résultat de non-uniformisation bien plus fort.

On considère tout d'abord les trois sous-groupes à 1 paramètre complexe de $\mathrm{SL}(2,\mathbf{C})$ définis de la manière suivante:

$$d^t = \begin{pmatrix} \exp(t) & 0 \\ 0 & \exp(-t) \end{pmatrix} \qquad h_+^s = \begin{pmatrix} 1 & s \\ 0 & 1 \end{pmatrix} \qquad h_-^s = \begin{pmatrix} 1 & 0 \\ s & 1 \end{pmatrix}.$$

Ces groupes à 1-paramètre vérifient:

$$d^t\, h_\pm^s\, d^{-t} = h_\pm^{\exp(\pm 2t)s}.$$

Soit $\widetilde{\mathcal{F}}$ le feuilletage de $\mathrm{SL}(2,\mathbf{C})$ dont les feuilles sont les classes à gauche de $\{h_+^s\}$. Ses feuilles sont donc paramétrées par $\mathbf{C}$ et sont donc équipées d'une métrique plate naturelle. La relation ci-dessus montre que la translation à gauche par d^t préserve globalement les feuilles de $\widetilde{\mathcal{F}}$ et opère comme une similitude.

Soit Γ un sous-groupe discret de $\mathrm{SL}(2,\mathbf{C})$ tel que le quotient $M = \mathrm{SL}(2,\mathbf{C})/\Gamma$ soit compact. Il existe bien sûr de nombreux exemples de tels groupes, associés aux variétés hyperboliques réelles de dimension 3. Puisque les translations à droite commutent avec les translations à gauche, le feuilletage $\widetilde{\mathcal{F}}$ passe au quotient en un feuilletage $\mathcal{F}$ sur M. Les feuilles de $\mathcal{F}$ sont les orbites de l'action naturelle holomorphe d'un groupe à 1 paramètre complexe que nous notons encore h_+^s de sorte que toutes les feuilles sont équipées d'une métrique plate. Le feuilletage $\mathcal{F}$ n'est donc *pas* le contre-exemple cherché!

Nous modifions cet exemple de la manière suivante. On sait qu'il existe des variétés hyperboliques réelles de dimension 3 dont le premier nombre de Betti est non nul. Il existe donc des exemples de groupes Γ possédant un homomorphisme non trivial $c : \Gamma \to \mathbf{Z}$. Soit ϵ un réel positif. On considère l'action à droite de Γ sur $\mathrm{SL}(2,\mathbf{C})$ définie par

$$(x,\gamma) \in \mathrm{SL}(2,\mathbf{C}) \times \Gamma \mapsto d^{\epsilon.c(\gamma))}\, x\, \gamma \in \mathrm{SL}(2,\mathbf{C}).$$

Il se trouve que si ϵ est assez petit, cette action est libre, propre et co-compacte (voir [9], [10]). On note $M_{\epsilon.c}$ la variété compacte quotient. On remarque que cette nouvelle action préserve encore globalement le feuilletage $\widetilde{\mathcal{F}}$ et définit donc un feuilletage holomorphe $\mathcal{F}_{\epsilon.c}$ sur la variété $M_{\epsilon.c}$. Cependant la métrique plate des feuilles de $\widetilde{\mathcal{F}}$ n'est plus préservée et les feuilles de $\mathcal{F}_{\epsilon.c}$ ne sont pas a priori munies d'une métrique plate. Par contre, l'action est conforme dans les feuilles de $\widetilde{\mathcal{F}}$ de sorte que les feuilles de $\mathcal{F}_{\epsilon.c}$ sont naturellement munies d'une structure conforme, qui dépend analytiquement du point dans $M_{\epsilon.c}$. En d'autres termes, il existe une métrique riemannienne analytique réelle g définie sur le fibré tangent aux feuilles sur $M_{\epsilon.c}$ qui, lorsqu'on la relève à $\mathrm{SL}(2,\mathbf{C})$, et qu'on la restreint à une feuille de $\widetilde{\mathcal{F}}$, est conforme à la métrique plate naturelle de cette feuille. Nous allons montrer que c'est effectivement un feuilletage non uniformisable dans le sens où *il n'existe aucune fonction mesurable* $u : M \to \mathbf{R}$, *différentiable le long des feuilles, telle que la métrique* $g' = \exp(u)g$ *soit complète et plate dans les feuilles.* Le reste de ce paragraphe est consacré à la preuve de cette assertion. Supposons donc par l'absurde qu'il existe une telle fonction u.

Soit $\widetilde{g}'$ le relevé de g' à $\mathrm{SL}(2,\mathbf{C})$. Sur chaque feuille de $\widetilde{\mathcal{F}}$ nous disposons de deux métriques complètes plates dans la même classe conforme: la métrique naturelle donnée par le paramètre s du groupe h_+^s d'une part, et la métrique induite par $\widetilde{g}'$, d'autre part. Le rapport de ces deux métriques est donc une constante sur chaque feuille de $\widetilde{\mathcal{F}}$. Ce rapport permet de définir une fonction mesurable ϕ sur l'espace des feuilles de $\widetilde{\mathcal{F}}$. Évidemment, cet espace des feuilles est l'espace homogène $\{h_+^s\}\backslash\mathrm{SL}(2,\mathbf{C})$ qui s'identifie à $\mathbf{C}^2 - \{(0,0)\}$ muni de l'action linéaire de $\mathrm{SL}(2,\mathbf{C})$. Nous disposons donc d'une fonction mesurable:

$$\phi : \mathbf{C}^2 - \{(0,0)\} \to \mathbf{R}_+^*.$$

Exprimons maintenant la condition d'équivariance de ϕ sous l'action de Γ. Par hypothèse, la métrique $\widetilde{g}'$ est invariante sous l'action de Γ alors que la métrique naturelle provenant du paramètre s est multipliée par le facteur $\exp(2\epsilon.c(\gamma))$. En tenant compte de la manière dont Γ agit sur l'espace des feuilles de $\widetilde{\mathcal{F}}$, on obtient la condition cherchée. Pour tout γ de Γ et tout x de $\mathbf{C}^2 - \{(0,0)\}$, on a:

$$\phi(\exp(\epsilon.c(\gamma)) \,.\, \gamma(x)) = \exp(2\epsilon.c(\gamma)) \,.\, \phi(x).$$

Nous allons montrer qu'une telle relation est impossible. Nous utiliserons deux faits.

Proposition 3.1. *Soit* $\Gamma_1 \subset \Gamma$ *le noyau du morphisme* c. *Le groupe à 1 paramètre* d^t *opérant à gauche sur* $\mathrm{SL}(2,\mathbf{C})/\Gamma_1$ *agit de manière ergodique par rapport à la mesure de Haar (de masse totale infinie). Autrement dit, toute* *fonction mesurable sur le quotient* $\mathrm{SL}(2,\mathbf{C})/\Gamma_1$ *constante sur les orbites de* d^t *est constante presque partout.*

Démonstration. Ce n'est qu'une reformulation d'un résultat de Y. Guivarc'h [11]. Rappelons que le flot géodésique d'une variété compacte à courbure négative constante est ergodique par rapport à la mesure de Liouville. Le résultat en question est que le flot géodésique d'un revêtement cyclique (*i.e.* de groupe de Galois $\mathbf{Z}$) d'une variété compacte à courbure -1 est encore ergodique. Interprétons $\mathrm{PSL}(2,\mathbf{C})$ comme le groupe des isométries directes de l'espace hyperbolique réel $\mathbf{H}^3$ de dimension 3. Le groupe Γ, s'il est supposé par exemple sans torsion (mais ceci importe peu), est donc (à indice 2 près) le groupe fondamental d'une variété compacte de dimension 3 à courbure -1. De même, Γ_1 est le groupe fondamental d'un revêtement cyclique de cette variété compacte. On remarque par ailleurs que $\mathrm{PSL}(2,\mathbf{C})$ opère librement sur les repères orthonormés directs de $\mathbf{H}^3$ de sorte que l'espace homogène $\mathrm{PSL}(2,\mathbf{C})/\Gamma_1$ est le fibré des repères orthonormés de ce revêtement cyclique. Quant à l'espace homogène $\mathrm{U}(2)\backslash\mathrm{SL}(2,\mathbf{C})/\Gamma_1$, c'est le fibré unitaire tangent de ce revêtement cyclique dont le flot géodésique n'est autre que le flot induit par l'action de d^t (on remarquera que cette action ne dépend que de la partie rélle de t car d^t est dans $\mathrm{U}(2)$ pour t imaginaire pur). Ainsi, le résultat de Guivarc'h donne immédiatement la proposition. □

Proposition 3.2. *Toute fonction mesurable sur* $M_{\epsilon.c}$ *constante sur les feuilles de* $\mathcal{F}_{\epsilon.c}$ *est constante presque partout (par rapport à la mesure de Lebesgue).*

Démonstration. C'est un résultat connu de la théorie ergodique du flot horocyclique selon lequel le feuilletage horocyclique d'un flot d'Anosov qui préserve le volume est ergodique par rapport à ce volume, si ce n'est pas une suspension. C'est le théorème 13 de [3]. □

Nous terminons la démonstration du théorème 1.4. Soit ω un nombre complexe non nul. Posons:

$$F_\omega : x \in \mathbf{C}^2 - \{(0,0)\} \longmapsto \phi(\omega.x)/\phi(x) \in \mathbf{R}_+^*.$$

D'après la propriété d'équivariance de ϕ, on obtient que, pour tout γ de Γ et tout x de $\mathbf{C}^2 - \{(0,0)\}$:

$$F_\omega(\exp(\epsilon.c(\gamma))\,.\,\gamma(x)) = F_\omega(x).$$

Cela signifie que la fonction sur $\mathrm{SL}(2,\mathbf{C})$ obtenue en composant la projection de $\mathrm{SL}(2,\mathbf{C})$ sur $\mathbf{C}^2-\{(0,0)\}$ et la fonction F_ω est invariante par l'action de Γ et définit donc une fonction mesurable sur $M_{\epsilon.c}$ constante sur les feuilles de $\mathcal{F}_{\epsilon.c}$.

D'après le lemme 3.2, c'est une constante K_ω presque partout. Évidemment, on a pour ω_1, ω_2 dans $\mathbf{C}^*$:

$$K_{\omega_1.\omega_2} = K_{\omega_1}.K_{\omega_2}$$

et il existe donc un réel α tel que, pour tout ω, on ait:

$$K_\omega = |\omega|^\alpha.$$

La fonction sur $\mathrm{SL}(2,\mathbf{C})$ obtenue en composant la projection de $\mathrm{SL}(2,\mathbf{C})$ sur $\mathbf{C}^2 - \{(0,0)\}$ et la fonction ϕ, est invariante par l'action du sous-groupe Γ_1 et définit donc une fonction Φ sur $\mathrm{SL}(2,\mathbf{C})/\Gamma_1$ constante sur les orbites des translations à gauche par h_+^s et qui vérifie pour tout t de $\mathbf{C}$ et x de $\mathrm{SL}(2,\mathbf{C})/\Gamma_1$:

$$\Phi(d^t x) = |t|^\alpha \Phi(x).$$

Nous distinguons deux cas.

Supposons d'abord que α soit nul. Alors Φ est invariante par le groupe à 1 paramètre d^t. Le lemme 3.1 permet donc de déduire que la fonction Φ est constante presque partout. Ceci est bien sûr en contradiction avec la formule décrivant le comportement de ϕ sous l'action de Γ (si ϵ est non nul).

Supposons maintenant que α soit non nul. Puisque c est nul sur Γ_1, il est clair que Φ passe au quotient en une fonction encore notée Φ définie sur le quotient M' de $\mathrm{SL}(2,\mathbf{C})/\Gamma_1$ par l'action à gauche des d_+^t avec t imaginaire pur (c'est-à-dire de $\mathrm{SU}(2) \subset \mathrm{SL}(2,\mathbf{C})$). Sur ce quotient, on dispose d'un flot induit h^t où t est maintenant un nombre réel. Il résulte de 3.1 que ce nouveau flot est ergodique. Puisque α est non nul, la fonction Φ est strictement monotone sur toute orbite de h^s. Plus précisément, si $A < B$ sont deux réels, l'ensemble des points où Φ prend des valeurs comprises entre A et B est un ensemble mesurable errant pour le flot, c'est-à-dire que toute orbite le traverse pendant un intervalle compact de temps. Ceci est évidemment impossible pour un flot ergodique (si la mesure invariante n'est pas concentrée sur une orbite). Cette contradiction termine la démonstration du théorème 1.4.

4. Continuité de la structure affine

Dans ce paragraphe, nous démontrons le théorème 1.5 selon lequel la structure affine des feuilles d'une lamination parabolique est continue. Nous fixons donc une lamination $(M, \mathcal{F})$ dont toutes les feuilles sont paraboliques, munie d'une métrique lisse g.

Soit $*$ un point base dans M. Nous notons L_* la feuille qui passe par $*$. Puisque le revêtement universel de L_* est conformément équivalent à la droite complexe, on dispose d'un revêtement conforme $\psi : \mathbf{C} \to L_*$ tel que $\psi(0) = *$. Soit D_n le disque de centre 0 dans $\mathbf{C}$ et de rayon n (entier positif). Puisque D_n est simplement connexe, le disque immergé $\psi(D_n)$ peut se relever dans les feuilles voisines. Cela signifie qu'il existe des homéomorphismes locaux:

$$\Psi_n : D_n \times T_n \longrightarrow M$$

où les T_n forment une famille décroissante de voisinages ouverts d'un point base t_∞ dans un espace T, tels que:

- la restriction de Ψ_n à $D_n \times \{t_\infty\}$ coïncide avec la restriction de ψ à D_n.
- l'image de Ψ_n est un voisinage ouvert de $*$.
- Ψ_n immerge chaque $D_n \times \{t\}$ dans une feuille de $\mathcal{F}$.

Soit ϵ_n une suite de réels positifs tendant vers 0 en décroissant. Quitte à restreindre T_n, on peut toujours supposer que:

- la restriction de Ψ_n à chaque $D_n \times \{t\}$ est une immersion $(1 + \epsilon_n)$-quasiconforme dans une feuille de $\mathcal{F}$ (voir [2]).

Nous choisirons cette suite ϵ_n plus loin.

Pour démontrer le théorème, nous commencerons par montrer qu'une application presque conforme du disque est presque affine:

Lemme 4.1. *Soient D^a, D^b, D^c trois (petits) disques fermés disjoints, contenus dans un disque fermé $D \subset \mathbf{C}$ de centre 0. Pour tout réel η strictement positif, il existe ϵ strictement positif tel que si $f : D \to D$ est un homéomorphisme $(1+\epsilon)$-quasiconforme qui fixe l'origine, et si a, b, c sont des points de D^a, D^b, D^c respectivement, alors:*

$$\left| \frac{a-b}{a-c} - \frac{f(a)-f(b)}{f(a)-f(c)} \right| < \eta.$$

Démonstration. Dans le cas contraire, on pourrait trouver une suite $f_j (j \geq 0)$ d'homéomorphismes $(1+1/j)$-quasiconformes du disque, fixant l'origine, et des points a_j, b_j, c_j dans D^a, D^b, D^c, tels que:

$$\left| \frac{a_j-b_j}{a_j-c_j} - \frac{f_j(a_j)-f_j(b_j)}{f_j(a_j)-f_j(c_j)} \right| > \eta.$$

L'espace des homéomorphismes K-quasiconformes d'un disque qui fixent l'origine est compact [2]. Par conséquent, on peut trouver une sous-suite de f_j qui converge vers un homéomorphisme f_∞ qui est nécessairement 1-quasiconforme (*i.e* holomorphe) et donc une rotation puisque l'origine est fixe. On choisit la sous-suite telle que (a_j, b_j, c_j) convergent vers des points $(a_\infty, b_\infty, c_\infty)$. On a donc:

$$\frac{a_\infty - b_\infty}{a_\infty - c_\infty} = \frac{f_\infty(a_\infty) - f_\infty(b_\infty)}{f_\infty(a_\infty) - f_\infty(c_\infty)}.$$

Cette contradiction termine la démonstration du lemme. □

Nous nous plaçons maintenant dans les hypothèses du théorème 1.5 c'est-à-dire que nous considérons trois suites de points x_i, y_i, z_i (pour $i \geq 0$) dans M telles que:

- tous ces points sont situés dans le même ouvert distingué,
- pour chaque i, les points x_i, y_i, z_i sont dans une même plaque,
- les trois suites x_i, y_i, z_i convergent vers trois points distincts $x_\infty, y_\infty, z_\infty$ situés dans le même ouvert distingué.

Pour chaque i (fini ou ∞), soit $\rho_i : \widetilde{L}_{x_i} \to \mathbf{C}$ un difféomorphisme conforme entre le revêtement universel de la feuille L_{x_i} passant par x_i et $\mathbf{C}$. Puisque les trois points x_i, y_i, z_i sont dans une même plaque, un choix d'un relevé de x_i dans $\widetilde{L}_{x_i}$ détermine un relevé des points y_i, z_i. Nous notons $(\widetilde{x}_i, \widetilde{y}_i, \widetilde{z}_i)$ trois relevés obtenus ainsi dans $\widetilde{L}_{x_i}$. Notre problème est de montrer que la suite:

$$\frac{\rho_i(\widetilde{x}_i) - \rho_i(\widetilde{y}_i)}{\rho_i(\widetilde{x}_i) - \rho_i(\widetilde{z}_i)}$$

tend vers:

$$\frac{\rho_\infty(\widetilde{x}_\infty) - \rho_\infty(\widetilde{y}_\infty)}{\rho_\infty(\widetilde{x}_\infty) - \rho_\infty(\widetilde{z}_\infty)}.$$

Construisons une suite d'applications $\Psi_n : D_n \times T_n \to M$ comme précédemment en partant du point base $* = x_\infty$ et pour un certain choix de la suite ϵ_n. On peut toujours supposer, sans restreindre la généralité, que les points $x_\infty, y_\infty, z_\infty$ sont suffisamment proches pour être dans $\psi(\mathbf{D})$ (rappelons que $\mathbf{D} = D_1$ est le disque unité). On peut aussi supposer que Ψ_n, restreint à $\mathbf{D} \times T_n$, est un homéomorphisme sur son image. Alors, pour tout n, il existe $i(n)$ tel que pour $i \geq i(n)$, il existe trois points $\mathbf{x}_i^n, \mathbf{y}_i^n, \mathbf{z}_i^n$ de $\mathbf{D} \subset D_n$ et t_i^n dans T_n tels que:

$$\Psi_n(\mathbf{x}_i^n, t_i^n) = x_i \qquad \Psi_n(\mathbf{y}_i^n, t_i^n) = y_i \qquad \Psi_n(\mathbf{z}_i^n, t_i^n) = z_i.$$

Les suites $\mathbf{x}_i^n, \mathbf{y}_i^n, \mathbf{z}_i^n$ convergent respectivement vers trois points $\mathbf{x}_\infty, \mathbf{y}_\infty, \mathbf{z}_\infty$ tels que:

$$\Psi_n(\mathbf{x}_\infty, t_\infty) = x_\infty \qquad \Psi_n(\mathbf{y}_\infty, t_\infty) = y_\infty \qquad \Psi_n(\mathbf{z}_\infty, t_\infty) = z_\infty.$$

On remarquera que $\mathbf{x}_\infty, \mathbf{y}_\infty, \mathbf{z}_\infty$ ne dépendent pas de n car ce sont les points de $\mathbf{D} \subset \mathbf{C}$ qui se projettent par ψ sur $x_\infty, y_\infty, z_\infty$ (en fait, avec nos conventions, $\mathbf{x}_\infty = 0$ mais cela importe peu). On remarquera aussi que puisque $\psi \circ \rho_\infty : \widetilde{L}_* \to L_*$ est le revêtement universel de L_*:

$$\frac{\rho_\infty(\widetilde{x}_\infty) - \rho_\infty(\widetilde{y}_\infty)}{\rho_\infty(\widetilde{x}_\infty) - \rho_\infty(\widetilde{z}_\infty)} = \frac{\mathbf{x}_\infty - \mathbf{y}_\infty}{\mathbf{x}_\infty - \mathbf{z}_\infty}.$$

Par ailleurs, t_∞ est le point base de T.

Lemme 4.2. *Si on choisit la suite ϵ_n assez petite alors, pour n assez grand, on a, pour i assez grand:*

$$\left| \frac{\mathbf{x}_i^n - \mathbf{y}_i^n}{\mathbf{x}_i^n - \mathbf{z}_i^n} - \frac{\rho_i(\widetilde{x}_i) - \rho_i(\widetilde{y}_i)}{\rho_i(\widetilde{x}_i) - \rho_i(\widetilde{z}_i)} \right| < 1/n.$$

Démonstration. Considérons le disque $D_n \times \{t_i^n\}$ (pour $i \geq i(n)$). Il s'immerge par Ψ_n de manière $(1+\epsilon_n)$-quasiconforme dans la feuille L_{x_i}. Cette immersion se relève en un plongement $(1 + \epsilon_n)$-quasiconforme dans $\widetilde{L}_{x_i}$ qui est conformément équivalent, via ρ_i, à $\mathbf{C}$. On obtient ainsi un plongement τ_i^n de D_n dans $\mathbf{C}$ qui envoie évidemment $\mathbf{x}_i^n, \mathbf{y}_i^n, \mathbf{z}_i^n$ sur $\rho_i(\widetilde{x}_i), \rho_i(\widetilde{y}_i), \rho_i(\widetilde{z}_i)$ respectivement.

Soit h_i^n un biholomorphisme entre D_n et $\tau_i^n(D_n)$ et $f_i^n = (h_i^n)^{-1} \circ \tau_i^n$ de sorte que f_i^n est un homéomorphisme $(1 + \epsilon_n)$-quasiconforme de D_n et que $\tau_i^n = h_i^n \circ f_i^n$. On choisit h_i^n pour que f_i^n fixe l'origine.

Puisque les points $\mathbf{x}_i^n, \mathbf{y}_i^n, \mathbf{z}_i^n$ sont dans des disques disjoints centrés sur $\mathbf{x}_\infty, \mathbf{y}_\infty, \mathbf{z}_\infty$ pour i assez grand, on peut appliquer le lemme 4.1 à f_i^n pour conclure que, si l'on choisit ϵ_n assez petit et n assez grand, on a pour i assez grand:

$$\left| \frac{\mathbf{x}_i^n - \mathbf{y}_i^n}{\mathbf{x}_i^n - \mathbf{z}_i^n} - \frac{f_i^n(\mathbf{x}_i^n) - f_i^n(\mathbf{y}_i^n)}{f_i(\mathbf{x}_i^n) - f_i(\mathbf{z}_i^n)} \right| < 1/2n. \tag{1}$$

On applique alors le théorème de distorsion de Koebe aux applications holomorphes univalentes h_i^n définies sur le disque D_n (voir [13]). Rappelons que ce théorème entraîne en particulier que si h est une fonction holomorphe univalente $\mathbf{D} \to \mathbf{C}$ et si $\zeta_1, \zeta_2, \zeta_3$ sont trois points de $\mathbf{D}$ de modules plus petits que $r < 1$, alors:

$$\left| \frac{h(\zeta_1) - h(\zeta_2)}{h(\zeta_1) - h(\zeta_3)} - \frac{\zeta_1 - \zeta_2}{\zeta_1 - \zeta_3} \right| < A(r) \tag{2}$$

où $A(r)$ est une fonction universelle qui tend vers 0 lorsque r tend vers 0.

Appliquons cette inégalité aux trois points $f_i^n(\mathbf{x}_i^n), f_i^n(\mathbf{y}_i^n), f_i^n(\mathbf{z}_i^n)$ du disque D_n et aux applications holomorphes univalentes h_i^n définies sur D_n.

Estimons les modules de $f_i^n(\mathbf{x}_i^n), f_i^n(\mathbf{y}_i^n), f_i^n(\mathbf{z}_i^n)$. Rappelons que le théorème de Mori montre que si f est un homéomorphisme K-quasiconforme de $\mathbf{D}$ qui fixe 0, on a $|f(\zeta)| \leq 16|\zeta|^{1/K}$ (voir [2]). Comme les points $\mathbf{x}_i^n, \mathbf{y}_i^n, \mathbf{z}_i^n$ sont dans le cercle unité, il en résulte immédiatement que les modules de $f_i^n(\mathbf{x}_i^n), f_i^n(\mathbf{y}_i^n), f_i^n(\mathbf{z}_i^n)$ sont inférieurs ou égaux à $16n(\frac{1}{n})^{1/(1+\epsilon_n)}$. Les modules des points $\frac{1}{n}h_i^n(\mathbf{x}_i^n)$, $\frac{1}{n}h_i^n(\mathbf{y}_i^n)$, $\frac{1}{n}h_i^n(\mathbf{z}_i^n)$ du disque unité $\mathbf{D} = \frac{1}{n}D_n$ tendent donc vers 0 si n tend vers l'infini.

Normalisons le domaine de définition de h_i^n par une homothétie de rapport n pour se ramener au cas des fonctions univalentes sur le disque unité. Puisque nous avons vu que $\tau_i^n(\mathbf{x}_i^n) = h_i^n \circ f_i^n(\mathbf{x}_i^n) = \rho_i(\widetilde{x}_i)$, les inégalités de Koebe (2) montrent donc que si n est assez grand, on a pour i assez grand:

$$\left| \frac{f_i^n(\mathbf{x}_i^n) - f_i^n(\mathbf{y}_i^n)}{f_i^n(\mathbf{x}_i^n) - f_i^n(\mathbf{z}_i^n)} - \frac{\rho_i(\widetilde{x}_i) - \rho_i(\widetilde{y}_i)}{\rho_i(\widetilde{x}_i) - \rho_i(\widetilde{z}_i)} \right| < 1/2n. \tag{3}$$

Les formules (1) et (3) terminent la démonstration du lemme. □

La démonstration du théorème est maintenant évidente: il suffit de faire tendre i vers l'infini puis n vers l'infini dans (3) pour obtenir que:

$$\lim_{i\to\infty} \frac{\rho_i(\widetilde{x}_i) - \rho_i(\widetilde{y}_i)}{\rho_i(\widetilde{x}_i) - \rho_i(\widetilde{z}_i)} = \frac{\mathbf{x}_\infty - \mathbf{y}_\infty}{\mathbf{x}_\infty - \mathbf{z}_\infty} = \frac{\rho_\infty(\widetilde{x}_\infty) - \rho_\infty(\widetilde{y}_\infty)}{\rho_\infty(\widetilde{x}_\infty) - \rho_\infty(\widetilde{z}_\infty)}.$$

5. Le cas des feuilletages linéaires des tores

Nous démontrons ici le théorème 1.6. Soit $\mathcal{F}$ le feuilletage linéaire du tore $\mathbf{T}^3 = \mathbf{R}^3/\mathbf{Z}^3$ d'équation $dz = \alpha_1\, dx + \alpha_2\, dy$ (où (x, y, z) désignent les coordonnées de $\mathbf{R}^3$) et soit g une métrique de classe C^∞ sur $\mathbf{T}^3$. On peut envisager $\mathcal{F}$ comme le quotient de $\mathbf{R}^2 \times \mathbf{R}/\mathbf{Z}$, feuilleté par plans $\mathbf{R}^2 \times \{*\}$, par le groupe engendré par les deux difféomorphismes commutant:

$$T_1 : (x, y, z) \in \mathbf{R}^2 \times \mathbf{R}/\mathbf{Z} \longmapsto (x+1, y, z+\alpha_1) \in \mathbf{R}^2 \times \mathbf{R}/\mathbf{Z},$$
$$T_2 : (x, y, z) \in \mathbf{R}^2 \times \mathbf{R}/\mathbf{Z} \longmapsto (x, y+1, z+\alpha_2) \in \mathbf{R}^2 \times \mathbf{R}/\mathbf{Z}.$$

Pour chaque $z \in \mathbf{R}/\mathbf{Z}$, le plan $\mathbf{R}^2 \times \{z\}$ est muni de la métrique $\widetilde{g}_z$ obtenue par relèvement de g. Il existe un unique difféomorphisme conforme ψ_z de $(\mathbf{R}^2 \times \{z\}, \widetilde{g}_z)$ sur le plan complexe $\mathbf{C}$ qui envoie les points $(0,0,z)$ et $(0,1,z)$ sur 0 et 1 respectivement. Puisque nous supposons que la métrique g est de classe C^∞, la métrique $\widetilde{g}_z$ dépend de z de manière C^∞. La version à paramètres du théorème d'uniformisation donnée dans [1], [2] montre que la bijection:

$$F : (x, y, z) \in \mathbf{R}^2 \times \mathbf{R}/\mathbf{Z} \longmapsto (\psi_z(x, y), z) \in \mathbf{C} \times \mathbf{R}/\mathbf{Z}$$

est un difféomorphisme de classe C^∞

Puisque T_1 et T_2 opèrent par isométries de $\widetilde{g}$, leurs conjugués par F doivent opérer conformément sur les $\mathbf{C} \times \{*\}$. Autrement dit, $T_1' = F \circ T_1 \circ F^{-1}$ s'écrit:

$$T_1'(\zeta, z) = (a_1'(z)\zeta + b_1'(z), z + \alpha_1).$$

où les fonctions $a_1', b_1' : \mathbf{R}/\mathbf{Z} \to \mathbf{C}^*$ sont de classe C^∞.

Étudions d'abord le cas où α_1 est nul.

Alors, puisque T_1' opère librement sur $\mathbf{C} \times \mathbf{R}/\mathbf{Z}$, on constate que $a_1'(z)$ doit être identiquement égal à 1 de sorte que T_1' opère sur chaque $\mathbf{C} \times \{z\}$ comme une translation non triviale d'amplitude $b_1'(z)$. Conjuguons T_1' par:

$$G : (\zeta, z) \in \mathbf{C} \times \mathbf{R}/\mathbf{Z} \longmapsto (b_1'^{-1}(z)\zeta, z) \in \mathbf{C} \times \mathbf{R}/\mathbf{Z}.$$

On obtient:

$$T_1'' = G \circ T_1' \circ G^{-1} : (\zeta, z) \in \mathbf{C} \times \mathbf{R}/\mathbf{Z} \longmapsto (\zeta + 1, z) \in \mathbf{C} \times \mathbf{R}/\mathbf{Z}.$$

Cherchons maintenant $T_2'' = (G \circ F) \circ T_2 \circ (G \circ F)^{-1}$ sous la forme:

$$T_2''(\zeta, z) = (a_2''(z)\zeta + b_2''(z), z + \alpha_2).$$

La condition de commutation entre T_1'' et T_2'' s'écrit:

$$a_2''(z) = 1$$

c'est-à-dire que T_2'' opère aussi par translations. Cela signifie que la métrique obtenue en transportant la métrique euclidienne de $\mathbf{C} \times \{*\}$ par $(G \circ F)^{-1}$ est invariante par T_1 et T_2 simultanément et passe donc au quotient sur le tore $\mathbf{T}^3$. La métrique ainsi obtenue sur $\mathbf{T}^3$ est lisse, plate dans les feuilles, et conforme à g. Le théorème 1.6 est donc établi dans le cas particulier où $\alpha_1 = 0$.

Plus généralement, supposons que le sous-groupe de $\mathbf{R}$ engendré par α_1, α_2 et 1 soit de rang inférieur ou égal à 2. Alors les feuilles du feuilletage $\mathcal{F}$ sont toutes des cylindres ou toutes des tores. En transformant le feuilletage par un difféomorphisme linéaire de $\mathbf{T}^3$ convenable, on se ramène au cas que nous venons d'étudier où $\alpha_1 = 0$ et le théorème 1.6 est donc aussi établi dans ce cas.

Nous abordons maintenant le cas plus intéressant où α_1 satisfait une condition diophantienne du type suivant ; on suppose qu'il existe des constantes $C > 0$ et $\epsilon > 0$ telles que, pour tous les entiers (p, q) avec $q > 0$, on ait:

$$\left|\alpha_1 - \frac{p}{q}\right| \geq \frac{C}{q^{2+\epsilon}}.$$

La proposition suivante est bien connue ; elle est le résultat le plus élémentaire de la théorie des petits dénominateurs (voir par exemple [4]). Elle se démontre simplement en évaluant les coefficients de Fourier et en majorant grâce à l'estimation diophantienne.

Proposition 5.1. *Si α_1 satisfait une condition diophantienne du type précédent, pour toute fonction $v : \mathbf{R}/\mathbf{Z} \to \mathbf{R}$ de classe C^∞ il existe une constante $\overline{v}$ et une fonction $w : \mathbf{R}/\mathbf{Z} \to \mathbf{R}$ de classe C^∞ telle que:*

$$v(z) = w(z + \alpha_1) - w(z) + \overline{v}.$$

Reprenons l'étude de

$$T_1'(\zeta, z) = (a_1'(z)\zeta + b_1'(z), z + \alpha_1).$$

Appliquons la proposition 5.1 à la fonction $v(z) = \ln|a_1(z)|$. Il existe donc une fonction $w : \mathbf{R}/\mathbf{Z} \to \mathbf{R}$ de classe C^∞ et une constante $k > 0$ satisfaisant l'équation homologique:

$$|\exp(w(z + \alpha_1)\exp(-z)| = k|a_1(z)|.$$

Alors, on peut considérer le difféomorphisme:

$$G : (\zeta, z) \in \mathbf{C} \times \mathbf{R}/\mathbf{Z} \longmapsto (\exp(-v(z))\zeta, z) \in \mathbf{C} \times \mathbf{R}/\mathbf{Z}$$

En posant alors $T_1'' = (G \circ F) \circ T_1 \circ (G \circ F)^{-1}$, on obtient:

$$T_1'' : (\zeta, z) \in \mathbf{C} \times \mathbf{R}/\mathbf{Z} \longmapsto (a_1''(z)\zeta + b_1''(z), z + \alpha_1) \in \mathbf{C} \times \mathbf{R}/\mathbf{Z}$$

avec

$$|a_1''(z)| = k.$$

Nous affirmons que $k = 1$. Ceci pourrait se déduire du théorème 1.3 mais c'est élémentaire dans ce cas. En effet, notons b_1'' une borne supérieure du module de $b_1''(z)$. Alors, on vérifie par récurrence que la n-ième puissance de T_1'' vérifie pour $n > 0$:

$$T_1''^n(0, 0) = (\zeta_n, z + n\alpha_1)$$

avec

$$|\zeta_n| \leq b_1''(1 + k + \cdots + k^{n-1})$$

Supposons que $k < 1$ par exemple. Alors la formule précédente montre que les points $T_1''^n(0,0)$ restent dans un compact de $\mathbf{C} \times \mathbf{R}/\mathbf{Z}$. Ceci est impossible car le groupe abélien engendré par T_1 et T_2 agit proprement sur $\mathbf{C} \times \mathbf{R}/\mathbf{Z}$. On montre de même que k ne peut pas non plus être strictement supérieur à 1 en considérant les itérés négatifs de T_1''. Nous avons donc bien montré que $k = 1$.

Autrement dit T_1'' opère par isométries dans les $\mathbf{C} \times \{*\}$. Posons alors $T_2'' = (G \circ F) \circ T_2 \circ (G \circ F)^{-1}$. Nous affirmons que T_2'' opère nécessairement lui aussi par isométries. En effet, écrivons T_2'' sous la forme:

$$T_2'' : (\zeta, z) \in \mathbf{C} \times \mathbf{R}/\mathbf{Z} \longmapsto (a_2''(z)\zeta + b_2''(z), z + \alpha_2) \in \mathbf{C} \times \mathbf{R}/\mathbf{Z}.$$

Écrivons la relation de commutation entre T_1'' et T_2''. On obtient:

$$a_1''(z)a_2''(z + \alpha_1) = a_2''(z)a_1''(z + \alpha_2)$$
$$a_1''(z + \alpha_2)b_2''(z) + b_1''(z + \alpha_2) = a_2''(z + \alpha_1)b_1''(z) + b_2''(z + \alpha_1).$$

L'irrationalité de α_1 et le fait que le module de $a_1''(z)$ soit égal à 1 montrent donc que $a_2''(z)$ est de module constant. Exactement comme nous avons montré plus haut que $k = 1$, on montre ici que le module de $a_2''(z)$ est en fait 1.

En résumé, nous avons montré que si l'on conjugue simultanément T_1 et T_2 par $G \circ F$, on obtient des difféomorphismes qui opèrent isométriquement dans les $\mathbf{C} \times \{*\}$. Autrement dit, la métrique euclidienne des droites complexes $\mathbf{C} \times \{*\}$ est invariante par T_1'' et T_2''. Cette métrique euclidienne, transportée par $G \circ F$, passe donc au quotient dans le tore $\mathbf{T}^3$. Nous avons bien obtenu une métrique lisse, plate dans les feuilles et conforme à g, comme affirmé.

Lorsque le groupe engendré par α_1, α_2 et 1 contient un nombre satisfaisant une condition diophantienne, on se ramène par changement de base dans le réseau $\mathbf{Z}^3$ au cas où α_1 satisfait une condition diophantienne. Puisque nous venons d'étudier ce cas, ceci termine la preuve du théorème 1.6.

Références

[1] Abikhof, W., Real analytic theory of Teichmüller space, *Lecture Notes in Mathematics* **820**, Springer Verlag, (1980).

[2] Ahlfors, L., *Lectures on quasiconformal mappings*, Wadsworth (1987).

[3] Anosov, D.V., Geodesic flows on closed Riemann manifolds with negative curvature, AMS (1969), **Proc. Steklov Inst. 90**.

[4] Arnold, V., *Chapitres supplémentaires de la théorie des équations différentielles ordinaires*, MIR (1980).

[5] Candel, A., Uniformization of surface laminations, *Ann. Scient. Éc. Norm. Sup*, **26** (1988) 489–516,.

[6] Connes, A., A survey of foliations and operator algebras, *Proc. of Symp. in Pure Math.* **38** (1982).

[7] Garnett, L., Foliations, the ergodic theorem and Brownian motion, *J. Func. Anal.* **51** (1983) 285–311.

[8] Ghys, E., Gauss Bonnet theorem for 2-dimensional foliations, *J. Func. Anal.* **77** (1988) 51–59.

[9] Ghys, E., Holomorphic Anosov Systems, *Inventiones Math.* **119** (1995) 585–614.

[10] Ghys, E., Déformations des structures complexes sur les espaces homogènes de SL(2, **C**), à paraître dans le *Journal für die reine und angewandte Mathematik.*

[11] Guivarc'h, Y., Propriétés ergodiques, en mesure infinie, de certains systèmes dynamiques fibrés, *Ergod. Th. & Dynam. Sys.* **9** (1989) 433–453.

[12] Plante, J., Foliations with measure preserving holonomy, *Ann. of Math.* **102** (1975) 327–361.

[13] Pommerenke, *Univalent functions*, Vandenhoeck & Ruprecht (1975).

[14] Sullivan, D., Bounds, quadratic differentials and renormalization conjectures, *Mathematics of the twenty-first century* **2**, AMS Centennial Publications, Providence, RI (1991).

École Normale Supérieure de Lyon
46, Allée d'Italie
69364 Lyon Cedex 07 FRANCE
ghys@umpa.ens-lyon.fr

Received: September, 1995.

Extensions essentielles privilégiées d'algèbres de Lie classiques de dimension infinie

André Lichnerowicz

Introduction

On sait que dans la quantification par déformations sur un espace de phase, introduite en 1978 par Flato, Fronsdal, Sternheimer et moi-même, apparaît d'une manière fondamentale un 2-cocyle de Chevalley, noté classiquement S^3_Γ, de l'algèbre de Lie de Poisson qui n'est jamais un cobord.

Ce cocycle trouve son origine selon moi dans un 2-cocycle de l'algèbre de Lie L de tous les champs de vecteurs d'une variété différentiable W, de dimension $m \geq 2$, à valeurs dans l'espace Φ_2 des 2-formes de W. L'existence de ce 2-cocyle est liée à l'existence sur W des connexions linéaires sans torsion. Pour beaucoup de sous-algèbres de Lie classiques de dimension infinie de L, il en est encore de même.

Il en est en particulier ainsi pour l'algèbre des champs de vecteur hamiltoniens d'une variété de Poisson générale (W, Λ). Pour l'algèbre de Lie de Poisson $(N, \{,\})$ définie par le 2-tenseur Λ, le produit par $i(\Lambda)$ donne un 2-cocycle à valeurs dans N qui n'est jamais un cobord et qui peut-être identifié à S^3_Γ.

L'existence de ces 2-cocycles peut-être interprétée comme celle d'une extension essentielle privilégiée des algèbres envisagées par Φ_2 (ou N) considéré comme une algèbre de Lie abélienne. Il en est en particulier ainsi pour les algèbres de Lie de vecteurs attachées à un feuilletage généralisé au sens de Sussmann, s'il existe des feuilles de dimensions ≥ 2. Cette théorie s'applique aussi aux variétés conformes de Jacobi générales [9].

I. Extensions d'algèbre de Lie par une algèbre de Lie abélienne

1. Rappel sur les extensions d'algèbres de Lie

a) Les algèbres de Lie considérées ici sont des algèbres de Lie de dimension finie ou infinie sur le corps des réels. Nous nous donnons une algèbre de Lie $(H, [,])$ arbitraire et une algèbre de Lie abélienne M. On a:

Définition. Une algèbre de Lie $(A, \{,\})$ est une extension de $(H, [,])$ par M si

1° M est un idéal abélien de $(A, \{,\})$ tel que A/M soit isomorphe à $(H, [,])$

2° M admet dans A un sous-espace supplémentaire (toujours vérifié)

Si π est la projection de A sur H, on a d'après le 1° la suite exacte d'algèbre de Lie

$$0 \longrightarrow M \xrightarrow{\ i\ } A \xrightarrow{\ \pi\ } H \longrightarrow 0 \tag{1.1}$$

D'après le 2°, il existe un sous-espace $\mathcal{H}$ de A tel que $A = \mathcal{H} + iM$. Pour un choix de $\mathcal{H}$, la restriction $\hat{\pi}$ de π à $\mathcal{H}$ définit un isomorphisme d'espace de $\mathcal{H}$ sur H. On note p (resp. q) la projection de A sur $\mathcal{H}$ (resp. iM) parallèlement à iM (resp. $\mathcal{H}$). L'extention $(A, \{,\})$ définit une représentation $\mathfrak{a}$ de $(H, [,])$ dans l'espace M telle que si $X \in H, \mu \in M$, on ait pour tout $\xi \in A$ vérifiant $\pi\xi = X$

$$i.\mathfrak{a}(X)\mu = \{\xi, i\mu\} \tag{1.2}$$

$\mathfrak{a}$ est indépendante du choix de $\mathcal{H}$.

b) Soient X, Y deux éléments de H ; nous notons, pour un choix de $\mathcal{H}$ les éléments uniques de $\mathcal{H}$, soit $\hat{X}, \hat{Y}$, tels que $\pi\hat{X} = X, \pi\hat{Y} = Y$. Introduisons la 2-cochaîne C de H, à valeurs dans M, donnée par

$$iC(X, Y) = q\{\hat{X}, \hat{Y}\}\,. \tag{1.3}$$

L'étude de cette 2-cochaîne conduit à introduire la cohomologie de Chevalley de $(H, [,])$, à valeurs dans M, associée à la représentation $\mathfrak{a}$ de $(H, [,])$ dans M. Nous notons $H^k(H, \mathfrak{a}, M)$ le k^e espace de cohomologie correspondant, ∂ le cobord. Pour cette cohomologie, le cobord ∂C de C est la 3-cochaîne donnée par:

$$\partial C(X, Y, Z) = \$\mathfrak{a}(X)C(Y, Z) - \$C([X, Y]Z)$$

où \$ est la sommation après permutation circulaire ; soit $\hat{Z} \in \mathcal{H}$ tel que $\pi\hat{Z} = Z$. On a

$$i\$C([X, Y], Z) = q\$(p\{\hat{X}, \hat{Y}\}, \hat{Z}) \tag{1.4}$$

D'autre part:

$$i\$\mathfrak{a}(X)C(Y, Z) = \$\{\hat{X}, q\{\hat{Y}, \hat{Z}\}\}$$

où $q\ \{\hat{Y},\hat{Z}\} = \{\hat{Y},\hat{Z}\} - p\{\hat{Y},\hat{Z}\}$. Il vient donc:

$$i\$\mathfrak{a}(X)C(Y,Z) = \$\{\hat{X},\{\hat{Y},\hat{Z}\}\} - \$\{\hat{X},p\{\hat{Y},\hat{Z}\}\}$$

c'est à dire, d'après l'identité de Jacobi pour A:

$$i\$\mathfrak{a}(X)C(Y,Z) = \$\{p\{\hat{X},\hat{Y}\},\hat{Z}\}$$

où le second membre est nécessairement un élément de iM. On obtient

$$i\$\mathfrak{a}(X)C(Y,Z) = q\$\{p\{\hat{X},\hat{Y}\},\hat{Z}\}$$

et il résulte de (1.4)

$$\partial C(X,Y,Z) = 0$$

Ainsi (1.3) définit un 2-cocyle C dépendant du choix de $\mathcal{H}$ de l'algèbre de Lie $(H,[,])$ opérant par $\mathfrak{a}$ sur M. Par modification du choix de $\mathcal{H}$ on obtient un autre 2-cocycle de la même classe de cohomologie. Au total, on peut démontrer:

Théorème. *Toute extension $(A,\{,\})$ de $(H,[,])$ par M définit une représentation de $(H,[,])$ sur M et une 2-classe β de cohomologie, élément de $H^2(H,\mathfrak{a},M)$. Inversement si $\mathfrak{a}$ est une représentation donnée et $\beta \in H^2(H,\mathfrak{a},M)$ il existe des extensions de $(H,[,])$ par M correspondant à ces éléments.*

Choisissons un espace $\mathcal{H}$ isomorphe à H par $\hat{\pi}$: $\mathcal{H} \to H$ et introduisons l'espace $A = \mathcal{H} \oplus M$. Pour le 2-cocycle C appartenant à β et associé à $\mathcal{H}$ on a pour $\xi,\eta \in A$ telle que $\pi\xi = X, \pi\eta = Y, q\xi = \lambda, q\eta = \mu$

$$\{\xi,\eta\} = \hat{\pi}^{-1}[X,Y] + C(X,Y) + \mathfrak{a}(X)\mu - \mathfrak{a}(Y)\lambda \tag{1.5}$$

2. Equivalence d'extensions

a) Deux extensions $(A,\{,\})$ et $(A_1,\{,\}_1)$ de $(H,[,])$ par M sont dites *équivalentes* s'il existe un isomorphisme ρ de $(A,\{,\})$ sur $(A_1,\{,\}_1)$ tel que le diagramme suivant soit commutatif

$$\begin{array}{ccccccccc}
0 & \longrightarrow & M & \xrightarrow{i} & A & \longrightarrow & H & \longrightarrow & 0 \\
 & & \Big\downarrow{\scriptstyle \mathrm{id}} & & \Big\downarrow{\scriptstyle \rho} & & \Big\downarrow{\scriptstyle \mathrm{id}} & & \\
0 & \longrightarrow & M & \xrightarrow{i_1} & A_1 & \longrightarrow & H & \longrightarrow & 0
\end{array}$$

Un raisonnement élémentaire permet d'établir

Théorème. *Pour que deux extensions de* $(H, [,])$ *par* M *soient équialentes, il faut et il suffit qu'elles définissent la même représentation* $\mathfrak{a}$ *et la même 2-classe de cohomologie* $\beta \in H^2(H, \mathfrak{a}, M)$.

b) Si une extension associée à la représentation $\mathfrak{a}$ correspond à $\beta = 0$, elle est équivalente à une extension telle que $C = 0$ qui d'après (1.5) correspond au produit semi direct de $(H, [,])$ par M associé à $\mathfrak{a}$. S'il en est ainsi, l'extension initiale est dite *triviale.*

Si $\beta \neq 0$, l'extension envisagée est dite *essentielle.* Nous allons voir de nombreux exemples d'extensions essentielles correspondant à des algèbres de Lie de champs de vecteurs laissant invariantes des structures géométriques naturelles.

II. Algèbre de Lie des champs de vecteurs d'une variétés differentielle

3. L'algèbre de Lie des champs de vecteurs

a) Soit W une variété différentiable connexe, paracompacte, de classe C^∞ et de dimension $m \geq 2$. Les éléments introduits sont supposés C^∞ et l'on pose $N = N(W) = C^\infty(W; R)$. On note $(L, [,])$ l'algèbre de Lie de tous les champs de vecteurs de W et Φ_2 l'espace des 2-formes de la variété.

On suppose que L opére sur Φ_2 par *dérivation de Lie* $\mathcal{L}$ et l'on désigne par $H^2(L, \mathcal{L}, \Phi_2)$ le second espace de **la cohomologie différentielle de Chevalley** de $(L, [,])$ à valeurs dans Φ_2, associée à la représentation $\mathcal{L}$. Avec Flato [1] j'ai montré que cet espace admet un *générateur privilégié* défini par un algorithme inspiré de l'homomorphisme de Chern-Weil. Ce point de vue a été généralisé, selon notre suggestion, par De Wilde et Lecomte [2] aux autres espaces de cohomologie $H^k(L, \mathcal{L}, \Phi_2)$.

b) Soit Γ une connexion linéaire sans torsion de W, $\mathcal{L}(X)\Gamma$ la dérivée de Lie de Γ par le champ de vecteurs $X \in L$. Si $\{x^i\}(i, j, k, ... = 1, ..., m)$ est une carte arbitraire de W de domaine U, on a sur U

$$(\mathcal{L}(X)\Gamma)^k_{ij} = \partial_{ij}X^k + X^r\partial_r\Gamma^k_{ij} - \partial_r X^k\Gamma^r_{ij} + \partial_i X^r\Gamma^k_{rj} + \partial_j X^r\Gamma^k_{ir} \tag{3.1}$$

Considérons la 2-cochaîne S^Γ de L, à valeurs dans Φ_2, donnée sur tout domaine U par:

$$S^\Gamma(X,Y)_{ij} = \left(\mathcal{L}(X)\Gamma\right)^k_{li}\left(\mathcal{L}(Y)\Gamma\right)^l_{kj} - \left(\mathcal{L}(Y)\Gamma\right)^k_{li}\left(\mathcal{L}(X)\Gamma\right)^l_{kj} \quad (X,Y \in L) \tag{3.2}$$

Cette 2-cochaîne est de type bidifférentiel (2,2) par rapport à ses arguments. Son cobord s'écrit pour $X,Y,Z \in L$

$$\partial S^\Gamma(X,Y,Z) = \$\mathcal{L}(X)S^\Gamma(Y,Z) - \$S^\Gamma([X,Y],Z) \tag{3.3}$$

où \$ est la sommation après permutation circulaire. On a sur U

$$\begin{aligned}\$(\mathcal{L}(X)S^\Gamma(X,Y))_{ij} =& \$((\mathcal{L}(X)\mathcal{L}(Y))\Gamma^k_{li} - (\mathcal{L}(Y)\mathcal{L}(X))\Gamma^k_{li})(\mathcal{L}(Z)\Gamma)^l_{kj} \\ &- \$(\mathcal{L}(Z)\Gamma)^k_{li}(\mathcal{L}(X)\mathcal{L}(Y))\Gamma^l_{kj} - (\mathcal{L}(Y)\mathcal{L}(X))\Gamma^l_{kj})\end{aligned}$$

C'est à dire:

$$\$\left(\mathcal{L}(X)S^\Gamma(Y,Z)\right)_{ij} = \$((\mathcal{L}([X,Y])\Gamma)^k_{li}(\mathcal{L}(Z)\Gamma)^l_{kj} - \$(\mathcal{L}(Z)\Gamma)^k_{li}(\mathcal{L}([X,Y])\Gamma)^l_{kj}$$

Il en résulte d'après (3.2)

$$\partial S^\Gamma = O$$

et S^Γ est un *2-cocycle* à valeurs dans Φ_2.

c) Substituons à la connexion Γ une autre connexion linéaire sans torsion Γ' avec $\Gamma' = \Gamma + T$ ou T est un tenseur.

Introduisons les l-cochaînes P et Q à valeurs dans Φ_2 définies sur tout U par:

$$P(X)\mid_U = T^k_{li}(\mathcal{L}(X)\Gamma)^l_{kj} - T^k_{lj}(\mathcal{L}(X)\Gamma)^l_{ki}$$

et

$$Q(X)\mid_U = T^k_{li}(\mathcal{L}(X)T)^l_{kj} - T^k_{lj}(\mathcal{L}(X)T)^l_{ki}$$

En évaluant ∂P et ∂Q, on obtient

$$S^{\Gamma^1} - S^\Gamma = \partial(P + \frac{1}{2}Q) \tag{3.4}$$

Ainsi *la classe de cohomologie* β *de* $H^2(L, \mathcal{L}, \Phi_2)$*, définie par* S^Γ *est indépendante du choix de la connexion sans torsion* Γ. On établit [1], [2] que S^Γ *n'est jamais exact ; par suite* β *est toujours* $\neq 0$. Nous le réétablirons plus loin.

d) Envisageons Φ_2 comme algèbre de Lie abélienne et considérons les extensions de l'algèbre de Lie $(L, [,])$ par Φ_2 associées à la représentation définie par $\mathcal{L}$. L'équivalence entre extensions est entendue ici au sens d'équivalence *différentielle (ou locale).*

Du résultat précédent, on déduit d'après I qu'il existe une extension essentielle $(A, \{,\})$ de $(L, [,])$ par Φ_2, associée à la représentation $\mathcal{L}$ et à la 2-classe de cohomologie β. Un élément de A est un couple (X, λ) d'un vecteur $X \in L$ et d'une 2-forme $\lambda \in \Phi_2$. D'après (1.5) le crochet dans A de $(X, \lambda), (Y, \mu) \in A$ peut s'exprimer à partir d'un 2-cocyle $S^\Gamma \in \beta$ par

$$\{(X, \lambda), (Y, \mu)\} = ([X, Y], S^\Gamma(X, Y) + \mathcal{L}(X)\mu - \mathcal{L}(Y)\lambda) \tag{3.5}$$

Nous énonçons:

Théorème. *Soit* $(L, [,])$ *l'algèbre de Lie de tous les champs de vecteurs d'une variété différentiable* W *de dimension* $m \geq 2, \Phi_2$ *l'espace des 2-formes de* W *considéré comme algèbre de Lie abélienne,* L *opérant sur* Φ_2 *par dérivation de Lie* $\mathcal{L}$*. Il existe une extension essentielle privilégiée* $(A, \{,\})$ *de* $(L, [,])$ *par* Φ_2 *associée à* $\mathcal{L}$ *et à la 2-classe* $\beta \in H^2(L, \mathcal{L}, \Phi_2)$ *dont le crochet peut s'exprimer par (3.5).*

Cette extension est dite *l'extension universelle* de $(L, [,])$ par Φ_2.

III. Algèbres de Lie associees à un feuilletage generalise

4. Les algèbres de Lie

Soit W une variété différentiable de dimension $m \geq 2$ munie d'un **feuilletage généralisé** au sens de Susmann-Stefan (voir [5] dont nous utilisons ici la terminologie et les notations). Un feuilletage ordinaire de Reeb est appelé ici un feuilletage régulier. Nous notons P aussi bien le champ (généralisé) de plans satisfaisant l'hypothèse de Sussmann que le feuilletage généralisé correspondant.

On dit que le champ de plans P est *invariant* par un champ de vecteurs de W s'il est invariant par le flot défini par ce champ de vecteurs.

Un point x de (W, P) est appelé *un point régulier* s'il existe un voisinage ouvert de x soit U tel que la restriction P_U de P à U soit un feuilletage régulier. Si x est régulier, tous les points de la feuille $S(x)$ issue de x sont réguliers. L'ensemble des points réguliers de (W, P) forme un ouvert partout dense sur W. Si W_ρ est une composante connexe de cet ouvert P_{W_ρ} définit un feuilletage régulier de W_ρ.

L'ensemble des champs de vecteurs de W tangents à P est noté L_P^T. Le champ de plans P est, d'après l'hypothèse de Sussmann, invariant par tout élément de L_P^T ; il en résulte que si $X, Y \in L_P^T$, on a $[X, Y] \in L_P^T$. Ainsi $(L_P^T, [,])$ est une algèbre de Lie de champs de vecteurs, sous-algèbre de $(L, [,])$.

Introduisons le *normalisateur* L_P de L_P^T dans l'algèbre de Lie L. On voit aisément que $(L_P, [,])$ est l'algèbre de Lie de tous les champs de vecteurs préservant (globalement) le feuilletage généralisé considéré.

Cela posé, soit Γ une connexion linéaire sans torsion arbitraire de W, S^Γ est le 2-cocyle à valeurs dans Φ_2 défini par (3.2). Nous nous proposons d'étudier la restriction à L_P^T du 2-cocycle S^Γ ; elle définit une 2-classe de cohomologie $\beta_P^T \in H^2(L_P^T, \mathcal{L}, \Phi_2)$ indépendante du choix de la connexion, dont nous allons montrer que si P admet des feuilles de dimension ≥ 2, elle n'est jamais nulle.

5. Etude de β_P^T

Supposons donc que P admette des feuilles de dimension ≥ 2.

a) Soit V un domaine contractile suffisamment petit de W tel que le feuilletage P_V induit par P sur V soit régulier. Nous supposons que V est un domaine d'une carte adaptée au feuilletage P_V : $\{x^i\} = \{x^\alpha, x^a\}(\alpha, \beta = 1, \ldots, p; p \geq 2; a = p+1, \ldots, m)$ qui est telle que les feuilles sont définies sur V par $x^a = C^{te}$.

Soit U un domaine contractile tel que $\overline{U} \subset V, P_U$ le feuilletage induit sur $\overline{U}$. Si $X \in L_{P_U}^T$ est un champ de vecteurs sur $\overline{U}$ tangent à $P_{\overline{U}}$, X admet une extension en un champ de vecteurs de W élément de L_P^T. Nous notons x_o un point de U admettant des coordonnées telles qu'en ce point, on ait $x^1 = x^2 = 0$.

Considérons deux couples (X', Y') et (X'', Y'') d'éléments de L_P^T dont les restrictions à $\overline{U}$ aient pour seules composantes non nulles dans la carte envisagée.

$$X'^1 = x^1x^2 \quad Y'^2 = x^1x^2$$

et d'autre part

$$X''^2 = \frac{(x^1)^2}{2} \quad Y''^1 = \frac{(x^2)^2}{2}$$

$[X', Y']$ a pour seules composantes sur $\overline{U}$

$$[X', Y']^1 = -(x^1)^2x^2 \quad [X', Y']^2 = x^1(x^2)^2.$$

En ce qui concerne $[X'', Y'']$ on a:

$$[X'', Y'']^1 = \frac{(x^1)^2 x^2}{2} \quad [X'', Y'']^2 = -x^1 \frac{(x^2)^2}{2}$$

Il vient donc sur $\overline{U}$

$$[X', Y'] \mid_U = -2\, [X'', Y''] \mid_U \tag{5.1}$$

Nous notons que les 1- jets en x_o de X', Y' et X'', Y'' sont nuls.

b) Cela posé si X, Y sont des éléments de L_P^T admettant des 1- jets nuls en x_o on voit que d'après (3.1), (3.2) on a en ce point

$$S^\Gamma(X, Y)_{ij}(x_o) = (\partial_{i\beta} X^\alpha \partial_{j\alpha} Y^\beta - \partial_{j\beta} X^\alpha \partial_{i\alpha} Y^\beta)(x_o)$$

On en déduit pour $i = 1$ $j = 2$

$$S^\Gamma(X', Y')_{12}(x_o) = 1 \quad S^\Gamma(X'', Y'')_{12}(x_o) = 1 \tag{5.2}$$

Supposons que S^Γ soit le cobord d'une 1-chaîne **locale** T à valeurs dans Φ_2. On a

$$S^\Gamma(X, Y) = \mathcal{L}(X)T(Y) - \mathcal{L}(Y)T(X) - T([X, Y])$$

Pour le couple (X', Y'), il vient en x_o, les 1- jets étants nuls

$$S^\Gamma(X', Y')(x_o) = -T([X', Y'])(x_o)$$

et pour le couple X'', Y''

$$S^\Gamma(X'', Y'')(x_o) = -T([X'', Y''])(x_o)$$

D'après la localité de T et (5.1) ont doit donc avoir

$$S^\Gamma(X', Y')(x_o) = -2 S^\Gamma(X'', Y'')(x_o)$$

ce qui est en contradiction avec (5.2).

Ainsi S^Γ n'est pas un cobord et β_P^T est $\neq 0$. Nous pouvons énoncer:

Théorème. *Soit P un feuilletage généralisé de la variété W admettant des feuilles de dimension ≥ 2, $(L_P^T, [,])$ l'algèbre de Lie des champs de vecteurs tangents à P, $(L_P, [,])$ le normalisateur de $(L_P^T, [,])$ dans $(L, [,])$. Si Φ_2 est l'espace des 2-formes de W considéré comme algèbre de Lie abélienne, la restriction à $(L_P^T, [,])$ de l'extension universelle de $(L, [,])$ par Φ_2, définit une* *extension essentielle privilégiée de* $(L_P^T, [,])$ *par* Φ_2 *associée à* $\mathcal{L}$ *et à la 2-classe* $\beta_P^T \in H^2(L_P^T, \mathcal{L}, \Phi_2)$. *La situation est la même pour l'algèbre de Lie* $(L_P, [,])$.

Nous notons que pour $(L, [,])$ la même démonstration permet d'établir que pour $m \geq 2$, la 2-classe β est toujours $\neq 0$.

Une démonstration analogue montre que si W est orientable et munie d'une structure *unimodulaire* (c'est-à-dire d'une m-forme élément de volume η), la restriction de l'extension universelle de $(L, [,])$ par Φ_2 à l'algèbre de Lie $(L_u, [,])$ des champs de vecteurs *unimodulaires*, c'est-à-dire laissant invariant la forme η, est une extension essentielle privilégiée de $(L_u, [,])$ par Φ_2 associée à $\mathcal{L}$ et à une 2-classe $\beta_u \in H^2(L_u, \mathcal{L}, \Phi_2)$.

Il suffit d'effectuer le même raisonnement pour le couple (X', Y') admettant dans le domaine U d'une carte canonique contenant le point x_0 de coordonnées $x^1 = x^2 = 0$ pour seules composantes non nulles

$$X'^1 = -2x^1x^2 \quad X'^2 = (x^2)^2$$

et pour Y' les seules composantes non nulles

$$Y'^1 = (x^1)^2 \quad Y'^2 = -2x^1x^2$$

D'autre part, on prend encore X'', Y'' avec

$$X''^2 = \frac{(x^1)^2}{2} \quad Y''^1 = \frac{(x^2)^2}{2}$$

éléments de L_u. Le même raisonnement donne le résultat voulu.

IV. Algèbres de Lie associées à une variété de Poisson

6. Variétés de Poisson et algèbres de Lie associées

a) Soit W une variété différentiable de dimension $m \geq 2$. Nous avons posé $N = N(W) = C^\infty(W, R)$. Une *structure de Poisson* est définie sur W par un 2-tenseur contravariant antisymétrique Λ, non identiquement nul, vérifiant au sens des crochets de Schouten

$$[\Lambda, \Lambda] = 0 \tag{6.1}$$

Λ définit sur N un crochet de Poisson

$$\{u, v\} = i(\Lambda)(du \wedge dv) \quad u, v \in N \tag{6.2}$$

où $i()$ est le produit intérieur ; $(N, \{,\})$ est **l'algèbre de Lie de Poisson** de la variété (W, Λ). Si m est pair, $m = 2n$ et si Λ est un 2-tenseur de rang $2n$ partout, la variété (W, Λ) est une *variété symplectique*, dont la 2-forme F est obtenue par inversion du 2-tenseur Λ et pour laquelle (6.2) est le crochet de Poisson usuel.

Dans le cas général d'une variété de Poisson (W, Λ), à tout élément u de N associons le champ de vecteurs $X_u = [\Lambda, u]$ appelé *le champ hamiltonien* associé à u. Le crochet de Poisson (6.2) peut s'écrire:

$$\{u, v\} = \mathcal{L}(X_u)v \tag{6.3}$$

Les champs hamiltoniens de (W, Λ) définissent une algèbre de Lie $(L_\Lambda^H, [,])$ dont les éléments laissent Λ invariant: si $X_u \in L_\Lambda^H$ on a $\mathcal{L}(X_u)\Lambda = 0$ d'après (6.1). L'application $\sigma : N \longrightarrow L_L^H \ : \ u \mapsto X_u$ est un homomorphisme de $(N, \{,\})$ sur $(L^H, [,])$ dont le noyau est le centre de l'algèbre de Lie de Poisson.

Si $x \in W$, les valeurs en x des champs hamiltoniens engendrent un sous-espace P_x de T_xW. Nous obtenons ainsi sur W un champ P de plans P_x, à dimension variable ; P est dit le *champ caractéristique* de la variété de Poisson (W, Λ). L'étude des champs hamiltoniens conduit au théorème suivant [5] [6] que je rappelle.

Théorème. *Soit (W, Λ) une variété de Poisson de champ caractéristique P*

1°*) P définit un feuilletage (généralisé) de W ; si $S(x)$ est la feuille de P passant par x, on a $P_y = T_yS(x)$ en tout point de y de $S(x)$*

2°*) La restriction de Λ à une feuille $S(x)$ de P munit la feuille $S(x)$ d'une structure de variété symplectique*

La variété de Poisson est dite *régulière* si, sur W, $\dim P_x = C^{te}$, c'est-à-dire si Λ est de rang constant. Dans le cas général d'une variété de Poisson il résulte du §4 que si W_ρ est une composante connexe de l'ouvert partout dense des points réguliers de (W, P), $(W_\rho, \Lambda\,|_{W_\rho})$ est une variété de Poisson régulière.

b) *Supposons la variété de Poisson* (W, Λ) *régulière.* Nous notons $2p \geq 2$ la dimension de ses feuilles, q sa codimension ($q = m - 2p$). Une carte $\{x^i\} = \{x^\alpha, x^a\}(i, j, \ldots = 1, \ldots, m; \alpha, \beta, \ldots = 1, \ldots, 2p; a, b, \ldots = 2p+1, \ldots, m)$ de W de domaine U est dite *adaptée* si, dans $U, x^a = C^{te}$ le long des feuilles. On a, sur $U, \Lambda^{ai} = 0$ et la matrice $(\Lambda^{\alpha\beta})$ est de rang 2p.

Une connexion linéaire sans torsion de W est dite *adaptée au feuilletage* si, pour tout atlas de cartes adaptées, on a $\Gamma^a_{\beta i} = 0$. Une connexion linéaire sans torsion Γ de (W, Λ) est dite une **connexion de Poisson** si $\nabla\Lambda = 0$ où ∇ est l'opérateur de dérivation covariante correspondant à Γ. Dans un atlas de cartes adaptées, on a pour une telle connexion, $\nabla_i \Lambda^{a\alpha} = 0$ qui se traduit par $\Gamma^a_{\beta i} = 0$. Ainsi toute connexion de Poisson de (W, Λ) est nécessairement adaptée au feuilletage régulier P.

On démontre [8] que *sur une variété de Poisson (W,Λ) régulière, il existe toujours des connexions de Poisson.* Par restriction à une feuille, une telle connexion définit une connexion symplectique sur la feuille.

7. La 2-classe β^1_Λ

a) Soit (W,Λ), une variété de Poisson *arbitraire.* Considérons pour une connexion linéaire sans torsion Γ quelconque, le 2-cocyle S^Γ *restreint à* $L^H_\Lambda; S^\Gamma$ définit un élément β_Λ de $H^2(L^H_\Lambda,\mathcal{L},\Phi_2)$.

A toute k-cochaîne différentielle C de $(L^H_\Lambda,[,])$ à valeurs dans Φ_2, associons la k-cochaine C_Λ à valeurs dans N donnée par

$$C_\Lambda = i(\Lambda)C \tag{7.1}$$

Λ étant invariant par les champs hamiltoniens, on voit que (7.1) définit un homomorphisme $i(\Lambda) : H^k(L^H_\Lambda,\mathcal{L},\Phi_2) \longrightarrow H^k(L^H_\Lambda,\mathcal{L},N)$ puisque pour les cohomologies envisagées

$$\partial C_\Lambda = i(\Lambda)\partial C \tag{7.2}$$

En particulier à S^Γ restreint à L^H_Λ correspond le 2-cocycle $i(\Lambda)S^\Gamma$ de L^H_Λ à valeurs dans N. Il définit une 2-classe $\beta^1_\Lambda = i(\Lambda)\beta_\Lambda$ élément de $H^2(L^H_\Lambda,\mathcal{L},N)$.

β_Λ et β^1_Λ sont indépendantes du choix de la connexion $\Gamma; \beta^1_\Lambda$ est ainsi un invariant de la structure de Poisson de la variété.

b) Comme $\{u,v\} = \mathcal{L}(X_u)v$, on peut interpréter la cohomologie de $(L^H_\Lambda,[,])$ à valeurs dans N de la manière suivante. Introduisons pour des cochaînes nulles sur les fonctions constantes sur les feuilles, la cohomologie différentielle de Chevalley de $(N,\{,\})$ à valeurs dans N, correspondant à la représentation adjointe ; pour cette cohomologie $H^k(N,\{,\},N)$ est isomorphe à $H^k(L^H_\Lambda,\mathcal{L},N)$.

En particulier le 2-cocycle de $(N,\{,\})$ à valeurs dans N donné par

$$S^\Gamma_\Lambda(u,v) = i(\Lambda)S^\Gamma(X_u,X_v) \quad (u,v\in N) \tag{7.3}$$

peut-être considéré comme définissant $\beta^1_\Lambda \in H^2(N,\{\},N)$ invariant de la structure de Poisson. J'ai établi dans [8] que β^1_Λ *est toujours* $\neq 0$. Supposons (W,Λ) régulière.

c) Le principe de la démonstration était fort différent. Si $\{x^i\} = \{x^\alpha,x^a\}(\alpha,\beta,=1,\ldots,2p; a=2p+1,\ldots,m)$ est une carte adaptée de W de domaine U, on a sur U pour une connexion de Poisson Γ

$$\Gamma^a_{\alpha i} = 0 \quad \mathcal{L}(X_u)\Gamma^a_{\alpha i} = 0 \quad u \in N$$

Il en résulte que S^1_Λ peut s'écrire sur U

$$S^1_\Lambda(u,v)\mid_U = \Lambda^{\alpha\beta}(\mathcal{L}(X_u)\Gamma)^\gamma_{\delta\alpha}(\mathcal{L}(X_v)\Gamma)^\delta_{\gamma\beta}$$

Si l'on pose $S^1_\Lambda(u,v) = -S^3_\Gamma(u,v)$ on a sur U

$$S^3_\Gamma(u,v)\mid_U = \Lambda^{\alpha_1\beta_1}\Lambda^{\alpha_2\beta_2}\Lambda^{\alpha_3\beta_3}(\mathcal{L}(X_u)\Gamma)_{\alpha_1\alpha_2\alpha_3}(\mathcal{L}(X_v)\Gamma)_{\beta_1\beta_2\beta_3}$$

où $\mathcal{L}(X_u)\Gamma$ est pris comme 3-tenseur covariant complètement symétrique: S^3_Γ est de type bidifférentiel (3,3) en u, v et l'on raisonne sur les types différentiels. Sur une variété de Poisson *régulière* β^1_Λ est toujours $\neq 0$.

Si (W,Λ) est *non régulière*, soit W_ρ l'une de ses composantes connexes régulières. Choisissons un domaine U de W_ρ tel que $\overline{U} \subset W_\rho$. La restriction $\Lambda_{\overline{U}}$ de Λ à $\overline{U}$ définit $(\overline{U}, \Lambda_{\overline{U}})$ comme variété de Poisson régulière. Les fonctions éléments de $C^\infty(\overline{U}\ ;\ R)$ peuvent être prolongées à W et si S^1_Λ est le cobord d'un endomorphisme local T de N, on a $S^1_\Lambda = \partial T$ et par suite sur $\overline{U}$

$$S^1_\Lambda(u,v)\mid_{\overline{U}} = (\{Tu,v\} + \{u,Tv\} - T(\{u,v\})\mid_{\overline{U}}$$

Par restriction à $\overline{U}$ on déduit que $S^1_{\Lambda_{\overline{U}}} = \partial T_{\overline{U}}$ sur la variété régulière $(\overline{U},\Lambda_{\overline{U}})$ ce qui implique contradiction.

d) On peut donner de $\beta^1_\Lambda \neq 0$ une démonstration directe dans la ligne du §5. Nous nous plaçons encore dans le domaine U de W_ρ tel que $\overline{U} \subset W_\rho$. Nous supposons que $\overline{U}$ est contenu dans le domaine d'une carte $\{x^i\} = \{x^\lambda, x^{\bar\lambda}, x^a\}(\lambda = 1,\ldots,p; \bar\lambda = \lambda + p; a = 2p+1, \ldots m)$ adaptée à Λ et telle que Λ n'admette pour composantes non nulles que les $\Lambda^{\lambda\bar\lambda} = -\Lambda^{\bar\lambda\lambda} = 1$. Nous notons encore x_o un point de U admettant des coordonnées telles qu'en x_o on ait $x^1 = x^{\bar 1} = 0$.

Considérons deux couples (u',v') et (u'',v'') d'élements de N dont les restrictions à U sont

$$u'\mid_U = x^1(x^{\bar 1})^2 \quad v'\mid_U = (x^1)^2 x^{\bar 1}$$

et

$$u''\mid_U = (x^{\bar 1})^3 \quad v''\mid_U = (x^1)^3$$

On en déduit

$$\{u',v'\}\mid_U = -3(x^1)^2(x^{\bar 1})^2 \quad \{u'',v''\}\mid_U = -9(x^1)^2(x^{\bar 1})^2$$

Il en résulte

$$\{u'',v''\}\mid_U = 3\{u',v'\}\mid_U \tag{7.4}$$

Les 1-jets en x_o de $X_{u'}, X_{v'}, X_{u''}, X_{v''}$ sont nuls puisque les 2-jets des fonctions correspondantes le sont. Cela posé si u, v sont des éléments de N admettant des 2-jets nuls en x_o et si Γ est une connexion linéaire sans torsion de W, on a en x_o

$$S^3_\Gamma(u,v)(x_o) = (\Lambda^{\alpha_1\beta_1}\Lambda^{\alpha_2\beta_2}\Lambda^{\alpha_3\beta_3}\partial_{\alpha_1\alpha_2\alpha_3}u\partial_{\beta_1\beta_2\beta_3}v)(x_o)$$

On en déduit

$$S^3_\Gamma(u',v')(x_o) = 12 \quad S^3_\Gamma(u'',v'')(x_o) = -36 \tag{7.5}$$

Supposons que S^3_Γ soit le cobord d'un endomorphisme local T de N. On en déduit comme au §5 que d'après la localité de T et (7.4) on doit avoir

$$S^3_\Gamma(u'',v'')(x_o) = 3 \quad S^3_\Gamma(u',v')(x_o)$$

ce qui contredit (7.5). On en déduit

Théorème. *Soit $(L^H_\Lambda, [,])$ l'algèbre de Lie des champs hamiltoniens d'une variété de Poisson (W, Λ). Si Φ_2 est l'espace des 2-formes de W considéré comme algèbre de Lie abélienne, la restriction à $(L^H_\Lambda, [,])$ de l'extension universelle de $(L, [,])$ par Φ_2 définit une extension essentielle privilégiée $(A_\Lambda, \{,\})$ de $(L^H_\Lambda, [,])$ par Φ_2 associée à $\mathcal{L}$ et à la 2-forme $\beta_\Lambda \in H^2(L^H_\Lambda, \mathcal{L}, \phi_2)$; $(A_\Lambda, \{,\})$ est une sous algèbre de Lie de $(A, \{,\})$. Par $i(\Lambda)$ on en déduit une extension essentielle de $(L^H_\Lambda, [,])$ par N considérée comme algèbre de Lie abélienne, associée à $\mathcal{L}$ et par suite une extension essentielle $(A^1_\Lambda, \{,\})$ de $(N, \{,\})$ par N associé à $\{,\}$ et à $\beta^1_\Lambda \in H^2(N, \{,\}N)$.*

Un élément de A^1_Λ est un couple (u, u_1) de deux éléments de N. Le crochet dans A^1_Λ de $(u, u_1), (v, v_1) \in A^1_\Lambda$ peut s'exprimer à partir d'un cocycle $S^\Gamma_\Lambda \in \beta^1_\Lambda$

$$\{(u,u_1),(v,v_1)\} = (\{u,v\}, S^1_\Lambda(u,v) + \{u,v_1\} - \{v,u_1\})$$

On note que S^Γ_Λ définit une *déformation infinitésimale* de l'algèbre de Lie de Poisson qui n'est jamais triviale et est étroitement liée à la quantification.

Une théorie analogue peut être développée par les algèbres de Lie associées à une variété conforme de Jacobi générale.

Bibliographie

[1] M. Flato et A. Lichnerowicz, *C. R. Acad. Sc.* **291** (A) (1980), 331.

[2] M. De Wilde et P. Lecomte, *J. Math. Pures et Appl.* **62** (1983), 197.

[3] A. Lichnerowicz, *Ann. Inst. Fourier* **24** (1974), 219–266.

[4] J. L. Schouten, Conv. Int. Geom. Diff. Cremonese Roma 1954 , A. Nijenhuis Indag. Math. **17** (1955), 390.

[5] F. Guerida et A. Lichnerowicz, *J. Math. Pures et Appl.* **63** (1984), 407–494.

[6] A. A. Kirillov, *Russ. Math. Surveys* **31** (1976), 55.

[7] H. J. Sussmann, *Trans. Amer. Math. Soc.* **180** (1973), 171.

[8] A. Lichnerowicz, *Ann. Fac. Sc. Toulouse* **4** (1982), 195–262.

[9] A. Lichnerowicz et J.A. Pereira da Silva, *J. Math. Pures et Appl* **66** (1987), 159–193.

6 Avenue Paul Appel
75014 Paris Cedex, France

Received: July, 1995.

Holonomy Groups of Solvable Lie Foliations

Gaël Meigniez

Dedicated — with friendly admiration — to Pierre Molino for his sixtieth birthday.

Following C. Ehresmann, to every foliated manifold one associates a pseudogroup of transformations that represents the transverse structure of the foliation. Conversely, every pseudogroup comes from a foliated manifold.

But which are the pseudogroups that come from *compact* foliated manifolds?

More precisely, A. Haefliger has exhibited a necessary condition, called *compact generation,* and asks if it is sufficient.

This question is open. Since the frame of all pseudogroups is pretty large, it seems reasonnable to restrict oneself, in a first time, to more restricted classes. Among them figure the pseudogroups generated by abstract subgroups of Lie groups — they correspond to Lie foliations.

This article is a review of recent works on Haefliger's question in the frame of Lie foliations, laying emphasis on simple but already representative cases. We shall most of the time restrict ourselves to solvable Lie groups, since more results have been obtained for them.

Even for those groups, Haefliger's question remains open. However some positive results have been obtained: on one side new examples have changed the idea we have of what a Lie foliation actually is (Section 3 thereafter); on the one hand, compact generation is well understood now in this frame, thanks to an effective criterion (see Section 4).

The referee's incisive questions and remarks resulted in actual improvements of the presentation of the results. I thank him.

Notations. In these pages, we use the following standard notations for sets of composable and invertible objects:

$$A^{-1} = \{a^{-1} \;/\; a \in A\}$$
$$AB = \{ab \;/\; a \in A, b \in B\}$$
$$A^n = AA \dots A = \{a_1 \cdots a_n \;/\; a_1, \dots, a_n \in A\} \;.$$

In groups, the unit element is denoted as 1.

1. pseudogroups and foliations, after Veblen-Whitehead, Ehresmann and Haefliger

Let us first recall how to every foliated manifold one associates its holonomy pseudogroup [E2].

By definition, a pseudogroup of transformations of a manifold[1] T is a set $\mathcal{H}$ of transformations of T (this means a diffeomorphism $h : \mathrm{Dom}\, h \to \mathrm{Im}\, h$ whose domain and image are open subsets in T) such that:

— The composition $h \circ h'$ of two elements of $\mathcal{H}$, if defined, belongs to $\mathcal{H}$, and so do h^{-1}, the restriction of h to any nonempty open subset of $\mathrm{Dom}(h)$, and the identity map 1_T of T;

— For any transformation h of T, if every point in its domain admits a neighborhood U such that $h|_U$ belongs to $\mathcal{H}$, then h belongs to $\mathcal{H}$.

This notion was first introduced (without the second rule) by Veblen-Whitehead as a tool in their foundations of Differential Geometry [VW].

Examples. (1) Let H be any set of transformations of T. There exists a smallest pseudogroup containing H, called generated by H, namely the set of transformations of T whose germ at every point can be obtained through composing germs of elements of H and H^{-1}.

(2) Let U be a nonempty open subset in T. Then the elements of $\mathcal{H}$ whose domain and range are contained in U form a pseudogroup $\mathcal{H}|_U$ of transformations of U.

A foliation $\mathcal{F}$ of a manifold V is defined by a family of submersions with connected fibres (f_i) whose domains form an open covering of V, and such that on every nonempty intersection

$$\mathrm{Dom}\, f_i \cap \mathrm{Dom}\, f_j$$

one has

$$f_j = h_{i,j} \circ f_i$$

for some diffeomorphism

$$h_{i,j} : f_i(\mathrm{Dom}\, f_i \cap \mathrm{Dom}\, f_j) \to f_j(\mathrm{Dom}\, f_i \cap \mathrm{Dom}\, f_j)\ .$$

More precisely, following the usual formalism, let us call such a family an *atlas*: two atlases are called compatible if their union is also an atlas; a foliation is a compatibility class of atlases.

[1] Everything is C^∞. Manifolds are assumed paracompact and without boundary, but not necessarily compact, or connected.

For every atlas (f_i), consider the disjoint union T of images of f_i's, and let $\mathcal{H}$ be the pseudogroup of transformations of T generated by the $h_{i,j}$'s.

It does represent the transverse structure of the foliation: namely, leaves are in one-to-one correspondence with orbits of $\mathcal{H}$, through the map

$$F \mapsto \bigcup_i f_i(\operatorname{Dom} f_i \cap F) .$$

Two compatible atlases will induce two equivalent pseudogroups, in this sense [Ha2]:

Definition 1.1. $(T, \mathcal{H})$ is equivalent to $(T', \mathcal{H}')$ if there exists a set Φ of diffeomorphisms whose domains form an open covering of T, and whose ranges form an open covering of T', such that

$$\Phi^{-1}\mathcal{H}'\Phi \subset \mathcal{H}$$

and

$$\Phi\mathcal{H}\Phi^{-1} \subset \mathcal{H}' .$$

Exercises. (1) Prove that two compatible atlases induce two equivalent pseudogroups. (2) Let $U \subset T$ be an open subset that meets every orbit of $\mathcal{H}$. Then $\mathcal{H}$ is equivalent to $\mathcal{H}|_U$. (3) Let us say that $\mathcal{H}$ is *uniform* if T has a compact subset meeting every orbit. This property is an equivalence invariant. (4) Finite type (i.e. the existence of a finite generating subset) is *not* an equivalence invariant.

Thus to each foliation corresponds a pseudogroup, well-defined up to an equivalence. Conversely, every pseudogroup that possesses a denumerable generating subset

$$\{h_0, h_1, \ldots\}$$

can be realized by a foliated manifold. This is trivial, for example in

$$X = T \times \mathbf{R} \times [0,1]$$

identify $(x, s, 1)$ with $(h_n(x), s, 0)$ for every $n \geq 0$, every $x \in \operatorname{Dom} h_n$, and each $n < s < n+1$. One gets a manifold with boundary. Let V be its interior and let $\mathcal{F}$ be the foliation locally defined as $x =$constant.

On the contrary, it is in general difficult, given a pseudogroup, to decide if it is realizable by a *compact* foliated manifold — we shall say for short that it is *realizable.*

More precisely, in [Ha1] A. Haefliger exhibits the following necessary condition, and asks if it is sufficient:

Definition 1.2. A pseudogroup $\mathcal{H}$ of transformations of a manifold V is compactly generated if there exists an open subset $U \subset T$, and finitely many $h_i \in \mathcal{H}|_{\mathcal{U}}$, such that:

1. U is relatively compact in T and meets every orbit of $\mathcal{H}$;
2. Every h_i is a restriction of some $h'_i \in \mathcal{H}$ such that $\operatorname{Dom} h_i$ is relatively compact in $\operatorname{Dom} h'_i$;
3. The h_i's generate the pseudogroup $\mathcal{H}|_U$.

It is easily verified, but remarkable, that the property of compact generation is an equivalence invariant.

Proposition 1.3. (Haefliger) *Every realizable pseudogroup is compactly generated.*

Proof. If $\mathcal{H}$ is realized by an atlas on a compact foliated manifold V, then it contains a finite subatlas

$$(f_i)_{1 \leq i \leq n}$$

moreover V is also covered by open subsets Ω_i, $1 \leq i \leq n$, such that each Ω_i is relatively compact if $\operatorname{Dom} f_i$. It is straightforward that

$$U = \bigcup_i f_i(\Omega_i)$$

and the

$$h'_{i,j} = h_{i,j}|_{f_i(\Omega_i \cap \Omega_j)}$$

verify properties 1, 2, 3. Since $\mathcal{H}$ is equivalent to the pseudogroup generated by the $h_{i,j}$'s, it is also compactly generated. □

Exercises. (5) In the definition of compact generation, the choice of U has no importance: if some relatively compact open subset meeting every orbit admits h_i's verifying 2 and 3, then any other one will also do. (6) Assume T is compact. The pseudogroup generated by a single transformation h is compactly generated if and only if the set of points x such that $h(x) \neq x$, is relatively compact in $\operatorname{Dom} h$. (7) Every compactly generated pseudogroup is uniform and equivalent to a finitely generated pseudogroup; but the converse is wrong (6 gives counterexamples).

To attack Haefliger's question, since the general case is difficult, it is reasonnable to restrict attention to certain classes of pseudogroups, for which compact generation admits an effective criterion.

In this spirit, V. Cavalier has studied the pseudogroups of holomorphic transformations of **C** that preserve some meromorphic vector field. He obtained the list of compactly generated ones [Cav]. Recently Cavalier and Haefliger proved that all of them are realizable, see their paper in the present acts volume.

We have considered, following E. Ghys [G], another class: pseudogroups generated by left translations in Lie groups.

2. Lie foliations and their holonomy groups. Setting of Haefliger's question in this frame

Let G be a Lie group[2]. A G-Lie foliation is defined (after Fedida [F]) as in the preceding section, but asking moreover that:

1. The image of each f_i be an open subset in G, and that each $h_{i,j}$ be a left translation in G, that is, there must exist $g_{i,j} \in G$ such that $h_{i,j}(x) = g_{i,j}x$ for every $x \in \operatorname{Dom} h_{i,j}$; and
2. V be compact and connected.

After Ehresmann [E1] this type of structure becomes trivial when lifted to the universal covering $\tilde{V}$, in this sense: there exists a group homomorphism

$$\rho : \pi_1 V \to G$$

(the holonomy representation) and a submersion

$$D : \tilde{V} \to G$$

(the developing map) which is ρ-equivariant, that is

$$D(\gamma p) = \rho(\gamma) D(p)$$

for every $\gamma \in \pi_1 V$ and $p \in \tilde{V}$.

D and ρ are well-defined up to this: one can, for every $g \in G$, change D to gD and ρ to

$$\gamma \mapsto g\rho(\gamma)g^{-1} .$$

Moreover D is not only a submersion: it is a fiber bundle with total space $\tilde{V}$ and base G. Indeed, since V is compact and G admits a left invariant metric, one easily builts on $\tilde{V}$ a complete Riemannian metrics for which D is a *riemannian submersion*, thus a fibre bundle, after [He] or [R].

[2] These words mean "real, simply connected Lie group".

The (abstract) subgroup

$$\Gamma = \rho(\pi_1 V) \subset G$$

is $\mathcal{F}$'s *holonomy group.* How is it linked to the already defined holonomy pseudogroup?

To Γ, associate the pseudogroup $\mathcal{H}_\Gamma$ of all transformations of G that are locally restriction of a left translation by an element of Γ. In other words, the elements of $\mathcal{H}_\Gamma$ are the

$$U \to \gamma U : x \mapsto \gamma x$$

where $U \subset G$ is a nonempty open subset and $\gamma \in \Gamma$.

To the developing map naturaly corresponds an atlas: $(f_i = D \circ s_i)$, where (s_i) is the family of all local sections of the covering, such that f_i has connected fibres. Let $\mathcal{H}_\mathcal{F}$ be the associated pseudogroup. Then:

Proposition 2.1. *The set Φ of all inclusions* $\operatorname{Im} f_i \hookrightarrow G$ *establishes an equivalence between $\mathcal{H}_\mathcal{F}$ (the pseudogroup associated to the foliation) and $\mathcal{H}_\Gamma$ (the pseudogroup associated to Γ).*

Proof. The only nontrivial point is that

$$\Phi^{-1}\mathcal{H}_\Gamma\Phi \subset \mathcal{H}_\mathcal{F} .$$

First notice that

$$\mathcal{H}_\Gamma\Phi = \Phi .$$

So we have to prove that for every two local sections s, s', if

$$h = (D \circ s)^{-1} \circ (D \circ s')$$

is defined at some point x, then its germ at x belongs to $\mathcal{H}_\mathcal{F}$. The fibre F of D that passes through $s'(x)$ being connected, there exists a sequence of local sections $(s_i)_{0 \le i \le n}$ such that $s_0 = s$, $s_1 = s'$, and

$$\operatorname{Im} s_i \cap \operatorname{Im} s_{i+1} \cap F \neq \emptyset$$

for each i. Obviously, in a neighborhood of x one has

$$h = h_{n-1,n} \circ \ldots \circ h_{1,2}$$

where

$$f_{i+1} = h_{i,i+1} \circ f_i .$$

We shall now give a characterization for the compact generation of $\mathcal{H}_\Gamma$, purely in terms of Γ. It is partly due to Y. Carrière [Car]. A much more explicit one will be discussed in Section 4 for solvable G's.

Define Γ to be uniform in G if there exists a compact $A \subset G$ such that $\Gamma A = G$, or, equivalently, if there exists a compact $B \subset G$ such that $B\Gamma = G$, or, equivalently, if the closure of Γ is cocompact in G. For example, every dense subgroup is uniform.

The trace (resp. cotrace) of a word

$$w = \alpha_1 ... \alpha_n$$

whose letters α_i belong to Γ, is the set of the $n+1$ successive products (1 denotes the unit element in G):

$$\begin{aligned} \operatorname{Tr} w &= \{\ 1,\ \alpha_1,\ \alpha_1\alpha_2,\ \ldots,\ \alpha_1\alpha_2 \ldots \alpha_n\} \\ \operatorname{Tr}^* w &= \{\ 1,\ \alpha_n,\ \alpha_{n-1}\alpha_n,\ \ldots,\ \alpha_1\alpha_2 \ldots \alpha_n\}\ . \end{aligned}$$

Proposition and Definition 2.2. *Let $\Gamma \subset G$ be a subgroup. The following properties are equivalent:*

1) *The pseudogroup $\mathcal{H}_\Gamma$ is compactly generated;*
2) *There exist a finite generating subset $\{\gamma_i\} \subset \Gamma$, a relatively compact open subset $U \subset G$ such that $U\Gamma = G$, and a compact $C \subset G$, such that every $\gamma \in \Gamma \cap U$, can be written as a word in the $\gamma_i^{\pm 1}$'s, whose trace is contained in C;*
3) *Γ is finitely generated and uniform in G; moreover for every finite generating subset $\{\alpha_k\} \subset \Gamma$ and every compact subset $K \subset G$, there exists a compact $K' \subset G$ such that every $\gamma \in \Gamma \cap K$ can be written as a word in the $\gamma_i^{\pm 1}$'s, whose trace is contained in K';*

2)* *The same as 2), but changing $U\Gamma$ to ΓU and 'trace' to 'cotrace';*

3)* *The same as 3), but changing 'trace' to 'cotrace'.*

We shall then say that Γ is compactly generated.

Note that in 2), in particular C has to contain $\Gamma \cap U$ and the unit element 1. Property 2) can be regarded as follows: for 3) to be true, it is enough that it be true for a single system of generators, and a single K, provided this K is large enough, namely its interior U has to verify $U\Gamma = G$.

Proof. The transformation $\gamma \mapsto \gamma^{-1}$ changes property 2 (resp. 3) to 2* (resp. 3*), thus they are equivalent. Which form is natural depends on the situations. As we shall see now, property 1 is naturally equivalent to 2* and 3*. But in the rest of this paper we shall use property 3.

To prove that 1 implies 2*: recall that $\mathcal{H} = \mathcal{H}_\Gamma$ is the pseudogroup of all transformations of G that are locally a restriction of a left translation by an element of Γ. Let U, $\{h_i\}$ be as in Definition 1.2. We can assume that $1 \in U$ (exercise 5). The fact that U meets every orbit of $\mathcal{H}_\Gamma$ exactly means that $\Gamma U = G$.

Every h_i is of the form $x \mapsto \gamma_i x$. Let us show that these γ_i generate Γ. Consider the graph whose 0-skeleton is Γ and whose edges are pairs (α, β) such that

$$\alpha U \cap \beta U \neq \emptyset \,.$$

It is connected because the γU's cover G.

For each edge (α, β), the set $\alpha^{-1}\beta U$ meets U, thus $\mathcal{H}|_U$ contains some transformation of the form $x \mapsto \alpha^{-1}\beta x$, thus $\alpha^{-1}\beta$ lies in the subgroup of Γ generated by the γ_i's. It follows that they generate Γ.

Let γ be any element of $\Gamma \cap U$. In other words in $\mathcal{H}_\Gamma|_U$ lies some element h of the form $x \mapsto \gamma x$, and $1 \in \operatorname{Dom} h$. We can assume that $\operatorname{Dom} h$ is connected. Then h has at point 1 the same germ as some product of the $h_i^{\pm 1}$'s. This means exactly that γ is a word in the $\gamma_i^{\pm 1}$'s, whose cotrace is contained in U. Thus we can choose C as the closure of U.

To prove that 2 implies 3, fix some compact K and let us prove first that 3 is verified for this K and for some system of generators. Since $U\Gamma = G$, the compact set K is covered by finitely many translates $U\gamma'_j$. Any $\gamma \in \Gamma \cap K$ can be written $\gamma'\gamma'_j$, where $\gamma' \in U$, and γ' is a word in the γ_i's, whose trace is contained in C. Thus γ is a word in the γ_i's and γ'_j's, whose trace is contained in the union C' of C with its translates $C\gamma'_j$.

Let us now pass to the generating system $\{\alpha_k\}$. Each γ_i (resp. $\gamma_i{}^{-1}$, γ'_j, $\gamma_j'^{-1}$) is a word w_i (resp. $\hat{w}_i$, w'_j, $\hat{w}'_j$) in the $\alpha_k{}^{\pm 1}$'s. By substitution, γ is a word w'' in the $\alpha_k{}^{\pm 1}$'s. The trace of w'' is contained in $K' = C'F$, where F is the union of the traces of the w_i's, $\hat{w}_i$'s, w'_j's and $\hat{w}'_j$'s.

That 3 implies 2, is obvious.

To show that 2* implies 1, notice that C is covered by finitely many translates $\gamma'_j U$. We can assume that 1 is one of the γ'_j's. Denote

$$\gamma''_{i,j,k} = \gamma_j'^{-1}\gamma_i\gamma'_k \,.$$

Obviously, from 2, it follows that every element of $\Gamma \cap U$ is a word in the $\gamma''_{i,j,k}{}^{\pm 1}$'s whose cotrace is contained in U. In other words $\mathcal{H}_\Gamma|_U$ is generated by the transformations of type

$$x \mapsto \gamma''_{i,j,k} x$$

restricted to

$$U \cap \gamma_{i,j,k}{}^{-1} U . \qquad \square$$

Conclusion. We can, and will from now on, forget about foliations and pseudogroups, and regard Haefliger's question for Lie foliations as follows:

Let G be a Lie group, and let Γ be an abstract subgroup. It is said to be realizable if there exists a triple (V, ρ, D) where V is a compact connected manifold, ρ an abstract group homomorphism from $\pi_1 V$ onto Γ, and D a ρ-equivariant fibration from the universal covering of V onto G. We know a necessary condition: compact generation, defined as the equivalent properties 2, 3, 2*, 3* of Proposition 2.2. Is it sufficient?

There exists in this frame a direct simple proof that this condition is necessary, under its form 2 ([M2], Appendix B).

Second proof that every realizable subgroup is compactly generated. Assume Γ is realized by (V, ρ, D). It is finitely generated as an image of $\pi_1 V$. To prove uniformity, let $P \subset \tilde{V}$ be a compact fundamental domain. Then, since D is equivariant and onto, $\Gamma D(P) = G$, and thus Γ is uniform.

Let U be any relatively compact open, connected neighborhood of

$$D(P)^{-1} \cup \{1\} .$$

Thus $U\Gamma = G$. The γ_i's in $\pi_1 V$ such that

$$\gamma_i P \cap P \neq \emptyset$$

form a finite generating subset of $\pi_1 V$.

Let $\rho(\gamma)$ be any element in $\Gamma \cap U$. We can have chosen a P that meets $D^{-1}(1)$. Since D is equivariant, γP meets $D^{-1}(\gamma)$. Thus P and γP meet $D^{-1}(U)$. Since the fibres of D are connected, $D^{-1}(U)$ is connected. Let a path contained in $D^{-1}(U)$ join P to γP. The translates of P that this path successively meets form a sequence of the type:

$$P, \gamma_{i_1} P, \gamma_{i_1} \gamma_{i_2} P, \dots, \gamma_{i_1} \gamma_{i_2} \cdots \gamma_{i_n} P .$$

Moreover

$$\gamma_{i_1} \gamma_{i_2} \cdots \gamma_{i_n} = \gamma .$$

For every $0 \leq j \leq n$, the set

$$\gamma_{i_1} \gamma_{i_2} \cdots \gamma_{i_j} P$$

meets $D^{-1}(U)$. In other words

$$\rho(\gamma_{i_1})\rho(\gamma_{i_2})\dots\rho(\gamma_{i_j})D(P)$$

meets U. That is, the trace of the word

$$\rho(\gamma_{i_1})\rho(\gamma_{i_2})\dots\rho(\gamma_{i_n})$$

that represents $\rho(\gamma)$, is contained in $UD(P)^{-1}$. Thus we can define C as the closure of $UD(P)^{-1}$.

Remark. This proof naturally gives property 2, not 2*.

3. Examples of realizable subgroups

Restrict from now on to the solvable case: G will denote any solvable Lie group.

In this paragraph, we review known examples of realizable subgroups — that is, known examples of Lie foliations. We shall skip the suspension methods, which for compact G's realize every finitely generated subgroup, because there are so few compact solvable Lie groups ...

The most immediate examples are *homogeneous* Lie foliations. They are given by triples

$$(V = H/\Gamma_H, \rho = f|_{\Gamma_H}, D = f)$$

where

$$f : H \to G$$

is an onto, continuous homomorphism, and

$$\Gamma_H \subset H$$

is a cocompact lattice (discrete, cocompact subgroup). In other words Γ is the image, by a Lie groups morphism, of a cocompact lattice.

In particular, any cocompact lattice $\Gamma \subset G$, if any, is realized as the holonomy group of a G-Lie foliation, namely: nothing other than the pointwise foliation of G/Γ ...

One can then multiply examples using pullbacks: given two compact connected manifolds V, W, a Lie G-foliation $\mathcal{F}$ on V, and a differentiable map

$$f : W \to V$$

if f is transverse to $\mathcal{F}$ then the inverse image

$$f^*\mathcal{F}$$

is a G-Lie foliation on W. Its holonomy group is contained in $\mathcal{F}$'s.

Things may be clarified by considering the very simple case $G = \mathbf{R}$: every subgroup Γ of finite rank $r \neq 0$ is realizable as the holonomy group of a $\mathbf{R}$-Lie foliation: a linear foliation on the r-dimensional torus. The pullbacks of these foliations are nothing ther than nonsingular closed 1-forms.

As Haefliger noticed [Ha1], the case of a general nilpotent group G is almost as simple: let $\Gamma \subset G$ be any finitely generated and uniform subgroup. Then (Malcev) Γ, as a finitely generated nilpotent group without torsion, is isomorphic to a (cocompact) lattice in another nilpotent Lie group:

$$\Gamma \cong \Gamma_H \subset H\ .$$

Moreover (Malcev again) the morphism of abstracts groups

$$\Gamma_H \to \Gamma$$

extends to a continuous homomorphism

$$H \to G$$

which is onto since Γ is uniform in G. To be short:

Proposition 3.1 (Haefliger). *In a nilpotent Lie group, every finitely-generated-and-uniform subgroup is realizable. In fact, it is the holonomy group of a* homogeneous *Lie foliation.*

Since this answers positively Haefliger's question when G is nilpotent, we shall from now on consider especially the smallest and simplest of non-nilpotent, solvable Lie groups: the affine group of the real line,

$$GA = \mathbf{R}_+^* \ltimes \mathbf{R} = \{x \mapsto ax + b / a > 0, b \in \mathbf{R}\} = \{\begin{pmatrix} a & b \\ 0 & 1 \end{pmatrix} / a > 0, b \in \mathbf{R}\}$$

following preferences. This group essentially already contains all the difficulty of Haefliger's question for solvable Lie foliations.

We shall adopt the semidirect product notation, denoting a general element in GA as (a, b). But we shall speak of 'homotheties', 'translations' ... and call a the *ratio* of (a, b).

Any subgroup $\Gamma \subset GA$ is uniform exactly when it is not commutative, that is when it is not contained in any of the 1-parameter subgroups. In other words, Γ is uniform if and only if it contains a homothety and a translation, both different from the identity; or, equivalently, if it contains two homotheties (other than the identity) with different centers.

In fact a uniform Γ must be dense, except if its *ratio group*

$$\mathrm{Rat}(\Gamma) = \{a \ / \ (a,b) \in \Gamma\} \subset \mathbf{R}_+^*$$

has rank 1.

The holonomy groups of *homogeneous* G-Lie foliations are almost the same thing as the polycyclic (see below) uniform subgroups in G:

Proposition 3.2 [M3]. *Let $\Gamma \subset G$ be a subgroup.*

a) *If it is realized as the holonomy group of a homogeneous G-Lie foliation, then Γ is polycyclic;*

b) *If Γ is polycyclic and dense, then it contains, as a finite index subgroup, the holonomy group of some homogeneous G-Lie foliation.*

The density hypothesis in b) is useless for $G = GA$, but necessary for some other solvable Lie groups, in which there are counterexamples [M3]. It is not known if passing to a finite index subgroup is in general necessary or is not.

The proof is essentially an application of classical results (Auslander, Mostow) on lattices of solvable Lie groups and polycyclic groups.

'Polycyclic' means that Γ can be obtained from the trivial group through a finite number of cyclic extensions. But for subgroups of solvable Lie groups, there exists a very explicit criterium:

Proposition 3.3 [M3]. *Let $\Gamma \subset G$ be a finitely generated, uniform subgroup. Let $\{\gamma_i\}$ be a finite generating subset. The following properties are equivalent:*

Γ is polycyclic;

Its derived subgroup Γ' (i.e., the subgroup generated by commutators) is finitely generated;

$\Gamma \cap G'$ is finitely generated;

The roots (eigenvalues of the adjoint) of Γ's elements are algebraic units (nonzero complex numbers which are algebraic integers over $\mathbf{Z}$, as well as their inverses);

The roots of the γ_i's are algebraic units.

In particular, for $G = GA$: assume

$$\Gamma = \langle (a_1, b_1), \ldots, (a_n, b_n) \rangle$$

is uniform. Then it is polycyclic if and only if the a_i's are algebraic units.

It was thought for some time that these could be the only realizable subgroups in solvable Lie groups. On the contrary, there are many more:

Theorem 3.4 [M3]. *Every finitely generated subgroup of G is realizable provided that it* contains *a polycyclic subgroup which is uniform in G.*

For example, in GA,

$$\Gamma = \langle (a_1, b_1), \dots, (a_n, b_n) \rangle$$

is realizable as soon as it is uniform and a_1 is an algebraic unit, other than 1. Indeed, the subgroup generated by (a_1, b_1) and any nonzero translation will be uniform and polycyclic (after 3.3).

The proof of 3.4 in [M3], since it is general, is somewhat too theoretical. We would like here to explain, with hands, the simplest construction we know of a solvable Lie foliation whose holonomy group is not polycyclic. For a rigorous proof, see [M3].

Let us fix a positive algebraic unit $a > 1$, all of whose conjugates are also positive — for example

$$a = \frac{3 + \sqrt{5}}{2}$$

and let us first recall the well-known construction of a homogeneous Lie foliation $\mathcal{F}_a$ whose holonomy group is

$$\Gamma_a = \langle (a, 0), (1, 1) \rangle \ .$$

This foliation is just, when a has degree 2, the "T^3_A".

Choose a matrix

$$A \in \mathrm{SL}(n, \mathbf{Z})$$

with a as an eigenvalue, and with all eigenvalues positive — therefore A belongs to a one-parameter subgroup

$$\{A^t\}_{t \in \mathbf{R}} \subset SL(n, \mathbf{R}) \ .$$

Using this group, form the semidirect product

$$H_A = \mathbf{R} \ltimes_A \mathbf{R}^n$$

namely:

$$(t, v) \cdot (t', v') = (t + t', v + A^t v') \ .$$

This solvable Lie group contains a cocompact lattice:

$$\Gamma_A = \mathbf{Z} \ltimes_A \mathbf{Z}^n \ .$$

Choose an eigencovector for a, i.e. a nonzero linear form

$$\phi : \mathbf{R}^n \to \mathbf{R}$$

such that

$$\phi \circ A = a\phi$$

and get an onto continuous homomorphism

$$f_A : H_A \to GA : (t, v) \mapsto (a^t, \phi v) \ .$$

The image of Γ_A is nothing but Γ_a (or some conjugate). The manifold

$$V_A = H_A / \Gamma_A$$

does carry a homogeneous GA-Lie foliation $\mathcal{F}_A$ with holonomy group Γ_a.

Let us now also fix another real number $a' > 0$. We shall modify the preceding construction to introduce $(a', 0)$ as a third generator in the holonomy group.

Let

$$B = \begin{pmatrix} A & 0 \\ 0 & A \end{pmatrix} \in \mathrm{SL}(2n, \mathbf{Z}) \ .$$

Chose the eigencovector

$$\psi : \mathbf{R}^{2n} \to \mathbf{R} : (v_1, v_2) \mapsto \phi v_1 + a' \phi v_2$$

to form, as before, the foliated manifold $(V_B, \mathcal{F}_B)$.

To get more room, change V_B to

$$V = V_B \times \mathbf{S}^1$$

and $\mathcal{F}_B$ to its pullback $\mathcal{F}$ in V — it is still a GA-Lie foliation with holonomy group Γ_a.

Fix on S^1 two distinct points s_1, s_2. The embeddings

$$H_A \to H_B \times \mathbf{S}^1 : (t, v) \mapsto (t, v, 0, s_1)$$

$$H_A \to H_B \times \mathbf{S}^1 : (t, v) \mapsto (t, 0, v, s_2)$$

pass to the quotient, and we get two disjoint embeddings

$$p_1, p_2 : V_A \to V$$

such that

$$p_1^* \mathcal{F} = p_2^* \mathcal{F} = \mathcal{F}_A \ .$$

The interest of all this lies in the fact that those two embeddings are somewhat conjugated through $(a', 0)$. More precisely, let (m, v) be any element in

$$\Gamma_A = \mathbf{Z} \ltimes_A \mathbf{Z}^n = \pi_1 V_A \ .$$

Apply p_{1*} (resp. p_{2*}) followed by $\mathcal{F}$'s holonomy representation, the image is $(a^m, \phi v)$ (resp. $(a^m, a'\phi v)$). The map

$$GA \to GA : (\alpha, \beta) \to (\alpha, a'\beta)$$

is nothing but conjugating by $(a', 0)$.

Take off from V a small tubular open neighborhood of

$$p_1(V_A) \cup p_2(V_A)$$

and let W be the remaining manifold with boundary. Identify each component ∂W_i of the boundary with the sphere normal bundle of the embedding p_i. Note that these normal bundle are trivial; thus

$$p_2 \circ {p_1}^{-1}$$

induces a diffeomorphism

$$g : \partial W_1 \to \partial W_2 \ .$$

Obviously,

$$\mathcal{F}|_{\partial W_1} = g^* \mathcal{F}|_{\partial W_2} \ .$$

Thus the closed manifold Z_A one gets by identifying every $x \in \partial W_1$ to $g(x)$, carries a GA-Lie foliation $\mathcal{Z}_{A,a'}$.

What about its holonomy representation ρ?

Z_A's fundamental group is an HNN-extension of W's: it has one more generator ζ, subject to these relations; for every

$$\gamma \in \pi_1 \partial W_1$$

one has

$$\zeta \gamma \zeta^{-1} = g_* \gamma \ .$$

Applying ρ, that extends $\mathcal{F}$'s holonomy representation, one finds:

$$\rho(\zeta)(\alpha, \beta)\rho(\zeta)^{-1} = (\alpha, a'\beta)$$

for every

$$(\alpha, \beta) \in \Gamma_a$$

which forces

$$\rho(\zeta) = (a', 0) \ .$$

As a conclusion, $\mathcal{Z}_{A,a'}$'s holonomy group is generated by $(a,0)$, $(0,1)$ and $(a',0)$. This construction is interesting for several reasons.

1. It is an example of *deformation* of foliation. Indeed, fix

$$a = \frac{3+\sqrt{5}}{2} \qquad A = \begin{pmatrix} 2 & 1 \\ 1 & 1 \end{pmatrix}$$

and let a' vary. The manifold Z_A does not depend on a', and carries a one-parameter family of foliations

$$\{\mathcal{Z}_{A,a'} \ / \ 0 < a' < +\infty\}$$

whose holonomy group is

$$\Gamma_{a,a'} = \langle (a,0), (a',0), (0,1) \rangle \ .$$

This deformation is not trivial, i.e. the foliation's topology changes at every moment — indeed, the fundamental group of the leaves, which is the kernel of the holonomy representation, changes at every moment, since the image is a polycyclic group exactly when a' is an algebraic unit.

Let us fix a transcendantal a'. Then:

2. $\Gamma_{a,a'}$ has infinite cohomological dimension (it contains a free abelian group of infinite rank: $\mathbf{Z}[a']$), thus $\mathcal{Z}_{A,a'}$'s Haefliger classifying space is necessarily infinite dimensional.

3. $\mathcal{Z}_{A,a'}$ is not a pullback of a homogeneous GA-Lie foliation.

4. The holonomy group $\Gamma_{a,a'}$ is not finitely presented (apply Bieri-Strebel's criterium [BS1]).

5. Assume moreover that a has degree 2. Then Z_A has dimension 6. On the contrary, on every closed manifold of dimension ≤ 4, every GA-Lie foliation is not only a pullback, but *differentiably conjugated* to a homogeneous one (Matsumoto-Tsuchiya, [MT].)

Question 3.5 [M3]. What about GA-Lie foliations on closed 5-manifolds? Are they all pullbacks of homogeneous ones? Are their holonomy groups polycyclic?

The GA-Lie foliations we have built, and more generally all known solvable Lie foliations, share the following property: there exists a compact submanifold transverse to the foliation, and whose fundamental group is polycyclic. This property is stable under small deformations of the foliation, and probably also stable under cut-and-paste-transverse-to-the-foliation operations. It follows that, in solvable Lie groups, getting realizable subgroups other than the ones in 3.4, if there exists any, would need new methods, for example *nontransverse* cut-and-paste.

4. Compact generation in GA

In [M2] we establish a very explicit characterization of compact generation for subgroups of solvable Lie groups. Although a little technical in the general case, its proof becomes much simpler when restricted to GA. The aim of the present section is to prove directly this characterization for subgroups of GA.

So, let

$$\Gamma = \langle (a_1, b_1), \ldots, (a_n, b_n) \rangle$$

be a finitely generated, uniform subgroup of GA. Recall that

$$\mathrm{Rat}(\Gamma) = \langle a_1, \ldots, a_n \rangle$$

is the multiplicative subgroup in $\mathbf{R}^*_+$ generated by the a_i's.

Theorem 4.1[M2]. Γ *is compactly generated if and only if those two conditions are fullfilled:*

i) *The real number* 1 *is an integral linear combination of elements of* $\mathrm{Rat}(\Gamma)\cap]1, +\infty[$;

ii) *The real number* 1 *is an integral linear combination of elements of* $\mathrm{Rat}(\Gamma)\cap]0,1[$.

In other words: i) there exist $\nu_1, \ldots, \nu_p \in \mathbf{Z}$ and $\alpha_1, \ldots, \alpha_p \in \mathrm{Rat}(\Gamma)\cap]1,+\infty[$ such that

$$\nu_1\alpha_1 + \cdots + \nu_p\alpha_p = 1$$

and ii) there exist $\nu'_1, \ldots, \nu'_q \in \mathbf{Z}$ and $\alpha'_1, \ldots, \alpha'_q \in \mathrm{Rat}(\Gamma)\cap]0,1[$ such that

$$\nu'_1\alpha'_1 + \cdots + \nu'_q\alpha'_q = 1 .$$

To understand better these conditions, consider the following examples ([M2], Appendix A).

1) The a_i's are algebraically independent over $\mathbf{Q}$. Then Γ is not compactly generated, for an element of $\mathrm{Rat}(\Gamma)$ being nothing but a monom $a_1^{i_1} \ldots a_n^{i_n}$, the conditions i), ii) express nontrivial algebraic relations between the a_i's.

So the subgroup generated by n *generic* elements of GA is not compactly generated — thus, not realizable. On the contrary [M1], for $T = \mathbf{R}$, and for every nonzero, finitely generated subgroup $\Gamma \subset GA$, the pseudogroup of transformations of $\mathbf{R}$ generated by Γ is realized by a compact foliated 3-manifold (codimension 1, complete, transversely affine foliation).

The fact that, when the a_i's and b_i's are algebraically independent, Γ is not realizable, was first proved by E. Ghys [G].

2) If $\mathrm{Rat}(\Gamma)$ contains at least one algebraic unit $a \neq 1$, then Γ is compactly generated. This was already a corollary of 3.3, 3.4 and 1.3. To derive it also from 4.1, one can assume $a > 1$. Since it is an algebraic integer, there exist ν_i's such that

$$a^q = \nu_1 a^{q-1} + \ldots + \nu_q$$

which after dividing by a^q, gives *ii*).

In the same way, i) follows from the fact that a^{-1} is also an algebraic integer.

3) Assume $\mathrm{Rat}(\Gamma)$ has rank 1, and let $a > 1$ be its generator. Then Γ is compactly generated if and only if a is an algebraic unit. In fact ii) (resp. i)) exactly means that a (resp. a^{-1}) is an algebraic integer.

Now come compactly generated groups that do not contain any algebraic unit, except 1 of course.

4) Let us show first an obvious example: let $n = 2$, $a_1 = 2$, $a_2 = 3$. Then

$$\mathrm{Rat}(\Gamma) = \{2^i 3^j / i, j \in \mathbf{Z}\}$$

and Γ is compactly generated since $3 - 2 = 1$ and $2^{-1} + 2^{-1} = 1$!

5) More generally, assume the a_i's are rational. In this situation, Γ is compactly generated if and only if $\mathrm{Rat}(\Gamma)$ has rank ≥ 2.

Indeed, the condition is necessary, as shows example 3 above: if Γ were compactly generated but Γ had rank 1, then its generator would be a positive, rational, algebraic unit $a \neq 1$, and this does not exist.

That the condition is sufficient, belongs to the most elementary arithmetics but is not completely obvious: consider $\mathrm{Rat}(\Gamma)$ as a finitely generated abelian group, and the homomorphism

$$\log : \mathrm{Rat}(\Gamma) \to \mathbf{R}$$

and, for each prime number π, the valuation homomorphism

$$v_\pi : \mathrm{Rat}(\Gamma) \to \mathbf{Z}$$

v_π has rank 0 or 1. On the contrary, since log is one-to-one, it has rank ≥ 2. Thus log is not multiple of v_π, thus there exists a ratio $\alpha_\pi \in \mathrm{Rat}(\Gamma)$ such that $\log \alpha_\pi > 0$ and $v_\pi \alpha_\pi \leq 0$.

On the other hand, since $\mathrm{Rat}(\Gamma)$ is finitely generated, all v_π's are null except a finite number.

Thus there exist finitely many ratios $\alpha_1, \ldots, \alpha_p$ such that $\log \alpha_i > 0$ (i.e. $\alpha_i > 1$) and for every prime π, the valuation $v_\pi \alpha_i$ is nonpositive for at least one i. Reduce all α_i's to the smallest common denominator d: $\alpha_i = n_i/d$. Then the n_i's have no common prime divisor. Thus (Bézout) there exist ν_i's such that

$$\nu_1 n_1 + \cdots + \nu_p n_p = d\ .$$

Divide this equation by d, condition i) is established. Condition ii) is proved through analogous arguments.

6) Here is a one-parameter family. For every $a \in]0, 1/2[$, let

$$\Gamma_{a,1-a} = \langle (a, 0), (1 - a, 0), (0, 1) \rangle\ .$$

Thus

$$\mathrm{Rat}(\Gamma_{a,1-a}) = \{a^i (1 - a)^j \ / \ i, j \in \mathbf{Z}\}\ .$$

For each a, the group $\Gamma_{a,1-a}$ is compactly generated since the identity

$$a + (1 - a) = 1$$

establishes condition ii), and the identity

$$a^{-1} - (1-a)a^{-1} = 1$$

establishes condition i). Note that whenever a is transcendental, every element of $\mathrm{Rat}(\Gamma_{a,1-a})$, except of course 1, is also transcendental.

On the other hand, $\mathrm{Rat}(\Gamma_{a,1-a})$ contains an algebraic unit other than 1 only when a or $1-a$ is itself an algebraic unit.

Indeed, assume $u = a^i(1-a)^j$ is an algebraic unit $\neq 1$. Then, changing a to $1-a$ if necessary, we can assume that $|j| \leq |i|$, thus i and $i+j$ have the same sign. Also, changing u to u^{-1} if necessary, we can assume $j \geq 0$. Let

$$Q(X) = X^i(1-X)^j = (-1)^j X^{i+j} + \cdots + X^i \in \mathbf{Z}[X, X^{-1}] .$$

It is a Laurent polynomial with degree $i+j$ and order i, and it is bi-unitary, i.e. the coefficients of higher and lower degrees are ± 1.

Since u is an algebraic unit, it is a root of a bi-unitary polynomial

$$P(X) = b_n X^n + \cdots + b_0 \in \mathbf{Z}[X] .$$

We claim that $R(X) = P(Q(X))$ is bi-unitary. Indeed, a quick inspection of the degrees in the relation

$$R(X) = \sum_{k=0}^{n} b_k Q(X)^k$$

shows that, if i and $i+j$ are nonnegative, then the coefficient of higher (resp. lower) degree in R is $(-1)^{nj} b_n$ (resp. b_0). If on the contrary i and $i+j$ are negative, then the coefficient of higher (resp. lower) degree in R is b_0 (resp. b_n). In both cases, R is bi-unitary with root a, thus a is an algebraic unit.

7) The problem of deciding whether a given subgroup

$$\langle a_1, \ldots, a_n \rangle \subset \mathbf{R}_+^*$$

verifies condition i) (resp. ii) is in general uneasy, but we shall now see that it is easy for generic solutions $a_1, \ldots, a_n$ of any given integral algebraic relation.

This can be approached as follows. Fix some

$$a = (a_1, \ldots, a_n) \in (\mathbf{R}_+^*)^n .$$

For every $e \in \mathbf{Z}^n$, write

$$a^e = a_1^{e_1} \ldots a_n^{e^n} .$$

Say that e is smaller than e' at point a if $a^e < a^{e'}$. One can assume that the $\log a_i$'s are linearly independent over Q, thus we get a total ordering on $\mathbf{Z}^n$, depending on a. For every integral Laurent polynomial

$$P \in \mathbf{Z}[X_1^{\pm 1}, \ldots, X_n^{\pm 1}]$$

write

$$P = \sum_{e \in \mathbf{Z}^n} c_e X^e$$

and let as usual

$$\mathrm{Spt}(P) \subset \mathbf{Z}^n$$

be the finite subset of e's such that $c_e \neq 0$. The coefficient c_e, where e is the largest (resp. smallest) element in $\mathrm{Spt}(P)$, is for short the *dominating* (resp. *dominated*) coefficient of P at a. It is immediate that for every ideal

$$I \subset \mathbf{Z}[X_1^{\pm 1}, \ldots, X_n^{\pm 1}]$$

the set of dominating (resp. dominated) coefficients, at point a, of all polynomials belonging to I, is itself an ideal, the dominating (resp. dominated) ideal of I at a. Note that if we know a finite generating set for I, then Gröbner's method allows us to compute the dominating (resp. dominated ideal). In the simple case where $I = (P)$ is principal, then obviously it is generated by the dominating (resp. dominated) coefficient of P.

On the other hand, let $I(a)$ be the ideal of integral Laurent polynomials which are null on a. It is obvious that the group $\langle a_1, \ldots, a_n \rangle$ verifies condition i) (resp. ii) if and only if $I(a)$'s dominated (resp. dominating) ideal, at point a, equals $\mathbf{Z}$.

Thus the problem of deciding whether Γ is compactly generated can be effectively solved if we know a finite generating system for the integral algebraic relations between the a_i's.

Now let

$$P \in \mathbf{Z}[X_1, \ldots, X_n]$$

be irreducible over $\mathbf{Z}$. Assume

$$V = \{a \in (\mathbf{R}_+^*)^n \ / \ P(a) = 0\}$$

is nonempty and of Hausdorff dimension $n-1$ in a neighborhood of every point. Then

$$V_0 = \{a = (a_1, \ldots, a_n) \in V_+ \ / \ I(a) \cap \mathbf{Z}[X_1, \ldots, X_n] = (P)\}$$

is a generic subset in V_+. The hypersurfaces

$$X^e - X^{e'} = 0$$

with e, $e' \in \mathrm{Spt}(P)$, cut V_+ into finitely many 'faces' (assume for simplicity that P itself is not of this form.) In each face F, the dominating and dominated coefficients of P do not depend on a. It follows from the above discussion that if these coefficients are both ± 1, then for every point a in the interior of F, the group $\langle a_1, \ldots, a_n \rangle$ verifies conditions i) and ii). If they are not both ± 1, then the points with this property will be rare in F.

Proof of 4.1. Neither 'if', nor 'only if' is trivial. In the space GA, we shall use, as an exhaustive family of compact subsets, the rectangles:

$$K_{A,B} = \{(a,b) \in GA \ / \ A^{-1} \leq a \leq A, \ -B \leq b \leq B\} .$$

Proof of 'only if'. Let us first assume property 3) of 2.2, and verify condition i) (resp. ii)) of 4.1.

Conjugating if necessary Γ by an element of GA, it contains some homothety $(A, 0)$, with $A > 1$. On the other hand, let

$$B = \mathrm{Sup}(|b_1|, \ldots, |b_n|) .$$

Since Γ is compactly generated, there exist $A' \geq 1$ and $B' \geq 0$ so large that every element in $\Gamma \cap K_{A,B}$ can be written as a word in the (a_i, b_i)'s whose trace is contained in $K_{A',B'}$.

Let

$$X = \mathrm{Rat}(\Gamma) \cap [A'^{-1}, A']$$

and let $Y \subset \mathbf{R}$ be the additive subgroup generated by the orbit $\Gamma(0)$, that is by the b-coordinates of Γ's elements.

Notice that $\mathrm{Rat}(\Gamma)Y = Y$ Indeed, for every (a,b), $(a',b') \in \Gamma$, one has

$$ab' = b'' - b$$

where

$$(a'', b'') = (a,b)(a',b') .$$

We now claim that every $y \in Y$ is a linear combination of the b_i's with coefficients in X. For, let

$$\mathcal{T} = \{b/(0,b) \in \Gamma\}$$

(the set of amplitudes of translations in Γ.) It is in $\mathbf{R}$ a dense subgroup (because Γ is uniform); $\mathcal{T}$ is contained in $\Gamma(0)$, and

$$\Gamma(0) + \mathcal{T} = \Gamma(0) .$$

It follows easily that Y is generated by $\Gamma(0) \cap [-B, +B]$. So we can assume

$$y \in \Gamma(0) \cap [-B, B] .$$

Thus, in Γ lies some element of the form (a, y). Composing if necessary on the right hand with some power of $(A, 0)$, one can assume that $1 \leq a \leq A$. Therefore

$$(a, y) \in K_{A,B} .$$

So, it can be written as a word

$$(a_{i_1}, b_{i_1}) \dots (a_{i_N}, b_{i_N})$$

such that every element in the trace:

$$(\alpha_j, \beta_j) = (a_{i_1}, b_{i_1}) \dots (a_{i_j}, b_{i_j}) \qquad (0 \leq j \leq N)$$

belongs to $K_{A',B'}$. The group law is

$$\beta_{j+1} = \beta_j + \alpha_j b_{i_j} .$$

Since $\alpha_j \in X$ and since $y = \beta_N$, an induction on j shows that y is a linear combination of the b_i's with coefficients in X. The claim is proved.

Let $a < A'^{-1}$ (resp. $a > A'$) be some fixed element in $\mathrm{Rat}(\Gamma)$; this inequality will not be used before the end of the reasoning. For each generator (a_i, b_i), the product ab_i belongs to Y, and thus can be written in the form

$$ab_i = x_{i,1}b_1 + \ldots + x_{i,n}b_n$$

for some $x_{i,j} \in X$. In other words:

$$\begin{cases} (x_{1,1} - a)b_1 + x_{1,2}b_2 + \cdots + x_{1,n}b_n = 0 \\ x_{2,1}b_1 + (x_{2,2} - a)b_2 + \cdots + x_{2,n}b_n = 0 \\ \cdots \\ x_{n,1}b_1 + x_{n,2}b_2 + \cdots + (x_{n,n} - a)b_n = 0 \end{cases} .$$

Since Γ is uniform, at least one of the the b_i's is nonnull thus the determinant of this system is null:

$$\begin{vmatrix} (x_{1,1}-a) & x_{1,2} & \cdots & x_{1,n} \\ x_{2,1} & (x_{2,2}-a) & \cdots & x_{2,n} \\ & & \cdots & \\ x_{n,1} & x_{n,2} & \cdots & (x_{n,n}-a) \end{vmatrix} = 0$$

this is a relation of the form

$$a^n - c_1 a^{n-1} - c_2 a^{n-2} - \ldots - c_{n-1} a - c_n = 0 \tag{1}$$

where for every $1 \leq k \leq n$, the c_k factor is a polynomial of degree k in the $x_{i,j}$'s, with integral coefficients. Dividing (1) by a^n, one gets

$$1 = c_1 a^{-1} + c_2 a^{-2} + \ldots + c_{n-1} a^{1-n} + c_n a^{-n} .$$

Obviously, for each $1 \leq k \leq n$, the $c_k a^{-k}$ term is an integral linear combination of ratios belonging to the interval

$$a^{-k}[A'^{-1}, A']^k = [(aA')^{-k}, (A'/a)^k] .$$

Since we have chosen $a < A'^{-1}$ (resp. $a > A'$), these n intervals are contained, as needed, in $]1, +\infty[$ (resp. $]0, 1[$). □

Preliminaries to the proof of 'if'. Our first lemmas are quite general and don't use the hypotheses i) and ii) of 4.1: just assume $\Gamma \subset GA$ is a uniform subgroup, and has a finite generating subset

$$\{(a_1, b_1), \ldots, (a_n, b_n)\} .$$

To make notations simpler, choose it balanced, i.e. the inverse of any element of the system also belongs to the system; assume moreover that the first element is a positive translation, i.e. $a_1 = 1$ and $b_1 > 0$.

Each of the expressions W, $W(\xi_1, \ldots, \xi_n)$, $W\big((\xi_i)\big)$ will denote a word in the letters $\xi_1, \ldots, \xi_n$. We shall also denote, when no confusion is possible, as W the element in Γ that this word represents. The following general rules are obvious:

Lemma 4.2. *Let Γ be a group, $\{\xi_i\}$ be a generating system, and $w(\xi_i)$, $w_1(\xi_i)$, $w_2(\xi_i)$, be words representing respectively the elements γ, γ_1, γ_2. One has:*

$$\operatorname{Tr}(w_1 w_2) = \Big(\operatorname{Tr} w_1\Big) \cup \Big(\gamma_1 \operatorname{Tr} w_2\Big) \tag{2}$$

$$\mathrm{Tr}(w^{-1}) = \left(\gamma^{-1}\right) \mathrm{Tr}\, w \tag{3}$$

$$\mathrm{Tr}(w_1 w_2 {w_1}^{-1}) = \left(\{1, \gamma_1\gamma_2{\gamma_1}^{-1}\} \mathrm{Tr}\, w_1\right) \cup \left(\gamma_1 \mathrm{Tr}\, w_2\right) . \tag{4}$$

Moreover for every integer $n > 0$:

$$\mathrm{Tr}(w^n) = \{1, \gamma, \gamma^2, \ldots, \gamma^{n-1}\} \mathrm{Tr}\, w \tag{5}$$

and for $n < 0$:

$$\mathrm{Tr}(w^n) = \{\gamma^{-1}, \gamma^{-2}, \ldots, \gamma^n\} \mathrm{Tr}\, w . \tag{6}$$

Finally, let $\{\eta_j\}$ be another generating system and, for every i, let $w_i(\eta_j)$ be a word representing ξ_i. Then the trace of the word $w' = w\big(w_i(\eta_j)\big)$ you get by changing, in w, every ξ_i to $w_i(\eta_j)$, is related to the trace of w by:

$$\mathrm{Tr}\, w' \subset (\mathrm{Tr}\, w) \bigcup_i \mathrm{Tr}\, w_i . \tag{7}$$

Our second preliminary lemma establishes a property of 'compact generation' for all the subgroups of $\mathbf{R}$, even infinitely generated:

Lemma 4.3. *Let $\Lambda \subset \mathbf{R}$ be some subgroup (maybe not finitely generated) and $L \subset \Lambda$ some bounded generating subset. Then Λ is "compactly generated with respect to L", in this sense: for every compact $K \subset \mathbf{R}$, there exists a compact $K' \subset \mathbf{R}$ such that every element of $\Lambda \cap K$ can be written as a word in the elements of $L \cup -L$, whose trace is contained in K'.*

Proof. Assume, to make notations lighter, that $L = -L$. Denote $M = \operatorname{Sup} L$. Then $K' = K + [-M, +M]$ will do. Indeed, let λ be any element in $\Lambda \cap K$; assume for example $\lambda > 0$. Write it as $\lambda = l_1 + \ldots + l_N$, with $l_i \in L$. The following little algorithm will reorder this sum to make its trace contained in $[0, \lambda + M]$:

Start from 0. First add some positive l_i's, until their sum becomes $\geq \lambda$. Then, add negative ones, until the sum becomes $\leq \lambda$ again. Then, again add positive l_i's, etc. □

Lemma 4.4. *Let Γ be a finitely generated group, Γ' be the derived subgroup (generated by commutators), $H \subset \Gamma$ a subgroup containing Γ'. Then H is finitely generated as a Γ-group (i.e., relatively to the inner action of Γ.)*

Proof. Well-known-and-easy-to-prove: let $\{\gamma_i\} \subset \Gamma$ be a finite generating subset. On one side Γ' is finitely generated as a Γ-group: indeed is is generated as a Γ-group by the finite set of commutators $\gamma_i\gamma_j{\gamma_i}^{-1}{\gamma_j}^{-1}$. On the other hand H/Γ' is finitely generated as a group: indeed it is a subgroup of Γ/Γ', which is abelian and finitely generated. □

Lemma 4.5 (lifting principle). *For every $A \geq 1$, there exist $A' \geq 1$ and $B \geq 0$ such that for every $a \in \mathrm{Rat}(\Gamma) \cap [A^{-1}, A]$, there exists some real b such that (a, b) can be written as a word in the γ_i's, whose trace is contained in $K_{A',B}$.*

Proof. The ratio group

$$\mathrm{Rat}(\Gamma) \subset \mathbf{R}_+^*$$

is nontrivial and finitely generated, thus compactly generated in $\mathbf{R}_+^*$ (Lemma 4.3). Thus there exists A' such that every

$$a \in \mathrm{Rat}(\Gamma) \cap [A^{-1}, A]$$

can be written as a word

$$W_{ab}(a_i) = a_{i_1} a_{i_2} \dots a_{i_{N-1}} a_{i_N}$$

whose trace is contained in $[A'^{-1}, A']$. Let

$$B' = A'(b_1/2 + \mathrm{Sup}(|b_1|, \dots, |b_n|))$$

Essentially, the proof of lemma 4.5 consists in lifting the word W_{ab} to GA and inserting translations: a first candidate for W would be the word W_1 obtained from W_{ab} by changing every a_i to (a_i, b_i). Obviously the trace of W_1 would in general not be contained in $K_{A',B'}$; but we shall see that inserting in W_1 well chosen powers of the generator $(1, b_1)$ gives a word whose trace *is* contained in $K_{A',B'}$. In other words, we have to show that there exist exponents

$$p_2, \dots, p_N \in \mathbf{Z}$$

such that $K_{A',B'}$ contains the trace of the word

$$\begin{aligned} W_N = &(a_{i_1}, b_{i_1})(1, b_1)^{p_2}(a_{i_2}, b_{i_2})(1, b_1)^{p_3} \cdots \\ &\cdots (a_{i_{N-1}}, b_{i_{N-1}})(1, b_1)^{p_N}(a_{i_N}, b_{i_N}) \,. \end{aligned}$$

This word will therefore represent the wanted element (a, b). By induction on N one already hands

$$p_2, \dots, p_{N-1}$$

such that $K_{A',B}$ contains the trace of the word

$$\begin{aligned} W_{N-1} = &(a_{i_1}, b_{i_1})(1, b_1)^{p_2}(a_{i_2}, b_{i_2})(1, b_1)^{p_3} \cdots \\ &\cdots (a_{i_{N-2}}, b_{i_{N-2}})(1, b_1)^{p_{N-1}}(a_{i_{N-1}}, b_{i_{N-1}}) \,. \end{aligned}$$

Let (α, β) be the element this word represents. In particular,

$$|\beta| \leq B\,. \tag{8}$$

After Lemma 4.2 (properties (2), (5), (6)), every element in the trace of W_N either belongs to the trace of W_{N-1} or equals

$$(\alpha, \beta)(1, b_1)^{p_N}(a_{i_N}, b_{i_N}) = (a, \beta + p_N \alpha b_1 + \alpha b_{i_N})$$

or is of the form

$$(\alpha, \beta)(1, b_1)^i = (\alpha, \beta + i\alpha b_1)$$

for some integer i, in the interval $0 \leq i \leq p_N$. Choose for p_N the integer which is closest to

$$-\beta/(\alpha b_1)\,.$$

Since $\alpha \leq A'$, we get

$$|\beta + p_N \alpha b_1| \leq A' b_1/2\,.$$

Because of the definition of B', these two inequalities hold:

$$|\beta + p_N \alpha b_1| \leq B' \tag{9}$$

$$|\beta + p_N \alpha b_1 + \alpha b_{i_N}| \leq B'\,. \tag{10}$$

From (8) and (9), follows that for every $0 \leq i \leq p_N$:

$$|\beta + i\alpha b_1| \leq B'\,. \tag{11}$$

From (10) and (11), follows that $K_{A',B'}$ does contain the trace of W_N. □

Our last preliminary lemma rephrases the hypotheses of the theorem:

Lemma 4.6. *If conditions* i) *and* ii) *of* 4.1 *are fullfilled, then there exists* $A_0 \geq 1$ *such that every ratio is an integral linear combination of ratios belonging to the interval* $[{A_0}^{-1}, A_0]$.

Proof. To make notations simpler, order the α_i's and α_i''s:

$$\alpha_q' \leq \ldots \leq \alpha_1' < 1 < \alpha_1 \leq \ldots \leq \alpha_p\,.$$

We shall prove that every ratio $a \leq 1$ is an integral linear combination of ratios belonging to the interval $[1, \alpha_p]$; in the same way one would show that every ratio ≥ 1 is an integral linear combination of ratios belonging to the interval $[\alpha'_q, 1]$.

Make an induction on N equals minus the integral part of $\log_{\alpha_1} a$. Thus

$$a \in [\alpha_1^{-N}, \alpha_1^{-N+1}[\; .$$

If $N = 0$, then $a = 1$. If $N \geq 1$, multiply equality i) of Theorem 4.1 by a:

$$a = \nu_1(a\alpha_1) + \cdots + \nu_p(a\alpha_p) \; .$$

Thus it is enough to show that, for every fixed $1 \leq i \leq p$, the ratio $a\alpha_i$ is itself an integral linear combination of ratios belonging to the interval $[1, \alpha_p]$. Since

$$\alpha_1^{-N} \leq a \leq 1$$

and

$$\alpha_1 \leq \alpha_i \leq \alpha_p$$

we get:

$$\alpha_1^{-N+1} \leq a\alpha_i \leq \alpha_p \; .$$

Thus either

$$\alpha_1^{-N+1} \leq a\alpha_i \leq 1$$

in which case the induction hypothesis applies to $a\alpha_i$, or

$$1 \leq a\alpha_i \leq \alpha_p$$

and we are also done. □

End of the proof of 'if' in Theorem 4.1. Assume conditions i) and ii) of 4.1 are fullfilled, and let us establish property 3) of 2.2. Since $\Gamma \subset GA$ is uniform, there exists a relatively compact open subset $U \subset GA$ such that $U\Gamma = GA$. Fix any $(a, b) \in \Gamma \cap U$. We must find a relatively compact subset $C \subset GA$ independent of the choice of (a, b), such that (a, b) is represented by a word whose trace is contained in C.

Since U is relatively compact, it is contained in some $K_{A,B}$. By Lemma 4.5, there exist A', B' independent of a, and b' depending on a, such that

$$(a, b') = W\big((a_i, b_i)\big) \tag{12}$$

with

$$\operatorname{Tr} W \subset K_{A',B'} . \tag{13}$$

Consider the additive group of translations,

$$\operatorname{Trans}(\Gamma) = \{(1, \beta) \in \Gamma\} .$$

It is endowed with the inner action of Γ:

$$(\alpha, \beta)(1, \beta')(\alpha, \beta)^{-1} = (1, \alpha\beta') . \tag{14}$$

Choose a finite, balanced, Γ-generating (Lemma 4.4) subset

$$\{(1, \beta_1), \ldots, (1, \beta_m)\} \subset \operatorname{Trans}(\Gamma)$$

and, for every $1 \leq j \leq m$, some representation

$$(1, \beta_j) = w_j\big((a_i, b_i)\big) . \tag{15}$$

Let A_0 be as in Lemma 4.6. The set

$$T = \{(1, a\beta_j) \ / \ a \in \operatorname{Rat}(\Gamma) \cap [{A_0}^{-1}, A_0], 1 \leq j \leq m\} \subset \operatorname{Trans}(\Gamma) \tag{16}$$

is a *bounded* generating subset. On the other hand, note that

$$(a, b')^{-1}(a, b) = (1, a^{-1}(b - b'))$$
$$|a^{-1}(b - b')| \leq A(B + B') .$$

Those two relations, in view of Lemma 4.3, imply that there exists B_0 independent of (a, b), such that

$$(a, b')^{-1}(a, b) = w(t_1, \ldots, t_N) \qquad (t_1, \ldots, t_N \in T) \tag{17}$$

with

$$\operatorname{Tr} w \subset K_{1,B_0} . \tag{18}$$

In view of (16), for each $1 \leq k \leq N$, the translation t_k is of the form

$$t_k = (1, a_k \beta_{j_k}) \tag{19}$$

where

$$a_k \in \operatorname{Rat}(\Gamma) \cap [{A_0}^{-1}, A_0] .$$

A second usage of the lifting lemma gives A'' and B'' independent of (a,b), and b''_k depending on (a,b), such that

$$(a_k, b''_k) = W_k\big((a_i, b_i)\big) \tag{20}$$

with

$$\operatorname{Tr} W_k \subset K_{A'',B''} \,. \tag{21}$$

In vew of the general rule (14), relations (15), (19) and (20) give a representation of t_k:

$$t_k = W_k\big((a_i, b_i)\big) w_{j_k}\big((a_i, b_i)\big) W_k{}^{-1}\big((a_i, b_i)\big) = W'_k\big((a_i, b_i)\big) \,. \tag{22}$$

Property (4) of Lemma 4.2, and relation (21) give the following bound to the trace of these words:

$$\operatorname{Tr} W'_k \subset C_1 = (\{1\} \cup T) K_{A'',B''} \cup K_{A'',B''} \Big(\bigcup_{j=1}^{m} \operatorname{Tr} w_j \Big) \,. \tag{23}$$

From (12), (17) and (22) we get a representation of (a,b):

$$(a,b) = W\big((a_i, b_i)\big) w\Big(W'_1\big((a_i, b_i)\big), \ldots, W'_N\big((a_i, b_i)\big)\Big)$$

whose trace, after properties (2) and (7) of Lemma 4.2, and relations (13), (18) and (23) above, is contained in

$$C = K_{A',B'} \cup \Big(K_{A',B'} K_{1,B_0} C_1 \Big) \,.$$

This set is, as needed, relatively compacted in GA, and independent of (a,b). Theorem (4.1) is proved. □

Remark. Conditions (i) and (ii) of Theorem 4.1 can be interpreted in terms of Bieri–Strebel's *geometric invariant*

$$\Sigma^1(\Gamma)$$

([BS1], [BS2],[BNS],[B2].) We shall use this invariant in Section 6. Here, let us only recall that $\Sigma^1(\Gamma)$ is an open polyedral subset in the sphere

$$S(\Gamma) = \operatorname{Hom}(\Gamma; \mathbf{R})/\mathbf{R}^*_+$$

and that the geometry of $\Sigma^1(\Gamma)$ is linked to some classical algebraic properties of Γ itself and of the subgroups H such that $\Gamma' \subset H \subset \Gamma$. Let us recall also one of its definitions:

Choose a finite CW-complex C with a connected normal covering

$$\bar{C} \to C$$

whose Galois group is Γ. For example: let C be the bouquet of n circles, and $\bar{C}$ be the Cayley graph of Γ relatively to a system of n generators.

For each nonnull

$$\chi \in \mathrm{Hom}(\Gamma, \mathbf{R})$$

there exists a continuous map

$$D : \bar{C} \to \mathbf{R}$$

which is χ-equivariant in this sense:

$$D(\gamma x) = \chi(\gamma) + D(x) \ .$$

As a definition,

$$\chi \in \Sigma^1(\Gamma)$$

if there exists $t \leq 0$ such that

$$D^{-1}([0, +\infty[)$$

is contained in a single connected component of

$$D^{-1}([t, +\infty[) \ .$$

The existence of such a t does not depend on the choice of C, $\bar{C}$, D.

Precisely, 4.1 can be rephrased as follows: consider the homomorphism

$$\chi : \Gamma \to \mathbf{R} : (a, b) \mapsto \log a \ .$$

The group Γ is compactly generated if, and only if, both χ and $-\chi$ belong to $\Sigma^1(\Gamma)$.

We end this section with:

Corollary 4.7 [M2]. *Let* $\Gamma \subset GA$ *be a compactly generated subgroup. Consider the inclusion*

$$\mathrm{id} : \Gamma \to GA \, .$$

Then for every homomorphism

$$\sigma : \Gamma \to GA$$

close enough to id, *its image* $\sigma(\Gamma)$ *is compactly generated.*

In the (generic) case where σ is one-to-one, this corollary can be rephrased as: *any small deformation of* Γ *in* GA, *if it does not change the abstract group structure of* Γ, *will preserve the property of compact generation.*

The proof is easy as soon as the following has been noticed: any relation of the form

$$\nu_1 \alpha_1 + \ldots + \nu_p \alpha_p = 1$$

in fact belongs to the abstract group structure of Γ (rather than to the inclusion $\Gamma \hookrightarrow GA$), since it is equivalent to

$$\nu_1 \, \mathrm{Ad}(\gamma_1) + \ldots + \nu_p \, \mathrm{Ad}(\gamma_p) = \mathrm{id}$$

where each γ_i is an element of Γ with ratio α_i, and where

$$\mathrm{Ad} : \Gamma \to \mathrm{Aut}(\Gamma')$$

denotes the adjoint representation.

Compare Corollary 4.7 with the well-known, folkloric *deformation lemma* for Lie foliations (and other local homogeneous transverse structures), see for example [M1]:

Let

$$\rho : \pi_1 V \to G$$

be the holonomy representation of some G*-Lie foliated manifold* $(V, \mathcal{F})$. *Then every homomorphism*

$$\pi_1 V \to G$$

close enough to ρ *is also the holonomy representation of some* G*- Lie foliation on* V, *which is close to* $\mathcal{F}$.

5. Conclusions and questions

Theorems 3.4 and 4.1 have enlarged respectively the class of groups known to be realizable, and the class of groups known not to be. Unfortunately, there remain many groups for which we cannot draw conclusions. We believe that the whole difficulty already lies in this very simple one-parameter family:

$$\Gamma_{a,1-a} = \langle (a,0), (1-a,0), (0,1) \rangle \subset GA$$

for $a \in]0, 1/2[$ (Section 4, example 6). All of them are compactly generated (4.1), and we know that they are realizable (3.4) when

$$\mathrm{Rat}(\Gamma) = \{a^p(1-a)^q / p, q \in \mathbf{Z}\}$$

contains an algebraic unit $\neq 1$, that is: when either a or $1-a$ is an algebraic unit.

Question 5.1. For the other a's in $]0, 1/2[$, is $\Gamma_{a,1-a}$ realizable?

The case of rational a's, and the case of transcendental a's, remain equally unsolved.

Also, a glimpse at Sections 3 and 4 suggests the

Question 5.2. Let $\Gamma \subset GA$ be a uniform finitely generated subgroup. Does the realizability of Γ depend only on the ratios group $\mathrm{Rat}(\Gamma)$?

Also, Haefliger raised the question if there is at least a compact G-Lie foliated manifold for each Lie group G. Our Theorem 3.4 answers positively if G is solvable and contains some uniform polycyclic subgroup. But here is one that does not contain any [M3], as follows immediately from 3.3:

$$G = \mathbf{R} \ltimes \mathbf{R}^2$$

the action being

$$t \cdot (x, y) = (e^t x, e^{kt} y)$$

where k is a fixed real number that is not of the form $\ln x / \ln y$ with x, y positive algebraic units.

The aim of this research was to answer *negatively* Haefliger's question. Now the author would like, in opposition to every tradition, to explain his unfruitful ideas.

As it appeared in more than one of the preceding pages, compact generation is nothing but the expression of the retroconnectedness (i.e. connectedness of the fibres) of the developing map. Of course, this map is much more than retroconnected: even if we forget about differential geometry and think only of homotopy, we have a whole long exact sequence

$$\cdots \to \pi_{n+1}G \to \pi_n F \to \pi_n \bar{V} \to \pi_n G \to \cdots$$

of which compact generation only translates the very first step $n = 0$. Let us make this more precise.

Let $\Gamma \subset G$ be a finitely generated uniform subgroup in a, say solvable, Lie group. Fix C and $\bar{C}$ as in Section 4. Since G is contractible, there exists some continuous equivariant map

$$D : \bar{C} \to G .$$

Let us call D an *order one fibration,* for example, if for every compact subset $K \subset G$, there exists another compact $K' \supset K$ such that $D^{-1}(K)$ is contained in a single connected component of $D^{-1}(K')$. It is easily verified that this does not depend on the choice of C, $\bar{C}$, D. Compact generation is nothing but this.

Haefliger's question in the frame of G-Lie foliations is if this implies that one can in fact choose for C a compact manifold, and for D a fibration.

This question is very delicate because it asks if some homotopy-theoric property implies some differential-topologic one, so let us introduce an intermediate notion that also belongs purely to homotopy theory:

Definitions 5.3. A continuous map

$$f : X \to Y$$

where Y is contractible, is a fibration at order n if, for every $0 \leq i \leq n-1$:

i) There exists some compact $K \subset Y$ such that

$$\pi_i(f^{-1}(K))$$

is mapped onto $\pi_i X$;

ii) For every compact $K \subset Y$, there exists some compact $K' \supset K$ such that the natural map

$$\pi_i(f^{-1}(K)) \to \pi_i(f^{-1}(K'))$$

quotients through $\pi_i X$.

A subgroup $\Gamma \subset G$ is n-compactly presented if C, $\bar{C}$, D can be chosen such that such that D is a fibration at order n.

This property does not depend on the choice of D. For $n = 1$, it coincides with compact generation. But for $n \geq 2$, it does depend on the choice of C and $\bar{C}$.

So if the answer to Haefliger's question were positive, then every compactly generated group would also be 2-compactly presented, and there seems to be no reason... The $\Gamma_{a,1-a}$'s are, when a is transcendental, good candidates to non-2-compact presentation. But the author could never prove that, and has no conjecture any more...

6. Holonomy group and π_1 of the leaves

As we have seen, the holonomy groups of GA-Lie foliations are hard to list.

On the one hand, if we ask the leaves to be contractible, then the holonomy groups almost coincide with uniform polycyclic groups. Indeed, let

$$\Gamma \subset GA$$

be a uniform subgroup. On one side, if it is the holonomy group of a GA-Lie group with contractible leaves, then it is a Poincare-duality group as well as solvable, therefore polycyclic [B1]. On the other side if Γ is polycyclic and dense then [M3] it contains, as a finite index subgroup, the holonomy group of a homogeneous Lie foliation with solvable group H, and therefore contractible leaves. If Γ is polycyclic and not dense, then it is an easy exercise to realize it as the holonomy group of a homogeneous Lie foliation with group

$$H = \mathbf{R} \ltimes \mathbf{R}^n$$

as in Section 3 — and therefore contractible leaves.

Now, what if we only ask the leaves to be simply connected? Or to have a 'small' π_1? We shall only give one result, that does not pretend to any exhaustiveness.

Theorem 6.1. *Let Γ be the holonomy group of a GA-Lie foliation $(V, \mathcal{F})$. Assume that the abelianization Γ/Γ' has rank 2. Then:*

Either the fundamental group of each leaf contains a non abelian free subgroup;

Or the elements of Rat(Γ) *are all algebraic numbers, and at least one of them, other than 1, is an algebraic integer.*

Of course, those two properties are not exclusive. The first one can also be expressed as *$\pi_1 V$ contains a non abelian free subgroup.* Indeed, all the leaves have the same π_1, which is nothing else than the kernel of the holonomy representation.

Proof. It lies on a systematic use of the Bieri–Strebel invariant

$$\Sigma^1(\Gamma) \subset S(\Gamma)$$

introduced in Section 4. Here $S(\Gamma)$ is a circle; we shall rather concentrate on the complementary subset

$${}^c\Sigma^1(\Gamma) = S(\Gamma) \setminus \Sigma^1(\Gamma) .$$

Let us denote

$$\chi : \Gamma \to \mathbf{R} : (a, b) \mapsto \log a$$

and

$$\mathrm{T}(\Gamma) = \{b \in \mathbf{R} \ / \ (1, b) \in \Gamma\}$$

— it is the same group as Trans(Γ), but thought as a subgroup of $\mathbf{R}$.

There are *a priori* three possible cases.

First case: ${}^c\Sigma^1(\Gamma)$ is contained in one of the open half circles bounded by χ and $-\chi$.

Then [BS2] Γ can be built from the trivial group through finitely many ascending HNN-extensions. In other words there exists a finite generating subset

$$\Gamma = \langle \gamma_1 = (a_1, b_1), \ldots, \gamma_n = (a_n, b_n) \rangle$$

such that every subgroup

$$\Gamma_i = \langle \gamma_1, \ldots, \gamma_i \rangle$$

contains its conjugate

$$\gamma_{i+1} \Gamma_i {\gamma_{i+1}}^{-1} .$$

Thus,

$$a_{i+1} \mathrm{T}(\Gamma_i) \subset \mathrm{T}(\Gamma_i) .$$

Let i be the greatest index for which Γ_i is abelian. It is easily seen that Γ_i must be a nontrivial translations group. The ratio a_{i+1} is not equal to 1 and is an algebraic integer, since

$$\mathrm{T}(\Gamma_i) \cong \Gamma_i$$

is finitely generated.

Let us prove that each a_j is an algebraic number, by induction on j: assume $a_1, \ldots, a_j$ are. Then

$$\Gamma_j \cap \mathrm{Trans}(\Gamma)$$

is finitely generated as a Γ_j-module, in other words $\mathrm{T}(\Gamma_j)$ is finitely generated as a $\mathbf{Z}[a_1^{\pm 1}, \ldots, a_j^{\pm 1}]$-module. Thus

$$\mathbf{Q} \otimes \mathrm{T}(\Gamma_j)$$

is finitely generated as a $\mathbf{Q}[a_1^{\pm 1}, \ldots, a_j^{\pm 1}]$-module. Thus

$$\mathbf{Q} \otimes \mathrm{T}(\Gamma_j)$$

is finitely generated as a $\mathbf{Q}$-vector space. Thus a_{j+1} is algebraic.

Second case: ${}^c\Sigma^1(\Gamma)$ is made of two antipodic points ψ, $-\psi$. This is impossible, since $N = \operatorname{Ker} \psi$ would be polycyclic [BS2], thus Γ would also be polycyclic; but it would not be finitely presented [BS1], a contradiction.

Third case:

$$\chi \in {}^c\Sigma^1(\Gamma) \; + \; {}^c\Sigma^1(\Gamma)$$

that is: χ can be written as the sum

$$\psi_1 + \psi_2$$

of two elements of ${}^c\Sigma^1(\Gamma)$. The same would then be true of any rational χ' close enough to χ. Here 'rational' means that $\chi'(\Gamma)$ is contained in $\mathbf{Q}$, and therefore has rank 1.

Let

$$\rho : \pi_1 V \to \Gamma$$

be the holonomy representation,

$$p : \tilde{V} \to V$$

the universal covering, and

$$D : \tilde{V} \to GA$$

the developing map. Thus

$$\chi \circ \rho$$

is realized on V by the nonsingular closed 1-form ω such that

$$p^*\omega = D^* \frac{da}{a} \,.$$

Thus [T]

$$\chi' \circ \rho$$

is realized, if χ' has be chosen rational and close enough to χ, by a fibration

$$V \to \mathbf{S}^1 \,.$$

Thus

$$\mathrm{Ker}(\chi' \circ \rho)$$

is finitely presented. Moreover

$$\chi' \circ \rho \in \ {}^c\Sigma^1(\pi_1 V) \ + \ {}^c\Sigma^1(\pi_1 V) \,.$$

Thus [BNS] its kernel contains a non abelian free subgroup. □

Applications. (1) Let $a \neq 1$ be a positive algebraic unit, a' a positive transcendental number. We have seen in Section 3 that

$$\Gamma_{a,a'} = \langle (a,0), (a',0), (0,1) \rangle$$

is realizable. It cannot be realized by a foliation with one-to-one holonomy representation, since it is not finitely presented. Theorem 6.1 says more: the fundamental group of any foliated manifold that realizes $\Gamma_{a,a'}$, contains a non abelian free subgroup.

(2) Let

$$a \in \mathbf{Q} \cap]0, 1/2[$$

be such that neither a, nor $1-a$ is the inverse of an integer. We do not know whether

$$\Gamma_{a,1-a} = \langle (a,0), (1-a,0), (0,1) \rangle$$

is realizable. It is finitely presented (apply [BS1]). But it is easily seen that

$$\mathrm{Rap}(\Gamma_{a,1-a})$$

does not contain any algebraic integer, except 1. After theorem 6.1, the fundamental group of any foliated manifold that would realize $\Gamma_{a,a'}$, contains a non abelian free subgroup.

In fact, in every presently known example, either $\pi_1 V$ contains a non abelian free subgroup, or Γ is polycyclic, i. e. $\mathrm{Rat}(\Gamma)$ is made of algebraic units (3.3).

References

[B1] R. Bieri, Gruppen mit Poincaré-Dualität, *Comment. Math. Helv.* **47** (1972), 373–396.

[B2] R. Bieri, The geometric invariants of a group — a survey with emphasis on the homotopical approach, Proc. Conf. on Geometric Methods in Group Theory, Sussex, 1991.

[BS1] R. Bieri, R. Strebel: Valuations and Finitely Presented Metabelian Groups, *Proc. London Math. Soc.* **41** (3) (1980), 439–464.

[BS2] R. Bieri, R. Strebel: A geometric invariant for nilpotent-by-abelian-by-finite groups, *Journal of Pure and Appl. Algebra* **25** (1982), 1–20.

[BNS] R. Bieri, W. D. Neumann, R. Strebel, A geometric invariant of discrete groups, *Invent. Math.* **90** (1987), 451–477.

[Car] Y. Carrière, Sur la croissance des feuilletages de Lie, *Pub. IRMA, Lille* **VI** (3) (1984).

[Cav] V. Cavalier, pseudogroupes complexes quasi parallélisables de dimension 1, *Ann. Inst. Fourier, Grenoble* **44** (5) (1994), 1–27.

[E1] C. Ehresmann, Sur les espaces localement homogènes, *L'enseignement Mathématique* **5-6** (1936), 317–333.

[E2] C. Ehresmann, Structures locales, *Annali di Mat.* (1954), 133–142.

[F] E. Fédida, Feuilletages de Lie, feuilletages du plan, thèse, Strasbourg (1973), L.N.M. 352, 183–195.

[G] E. Ghys, Groupes d'holonomie des feuilletages de Lie, *Indag. Math.* **47** (2) (1985).

[Ha1] A. Haefliger, Groupoïde d'holonomie et classifiants, in: *Structures transverses des feuilletages, Toulouse 1982, Astérisque* **116** (1984), 70–97.

[Ha2] A. Haefliger: pseudogroups of Local Isometries. in *Proc. Vth Coll. in Diff. Geom.*, ed. L. A. Cordero, *Research Notes in Math.* **131**, Pitman (1985), 174–197.

[He] R. Hermann: A sufficient condition that a mapping of Riemannian manifolds be a fiber bundle, *Proc. AMS* **11** (1960), 236–242.

[M1] G. Meigniez, Actions de groupes sur la droite et feuilletages de codimension 1, thèse, Univ. Claude Bernard–Lyon I (1988).

[M2] G. Meigniez, Sous-groupes de génération compacte des groupes de Lie résolubles, preprint Math. Univ. Paris 7, 33 (1992).

[M3] G. Meigniez, Feuilletages de Lie résolubles, *Annales de la faculté des sciences de Toulouse* **IV** (4) (1995), 1–17.

[MT] S. Matsumoto, N. Tsuchiya: Lie Affine Foliations on 4-Manifolds, preprint.

[R] B. L. Reinhart, Foliated manifolds with bundle-like metrics, *Ann. of Math.* **69** (1) (1959), 119–132.

[T] D. Tischler, On fibering certain foliated manifolds over $\mathbf{S}^1$, *Topology* **9** (1970), 153–154.

[VW] O. Veblen, J.H.C. Whitehead, A set of axioms for Differential Geometry, *Proc. Nat. Acad. Sci.* **17** (1931), 551–561.

Mathématiques
Institut Girard Desargues
Université Claude Bernard-Lyon 1
43, boulevard du 11 novembre 1918
69622 Villeurbanne Cedex, France
meigniez@jonas.univ-lyon1.fr

Received: October, 1995.

On the Weak Homotopy Type of Étale Groupoids

Ieke Moerdijk

To P. Molino, on the occasion of his 60th birthday

Etale groupoids play a central role in the theory of foliations. Well-known examples include the Haefliger groupoid Γ^q which classifies C^∞-foliations of codimension q [H71] and the holonomy groupoid of any foliation [W83]. In particular, invariants of leaf spaces of foliations are usually defined in terms of the classifying space or the C^*-algebra associated to this holonomy groupoid (see [C, H84, Mo, BN] and many others).

The purpose of this note is to prove that the classifying space of any étale groupoid G is weakly equivalent to that of a small (discrete) category, the arrows of which are continuous maps whose germs belong to G. (A precise formulation is given in Theorem 1.2 below.) This result can be viewed as a generalization of Segal's theorem [S78] on the weak homotopy equivalence between $B\Gamma^q$ and the classifying space of the monoid of smooth embeddings of $\mathbb{R}^q$ into itself (but the proof to be presented below is different from the one in [S78]).

1. Etale groupoids, and statement of the theorem

We begin by reviewing some standard definitions and fixing the notation. Recall that a groupoid is a small category in which every arrow has an inverse. A topological groupoid is a groupoid equipped with a topology that makes all the operations continuous. For a topological groupoid G, we use the notation G_0 for the space of objects of G, G_1 for the space of arrows, $s, t : G_1 \rightrightarrows G_0$ for the source and target maps, $m : G_1 \times_{G_0} G_1 \to G_1$, $m(f, g) = f \cdot g$ for the composition in G, $u : G_0 \to G_1$ for the units ($u(x) = 1_x$ is the identity arrow at x) and $i : G_1 \to G_1$ for the inverse ($i(x) = x^{-1}$). A point $g \in G_1$ with $s(g) = x$ and $t(g) = y$ is called an arrow from x to y in G, and denoted $g : x \to y$. The topological groupoid G is called *étale* if the source map $s : G_1 \to G_0$ is a local homeomorphism. (This implies that all other structure maps are local homeomorphisms also.)

If $g : x \to y$ is an arrow in an étale groupoid G, then one can choose a local section $\sigma_g : U_x \to G_1$ of the source map $s : G_1 \to G_0$ with $\sigma_g(x) = g$, to obtain a diffeomorphism $t \circ \sigma_g : U_x \to V_y$ into an open neighbourhood $V_y \subseteq G_0$. We denote by $\tilde{g}$ the germ of this diffeomorphism at x. The groupoid G is said to be *effective* if $\tilde{g} = \tilde{g}'$ implies $g = g'$ for any two parallel arrows $g, g' : x \to y$ in G. The notion of an effective étale groupoid is essentially equivalent to that of an S-atlas [vE].

For any topological groupoid G, one can construct its *classifying space* BG as the geometric realization of the simplicial space Nerve(G). This space BG represents the homotopy type of G.

Throughout this paper, we will work with the assumption that the space G_0 of objects has a basis of contractible open sets. This holds when G_0 is a manifold or a CW-complex, as is the case in all relevant examples.

1.1 Examples of étale groupoids. (a) Any topological space X gives rise to a trivial étale groupoid $\mathbb{X}$, with X as space of objects, and identity arrows only. The nerve of $\mathbb{X}$ is the constant simplicial space X, and $B\mathbb{X} = X$.

(b) If π is a group acting on a space X, one can form the *translation groupoid* (X, π). The objects of this groupoid are the points of X, and the arrows $x \to y$ are the elements $p \in \pi$ such that $p \cdot x = y$. The classifying space $B(X, \pi)$ is the familiar *Borel construction*, often denoted $E\pi \times_\pi X$ or X_π.

(c) [W83,H84] Let $(M, \mathcal{F})$ be a foliation of codimension q. The *holonomy groupoid* Hol$(M, \mathcal{F})$ has as space of objects the disjoint union $U = \bigcup U_i$ of a family of transversally embedded q-dimensional disks, big enough so that each leaf is met. An arrow $x \to y$ in the holomony groupoid is an equivalence class of paths $\alpha : [0,1] \to M$ from x to y which stay in one single leaf; two such paths α and α' are equivalent, i.e. represent the same arrow, if the holonomy of the loop $\alpha^{-1} \cdot \alpha'$ at x is trivial. The classifying space $BHol(M, \mathcal{F})$ serves as a model for the *leaf space* of $(M, \mathcal{F})$; its (weak) homotopy type does not depend on the choice of U.

(d) [H71, S78, B] The *Haefliger groupoid* Γ^q has $\mathbb{R}^q$ as space of objects; arrows $x \to y$ are germs at x of diffeomorphisms from an open neighbourhood of x to an open neighbourhood of y. The topology on the space of arrows is the sheaf topology, making Γ^q into an étale groupoid.

(e) *Orbifolds* can be modelled by étale groupoids [H84]; in [MP] it is proved that they correspond exactly to étale groupoids G with the property that $(s, t) : G_1 \to G_0 \times G_0$ is a proper map.

(f) Effective étale groupoids are well-known to be basically equivalent to pseudogroups (e.g. [Mo, p. 2, 266]). If Γ is a pseudogroup of transformations of a manifold M, then the germs of elements of Γ form an effective étale groupoid with M as space of objects. Conversely, from an étale groupoid G, one can construct a pseudogroup of transformations of the space G_0, in a way similar to the construction of the category Emb(G), below.

We now associate to each étale groupoid G a small (discrete) category $\mathrm{Emb}(G)$ of "G-embeddings". This construction depends on the choice of a basis of contractible open sets for the space G_0. We assume that such a choice has been made, and suppress it from the notation. The objects of the category $\mathrm{Emb}(G)$ are the basic open sets $U \subseteq G_0$. An arrow $U \xrightarrow{\sigma} V$ in $\mathrm{Emb}(G)$ is a section $\sigma : U \to G_1$ of the source map $s : G_1 \to G_0$ such that $t \circ \sigma$ is an embedding of U into V. These arrows can be composed in the obvious way, by using the composition of the given groupoid G. Explicitly, if $U \xrightarrow{\sigma} V$ and $V \xrightarrow{\tau} W$ are arrows, then $\tau \circ \sigma : U \to W$ is the section $U \to G_1$ defined by $(\tau \circ \sigma)(x) = \tau(t\sigma x) \cdot \sigma(x)$ (where the dot on the right is the composition in G). Note that each arrow $\sigma : U \to V$ in $\mathrm{Emb}(G)$ induces an actual imbedding $\tilde{\sigma} = t \circ \sigma : U \hookrightarrow V$; but two different arrows may induce the same such embedding.

1.2 Theorem. *For any étale groupoid G, the classifying space BG has the same weak homotopy type as the classifying space of the category* $\mathrm{Emb}(G)$.

1.3 Examples. (a) Let X be a topological space with a given basis of contractible open sets, and $\mathbb{X}$ the associated trivial groupoid as in 1.1 (a). In this case, $\mathrm{Emb}(\mathbb{X})$ is the category (poset) of basic open sets in X and inclusions. For this special case, Theorem 1.2 states that X has the same weak homotopy type as the classifying space $B\mathrm{Emb}(\mathbb{X})$; this is the geometric realization of the simplicial set with as typical n-cell a string of inclusions $U_0 \supseteq U_1 \supseteq \cdots \supseteq U_n$ between basic open sets.

(b) Consider the translation groupoid (X, π) associated to a group action as in 1.1(b). For this groupoid, the theorem states that the Borel construction $E\pi \times_\pi X$ has the same weak homotopy type as $B\mathrm{Emb}(X, \pi)$; the latter is the realization of the simplicial set with as typical n-cell a string

$$U_0 \xleftarrow{p_0} U_1 \longleftarrow \cdots \xleftarrow{p_n} U_n\,,$$

where $U_i \subseteq X$ are basic open sets, $p_i \in \pi$, and $p_i \cdot U_i \subseteq U_{i-1}$.

(c) Let $G \subseteq \Gamma^q$ be any étale groupoid which contains all germs of affine transformations. Let $\mathcal{B}$ be the basis for the open sets of $\mathbb{R}^q$ consisting of all disks $B(x, \varepsilon) = \{y \in \mathbb{R}^q | d(x, y) < \varepsilon\}$. Fix a disk $B = B(O, 1)$ around the origin. In the category $\mathrm{Emb}(G)$, any disk $B(x, \varepsilon)$ is isomorphic to B. Thus $\mathrm{Emb}(G)$ is categorically equivalent [CWM, p. 91] to the full subcategory with B as its unique object. This is the monoid of all arrows $B \to B$ in $\mathrm{Emb}(G)$, which we denote by $\mathrm{Emb}_B(G)$. Then the theorem specializes to the following:

1.4 Corollary. *For any étale groupoid $G \subseteq \Gamma^q$ as above, BG has the same weak homotopy type as the classifying space of the discrete monoid* $\mathrm{Emb}_B(G)$.

For $G = \Gamma^q$, one recovers as a special case Segal's theorem [S78] which states that $B\Gamma^q$ is weakly homotopy equivalent to BM, where M is the monoid of all smooth embeddings of $\mathbb{R}^q$ into itself.

2. Sheaf cohomology

In this section, we describe a sheaf cohomology for étale groupoids. This cohomology has been introduced in [H76] and discussed further in [H92]; it can also be viewed as the cohomology of a topos [SGA4, vol.2], viz. that of the topos $\mathcal{B}G$ of G-equivariant sheaves of sets which is discussed in some detail in [M91]. The definitions apply equally well to an arbitrary topological category (see [S68] for this notion). For topological categories, we will use the same notation $G = (G_0, G_1, s, t, m, u)$ as for topological groupoids above, except that there is no operation i for inverse, of course. Such a topological category G will be called *étale* (or more precisely, *s-étale*) if its source map, $s : G_1 \to G_0$, is a local homeomorphism. Thus, any étale groupoid provides an example of an étale topological category. Another source of examples comes from diagrams of spaces:

2.1 Example. A *diagram of spaces* indexed by a small (discrete) category I is a covariant functor Y from I into the category of topological spaces. From such a diagram, one can construct a topological category, often denoted $\int_I Y$, whose objects are pairs (i, y) where i is an object of I and $y \in Y(i)$. An arrow $\alpha : (i, y) \to (j, z)$ in this category is an arrow $\alpha : i \to j$ in I with the property that $Y(\alpha)(y) = z$. The topology on this category $\int_I Y$ is that of the disjoint sum: the space of objects is topologized as $\sum_{i \in I} Y(i)$, and the space of arrows can be identified with the sum $\sum_{\alpha : i \to j} Y(i)$, where α ranges over all arrows in I. Observe that $\int_I Y$ is s-étale. Also note that there is an obvious continuous projection functor $\pi : \int_I Y \to I$ into the discrete category I.

From now on, G denotes a fixed étale groupoid, or an étale topological category.

A *G-sheaf* is a sheaf A of abelian groups on the space G_0 of objects, equipped with an action by G, which we write from the right. Thus, each arrow $g : x \to y$ in G induces a group homomorphism $A_y \to A_x$, $a \mapsto a \cdot g$, between the stalks. This action is required to be continuous, as a map $A \times_{G_0} G_1 \to A$.

With the obvious notion of action preserving homomorphism, these G-sheaves form a abelian category with enough injectives.

For a G-sheaf A, a global section $\sigma : G_0 \to A$ is said to be G-invariant if $\sigma(y) \cdot g = \sigma(x)$ for any arrow $g : x \to y$ in G. The group of all such global sections is denoted

$$\Gamma_{inv}(G, A).$$

The cohomology of G with coefficients in A is defined as the right derived functor of $\Gamma_{inv}(G, -)$. Thus, for any resolution $0 \to A \to I^0 \to I^1 \to \cdots$ of A by injective G-sheaves, one has by definition

$$H^n(G, A) = H^n(\Gamma_{inv}(G, I^{\cdot})).$$

2.2 Examples. Referring to the examples in 1.2, one recovers in (a) the ordinary sheaf cohomology of a space X, and in (b) the equivariant sheaf cohomology. When G_0 is a point, so that G is just a (discrete) group, one recovers the usual Eilenberg-Mac Lane group cohomology. When G is a small discrete category, one recovers the usual cohomology of small categories. Note that in all these special cases, Theorem 2.3 below is well-known.

Now let L be a locally constant abelian sheaf on the classifying space BG (i.e., a twisted system of coefficients on BG). By pulling back along the obvious map $G_0 \hookrightarrow BG$, one obtains a sheaf $\hat{L}$ on G_0. The arrows of G are realized as arcs in BG, and by path-lifting in L one obtains a well-defined continuous G-action on $\hat{L}$. Thus $\hat{L}$ has the structure of a G-sheaf. We will use the following result:

2.3 Theorem. [M95] *For any étale topological category G and any twisted system of coefficients L on BG, there is a natural isomorphism*

$$H^n(BG, L) \cong H^n(G, \hat{L}) \quad (n \geq 0).$$

3. Proof of Theorem 1.2

In this section, G denotes a fixed étale groupoid, as in the statement of the theorem. For such a G, we have constructed the associated discrete category $\mathrm{Emb}(G)$ of G-embeddings. To compare the classifying spaces BG and $B\mathrm{Emb}(G)$, we will introduce an auxiliary topological category $\mathcal{E}(G)$.

There is an obvious "inclusion" functor Y from $\mathrm{Emb}(G)$ into the category of topological spaces, and $\mathcal{E}(G)$ is defined as the associated s-étale topological category $\int_{\mathrm{Emb}(G)} Y$, described in 2.1. Thus, an object of $\mathcal{E}(G)$ is a pair (U, x) where U is an object of $\mathrm{Emb}(G)$ (i.e. a basic open set in G_0) and $x \in U$; an arrow $(U, x) \xrightarrow{\sigma} (V, y)$ is a G-embedding $U \xrightarrow{\sigma} V$ with the property that the associated map $\tilde{\sigma} : U \to V$ sends x to y. There are continuous functors

$$\mathrm{Emb}(G) \xleftarrow{\pi} \mathcal{E}(G) \xrightarrow{\lambda} G;$$

the functor π is the obvious projection functor defined on objects by $\pi(U, x) = U$ (cf. 2.1), while λ is defined on objects by $\lambda(U, x) = x$; furthermore, λ sends an arrow $\sigma : (U, x) \to (V, y)$ in $\mathcal{E}(G)$ to the arrow $\sigma(x) : x \to y$ in G. These two functors π and λ induce mappings between classifying spaces

$$B\text{Emb}(G) \overset{B\pi}{\leftarrow} B\mathcal{E}(G) \overset{B\lambda}{\rightarrow} BG,$$

and we will prove that each of these mappings is a weak homotopy equivalence. For π, this is easy; it is a special case of the following lemma.

3.1 Lemma. *Let Y be a diagram of spaces indexed by a small category I, as in 2.1. If each of the spaces $Y(i)$ in the diagram is contractible, then the projection $\pi : \int_I Y \to I$ induces a weak homotopy equivalence $B\int_I Y \to BI$.*

Proof. The functor π induces a map of simplicial spaces $\text{Nerve}(\int_I Y) \to I$. In degree n, this map can be written as

$$\sum_{i_0 \leftarrow \cdots \leftarrow i_n} Y(i_n) \to \sum_{i_o \leftarrow \cdots \leftarrow i_n} pt,$$

(where pt is the one-point space). Since each space $Y(i_n)$ is assumed contractible, this map in degree n is a (weak) homotopy equivalence. The lemma follows by the well-known fact [see e.g. [BK, S74] that a map between simplicial spaces which is a weak homotopy equivalence in each degree also induces a weak homotopy equivalence between the geometric realizations.

The other half of the theorem is given by the following proposition.

3.2 Proposition. *The functor $\lambda : \mathcal{E}G \to G$ induces a weak homotopy equivalence $B\lambda : B\mathcal{E}(G) \to BG$.*

For the proof of this proposition, we will use the Whitehead theorem, and prove that the map $B\lambda : B\mathcal{E}(G) \to BG$ induces isomorphisms in cohomology with twisted coefficients (Lemma 3.4) as well as an isomorphism of fundamental groups (Lemma 3.5). For the isomorphism in cohomology, we will use the description in terms of sheaves provided by Theorem 2.3. To this end, observe that the continuous functor $\lambda : \mathcal{E}(G) \to G$ induces by pullback an evident functor

$$\lambda^* : (G\text{-}sheaves) \to (\mathcal{E}(G)\text{-}\ sheaves). \tag{1}$$

This functor is exact, and has a right adjoint λ_* (this means that there is a natural isomorphism $\text{Hom}_G(A, \lambda_* B) \cong \text{Hom}_{\mathcal{E}(G)}(\lambda^* A, B)$). These functors λ^* and λ_* exist for any continuous functor λ between topological categories. The following lemma, however, is special to the functor λ under consideration.

3.3 Lemma. *There exists a functor $\lambda_! : (\mathcal{E}(G)\text{-}sheaves) \to (G\text{-}sheaves)$ which is left exact, and left adjoint to the functor λ^* in (1); i.e., there is a natural isomorphism*

$$\text{Hom}_G(\lambda_!(B), A) \cong \text{Hom}_{\mathcal{E}(G)}(B, \lambda^* A), \tag{2}$$

for any G-sheaf A and any $\mathcal{E}(G)$-sheaf B.

Proof. An $\mathcal{E}(G)$-sheaf B can be described as follows: For each object U of $\text{Emb}(G)$ (i.e., each basic open set $U \subseteq G_0$) one has a sheaf B_U on the space U. Furthermore, for each arrow $\sigma : U \to V$ in $\text{Emb}(G)$, with associated map $\tilde{\sigma} : U \to V$, one has a map

$$B(\sigma) : \tilde{\sigma}^*(B_V) \to B_U \tag{3}$$

of sheaves on U. These maps should satisfy the usual functoriality conditions. Thus, for a composition $U \xrightarrow{\sigma} V \xrightarrow{\tau} W$, the diagram

$$\begin{array}{ccc} \tilde{\sigma}^*\tilde{\tau}^*(B_W) & \xrightarrow{\sim} & (\tilde{\tau}\sigma)^*(B_W) \\ {\scriptstyle \tilde{\sigma}^*B(\tau)}\downarrow & & \downarrow{\scriptstyle B(\tau\sigma)} \\ \tilde{\sigma}^*(B_V) & \longrightarrow & B_U \end{array}$$

is required to commute. From such a B we will construct a G-sheaf $\lambda_!(B)$.

To begin with, we define a presheaf $p(B)$ on the space G_0 of objects of G. For a basic open set $U \subseteq G_0$, define

$$p(B)(U) = \Gamma(U, B_U).$$

For an inclusion $U \subseteq V$, the unit section $u : U \to G_1$ (where $u(x) = 1_x$ is the identity at x in G) defines an arrow $u : U \to V$ in $\text{Emb}(G)$, for which the associated actual map $\tilde{u} : U \to V$ is simply the inclusion. The structure map (of the form (3)) $B(u) : B_V|U \to B_U$ thus gives rise to a homomorphism

$$\Gamma(B, B_V) \xrightarrow{\text{res}} \Gamma(U, B_V|U) \xrightarrow{\Gamma(U,B(u))} \Gamma(U, B_U), \tag{4}$$

and this is by definition the restriction map $p(B)(V) \to p(B)(U)$ for the presheaf $p(B)$.

Let $\lambda_!(B)$ be the associated sheaf of $p(B)$. Thus $\lambda_!(B)$ is the sheaf on G_0 with as stalk at a point x the direct limit

$$\lambda_!(B)_x = \varinjlim_{x \in U} \Gamma(U, B_U), \tag{5}$$

where U runs over all basic open neighbourhoods of x. This sheaf $\lambda_!(B)$ has the structure of a G-sheaf, with the action by arrows of G described as follows. For an arrow $g : x \to y$ in G, we need to define a homomorphism "action by g",

$$(-) \cdot g : \lambda_!(B)_y \to \lambda_!(B)_x. \tag{6}$$

To do this, choose a section $\sigma : W \to G_1$ of the source map $s : G_1 \to G_0$, defined on a neighbourhood W of x, with $\sigma(x) = g$. For an element $b \in \lambda_!(B)_y$, choose a basic neighbourhood V of y so small that b is represented by an element $b \in \Gamma(V, B_V)$ (cf. (5)). Next, let $U \subseteq W$ be a basic neighbourhood of x, so small that $t \circ \sigma(U) \subseteq V$. Then σ defines an arrow $U \to V$ in Emb(G), and hence induces a homomorphism $B(\sigma) : \tilde{\sigma}^*(B_V) \to B_U$ of sheaves. We define $b \cdot g \in \lambda_!(B)_x$ to be the element represented by the image of $b \in \Gamma(V, B_V)$ under the composition

$$\Gamma(V, B_V) \xrightarrow{\tilde{\sigma}^*} \Gamma(U, \tilde{\sigma}^*(B_V)) \xrightarrow{\Gamma(U, B(\sigma))} \Gamma(U, B_U).$$

This defines the required action map (6). It is clear from the explicit construction of $b \cdot g$ that this action-map is continuous in b and g. Thus $\lambda_!(B)$ is a G-sheaf.

From the description (5) of the stalks of $\lambda_!(B)$, it is clear that $\lambda_!$ is a left-exact functor. Thus, to prove the lemma, it remains to verify the adjunction isomorphism (2) in the statement of the lemma. For an $\mathcal{E}(G)$-sheaf B as above, and any G-sheaf A, this isomorphism is given by constructing sheaf maps

$$\lambda_!(B) \xrightarrow{\varphi} A \quad \text{and} \quad B \xrightarrow{\psi} \lambda^*(A)$$

from each-other, as follows. Suppose given a map ψ; such a map consists of a system of maps $\psi_U : B_U \to \lambda^*(A)_U = A|U$ of sheaves on U, one for each basic open $U \subseteq G_0$. Taking sections, one obtains maps $\Gamma(U, B_U) \to \Gamma(U, A)$, which together give a map of presheaves $p(B) \to A$ on G_0, and hence a map $\lambda_!(B) \to A$ for the associated sheaves. It is readily verified that this map respects the given G-action on A and the G-action on $\lambda_!(B)$ just constructed.

Conversely, given a map $\varphi : \lambda_!(B) \to A$, one can construct a map $\psi : B \to \lambda^*(A)$ as follows. For each basic open U we need to define a map $\psi_U : B_U \to A|U$ of sheaves on U. Let $x \in U$ and let $b \in B_{U,x}$ be a point in the stalk over x. To define $\psi_U(b) \in A_x$, choose a section $\xi : N_x \to B$ through b, defined on a neighbourhood $N_x \subseteq U$ of x. From the arrow $u : N_x \to U$ in $\mathcal{E}(G)$ given by the unit section $u : N_x \to G_1$, the $\mathcal{E}(G)$-sheaf structure of B gives a map

$$\Gamma(U, B(u)) : \Gamma(N_x, B_U) \to \Gamma(N_x, B_{N_x})$$

(exactly as in (4)). Define

$$\psi_U(b) = \Gamma(U, B(u))(\xi)(x).$$

This completes the description of the map $\psi : B \to \lambda^*(A)$ from a given map $\varphi : \lambda_!(B) \to A$. We omit the straightforward verification that ψ is a well-defined map of $\mathcal{E}(G)$-sheaves, and that these two constructions, of ψ from φ and conversely, are mutually inverse.

3.4 Lemma. *For any abelian G-sheaf A, the functor λ induces an isomorphism in cohomology*

$$\lambda^* : H^n(G, A) \xrightarrow{\sim} H^n(\mathcal{E}(G), \lambda^*(A)) \quad (n \geq 0).$$

Proof. By 3.3, the functor λ^* in (1) preserves injective resolutions. Thus the lemma follows immediately from the fact that λ^* induces an isomorphism of invariant sections $\Gamma_{inv}(G, A) \xrightarrow{\sim} \Gamma_{inv}(\mathcal{E}(G), \lambda^*(A))$. □

Observe that 3.4 applies to all sheaves, and not just to locally constant ones as required for Proposition 3.2.

As explained above, the following lemma completes the proof of Proposition 3.2, and hence that of Theorem 1.2.

3.5 Lemma. *The functor $\lambda : \mathcal{E}(G) \to G$ induces for each base-point x an isomorphism $\pi_1(B\mathcal{E}(G), x) \to \pi_1(BG, \lambda(x))$.*

Proof. It suffices to prove that the category of covering spaces of BG is equivalent to that of the category of covering spaces of $B\mathcal{E}(G)$. Now, by the construction $L \mapsto \hat{L}$ preceding the statement of Theorem 2.3, applied to sheaves of sets, the first category is equivalent to the category of locally constant G-sheaves – that is, the category of G-equivariant covering spaces of G_0. Similarly, the second category, of covering spaces of $B\mathcal{E}(G)$, is equivalent to the category of locally constant $\mathcal{E}(G)$-sheaves. This is the category of those $\mathcal{E}(G)$-sheaves B such that, using the notation of the proof of 3.1, the two conditions

(i) each sheaf B_U on U is constant, and

(ii) each map $B(\sigma) : \sigma^*(B_V) \to B_U$ is an isomorphism,

hold. It thus suffices to show that the functor λ^* of (1) above restricts to an equivalence on these categories of locally constant sheaves. For this, observe first that the functors λ^* and $\lambda_!$ on sheaves both preserve the property of being locally constant. Furthermore, for any G-sheaf A, the counit $\lambda_!\lambda^*A \to A$ of the adjunction of Lemma 3.3 is an isomorphism, because the functor λ^* is full and faithful (cf. [CWM, p. 88]). Finally, from the explicit conditions (i) and (ii), one easily sees that the unit $B \to \lambda^*\lambda_!B$ is an isomorphism whenever B is locally constant. This proves the lemma. □

Acknowledgements

This research is partially supported by The Netherlands Organisation for Scientific Research (NWO). I would like to thank A. Haefliger for some helpful comments on an earlier version (July 1995) of this paper.

References

[B] R. Bott, Characteristic classes and foliations, in Springer *LNM* **279** (1972), 1–94.

[BK] A.K. Bousfield, D.M. Kan, *Homotopy Limits, Completions and Localizations*, Springer *LNM* **304**, 1972.

[BN] J.-L. Brylinski, V. Nistor, Cyclic cohomology of étale groupoids, *K-Theory* **8** (1994), 341–365.

[C] A. Connes, *Non Commutative Geometry*, Academic Press, 1994.

[vE] W.T. van Est, Rapport sur les S-atlas, *Astérisque* **116** (1984), 235–292.

[H71] A. Haefliger, Homotopy and integrability, in: Springer *LNM* **197** (1971), 133-163.

[H76] A. Haefliger, *Differentiable Cohomology*, CIME, Varenna, 1976.

[H84] A. Haefliger, Groupoïdes d'holonomie et classifiants, *Astérisque* **116** (1984), 70–97.

[H92] A. Haefliger, Cohomology theory for étale topological groupoids, unpublished manuscript, 1992.

[CWM] S. Mac Lane, *Categories for The Working Mathematician*, Springer-Verlag, 1971.

[M91] I. Moerdijk, Classifying spaces and foliations, *Ann. Inst. Fourier* **41** (1991), 189–209.

[M95] I. Moerdijk, *Classifying Spaces and Classifying Topoi*, Springer *LNM* 1616 (1995).

[MP] I. Moerdijk, D.A. Pronk, Orbifolds, sheaves and groupoids, *K-Theory* (to appear).

[Mo] P.Molino, *Riemannian Foliations*, Birkhäuser, 1988.

[S68] G.B. Segal, Classifying spaces and spectral sequences, *Publ. Math. IHES* **34** (1968), 105–112.

[S74] G.B. Segal, Categories and cohomology theories, *Topology* **13** (1974), 293–312.

[S78] G.B. Segal, Classifying spaces related to foliations, *Topology* **17** (1978), 367–382.

[SGA4] M. Artin, A. Grothendieck, J.-L. Verdier, *Théorie de topos et cohomologie étale des schémas*, tôme 2, Springer *LNM* **270**, (1972).

[W83] H. Winkelnkemper, The graph of a foliation, *Ann. Global Anal. Geom.* **1** (1983), 51–75.

Department of Mathematics, Utrecht University
3508 TA Utrecht, The Netherlands
Received: October, 1995.

Classification globale des formes différentielles transitives sur la sphère S^5

Francisco Javier Turiel *

Abstract

In this work we study the global models of a r-form ω, on the sphere S^5, which is transitive, i.e. we assume that for each $p \in S^5$ and each $v \in T_pS^5$ there exists a vector field X on S^5 such that $L_X\omega = 0$ and $X(p) = v$. For volume forms (Moser theorem), closed 3-forms, non closed 2-forms and some non closed 3-forms, one explicitly obtains all their global models.

On the other hand we show that classifying the 4-forms is as classifying the differentiable structures on the topological space $\mathbf{CP}^2$, whereas the classification of the remaining cases reduces to that of the symplectic structures on this topological space.

Introduction

Toutes les structures considérées dans ce travail sont différentiables de classe C^∞ sauf mention explicite. Soit ω une r-forme (extérieure) non nulle sur une variété M. Considérons une deuxième r-forme non nulle ω' sur M'. On dira que ω *et* ω' *sont équivalentes* s'il existe un difféomorpisme $f : M \to M'$ tel que $f^*\omega' = a\omega$ où $a \in \mathbf{R} - \{0\}$. Un sous-ensemble $\mathcal{B}$ de l'algèbre de champs de vecteurs globaux sur M étant donné, on notera $\mathcal{B}(p) = \{X(p) \mid X \in \mathcal{B}\}$ pour chaque $p \in M$.

Soit $\mathcal{A}$ l'algèbre de tous les champs de vecteurs X sur M tels que $L_X\omega = 0$. On dira que la r-forme ω est (infinitésimalement) transitive si $\mathcal{A}(p) = T_pM$ pour tout $p \in M$. A remarquer qu'en théorie de G-structures cette notion est plutôt appelée homogénéité. Lorsque ω est transitive, étant donné $p, q \in M$ il existe un difféomorphisme $g : M \to M$ tel que $g(p) = q$ et $g^*\omega = \omega$.

Parmi les exemples les plus connus de formes transitives on trouve les formes de volume et les formes symplectiques. En particulier, et d'après le théorème de Moser, lorsque M est orientable, connexe et compacte, toutes ses

* Projet de recherche DGICYT PB94-1485

formes de volume sont équivalentes. Cependant il semble, en général, assez difficile de trouver une classification globale sans imposer quelques conditions supplémetaires.

Dans la suite ω sera une r-forme transitive, non nulle, sur la sphère S^5. La classification globale de ces objets qu'on obtient ici est la suivante:

(a) *formes de volume*: une seule classe puisque c'est un cas particulier du théorème de Moser. Comme représentant on peut prendre la forme de volume associée à la métrique riemannienne usuelle de la sphère.

(b) 4-*formes*: elles sont toujours fermées. En outre le quotient de S^5 par le 1-feuilletage défini par $\operatorname{Ker}\omega$ est une 4-variété différentiable qui topologiquement est le projectif complexe $\mathbf{CP}^2$. On obtient ainsi une correspondance biunivoque entre les classes de 4-formes et les structures différentiables de l'espace topologique $\mathbf{CP}^2$.

(c) 1-*formes*: elles sont de contact. Le quotient de S^5 par les orbites du système dynamique de ω est, comme tout à l'heure, une 4-variété différentiable homéomorphe à $\mathbf{CP}^2$. La projection de $d\omega$ munit cette variété différentiable d'une forme symplectique. En outre se donner une classe de 1-formes est la même chose que se donner une classe de formes symplectiques équivalentes sur l'espace topologique $\mathbf{CP}^2$.

D'après un théorème de Taubes (voir [7] et [8]), sur $\mathbf{CP}^2$ muni de la structure différentiable standard il n'y a qu'une classe de formes symplectiques.

(d) 2-*formes et* 3-*formes*: soit il existe une forme de contact transitive ρ telle que $\omega = d\rho$ ou $\omega = \rho \wedge d\rho$, soit ω est équivalente à la 2-forme $i_W\omega_0 + ad\rho_0$ ou à la 3-forme $\omega_0 + a\rho_0 \wedge d\rho_0$, où (les coordonnées $x_1, ..., x_6$ sont celles de $\mathbf{R}^6$ et $S^5 = \{x \in \mathbf{R}^6 \mid \sum_{j=1}^6 x_j^2 = 1\}$)

$$
\begin{aligned}
W &= \sum_{j=1}^{3}(-x_{2j}\frac{\partial}{\partial x_{2j-1}} + x_{2j-1}\frac{\partial}{\partial x_{2j}}) \; ; \\
\omega_0 &= dx_1 \wedge dx_3 \wedge dx_5 - dx_1 \wedge dx_4 \wedge dx_6 \\
&\quad - dx_2 \wedge dx_3 \wedge dx_6 - dx_2 \wedge dx_4 \wedge dx_5 \; ; \\
\rho_0 &= \sum_{j=1}^{3}(-x_{2j}dx_{2j-1} + x_{2j-1}dx_{2j}) \; ,
\end{aligned}
$$

et où a est un nombre réel non négatif.

En particulier, lorsque ω est une 2-forme non fermée ou une 3-forme fermée, son modèle global est connu de manière explicite.

Les mêmes idées qu'on utilise ici permettent de voir facilement que les classes de formes transitives, non nulles, sur S^3 sont celles de ρ_1, $d\rho_1$ et $\rho_1 \wedge d\rho_1$ où $\rho_1 = -x_2dx_1 + x_1dx_2 - x_4dx_3 + x_3dx_4$, tandis que sur S^4 on a seulement les formes de volume. D'un autre côté les seules 3-variétés compactes, connexes et orientables qui possèdent des formes transitives, non nulles, de degré 1 ou 2 sont les fibrés sur S^1 dont la fibre est un surface et les fibrés en cercles sur une surface. On remarque qu'une sphère homotopique qui n'est pas S^3 n'admet pas de 1-formes ou de 2-formes transitives non nulles.

Sur les 4-variétés compactes simplement connexes, outres les formes de volume on a seulement, comme formes transitives non nulles, les formes symplectiques et les 2-formes fermées de rang deux. Dans ce dernier cas la variété est un fibré en sphères S^2 sur S^2, et la 2-forme en question est l'image réciproque d'une forme de volume sur S^2.

Rappelons que *le span de* S^5 *est égal à* 1, c'est-à-dire que, étant donné r champs de vecteurs $X_1, ..., X_r$, sur S^5, linéairement indépendants en tout point alors $r = 1$. D'autre part, comme $H^2(S^5, \mathbf{Z}) = 0$, tout 2-fibré vectoriel sur S^5 est un produit, donc TS^5 ne contient pas de sous-fibrés de dimension 2 ou 3.

L'auteur remercie F. Laudenbach pour ses critiques pertinentes d'une première version de ce travail.

1. Les 4-formes

Dans ce cas $d\omega = 0$ car sinon $d\omega$ serait une forme de volume exacte. Soit $\mathcal{F}$ le 1-feuilletage associé à $\operatorname{Ker}\omega$. Il est clair que les éléments de $\mathcal{A}$ sont des champs feuilletés pour $\mathcal{F}$, donc ce feuilletage est transversalement complet. Un théorème de Molino (voir [6]) assure que les adhérences des feuilles de $\mathcal{F}$ constituent un nouveau feuilletage $\mathcal{F}'$.

Si $\dim \mathcal{F}' = 5$ et si $X \in \mathcal{A}$ est tel que $X(p) \notin \operatorname{Ker}\omega$ pour un certain $p \in S^5$, alors X est partout transverse à $\operatorname{Ker}\omega$ et $span(S^5) \geq 2$ *contradiction.* Lorsque $\dim \mathcal{F}' = 4$ l'existence d'une direction transverse à $\operatorname{Ker}\omega$ est claire. Bref $\dim \mathcal{F}' = 1$, i.e. $\mathcal{F} = \mathcal{F}'$, car TS^5 ne contient pas de sous-fibrés de dimension 2 ou 3.

Par conséquent $\operatorname{Ker}\omega$ est défini par une fibration principale $S^1 \to S^5 \to B$, où B est une variété différentiable simplement connexe, dont la cohomologie est celle de $\mathbf{CP}^2$. Par suite B est topologiquement le projectif complexe $\mathbf{CP}^2$ (pour la classification des 4-variétés topologiques compactes simplement connexes voir, par exemple, [4]). Bien sûr ce résultat est vrai pour n'importe quel 1-feuilletage, sur S^5, construit à partir d'une forme transitive car il est lui-même transitif donc transversalement complet.

Soit ω' une 4-forme $\mathcal{F}$-basique non singulière. Supposons que ω et ω' appartiennent à la même classe de la cohomologie basique de $\mathcal{F}$, qui est isomorphe à la cohomologie de de Rham de B. Dans ce cas la 4-forme $\omega + t(\omega' - \omega)$, $t \in [0, 1]$, ne s'annule jamais car transversalement à $\mathcal{F}$ les formes ω et ω' définissent la même orientation. Soit α une 3-forme $\mathcal{F}$-basique telle que $d\alpha = \omega' - \omega$. On peut toujours construire un champ $\mathcal{F}$-feuilleté X_t tel que $i_{X_t}(\omega + t(\omega' - \omega)) = \alpha$.

La méthode du chemin appliquée à X_t nous donne un difféomorphisme de S^5 qui transforme ω en ω'. Autrement dit, la classe d'équivalence de ω dépend seulement du feuilletage $\mathcal{F}$ qui, à son tour et dans ce cas particulier, ne dépend que de la structure différentiable de B. En effet, il s'agit d'une S^1-fibré principal dont la classe de Chern doit être un générateur de $H^2(B,\mathbf{Z})$ car S^5 est simplement connexe; or le "signe" du générateur ne compte que pour le sens de parcours du champ fondamental de l'action de S^1.

D'un autre côté, si B est une variété différentiable homéomorphe à $\mathbf{CP}^2$, comme il n'y a pas de sphères exotiques en dimension cinq, le S^1 fibré principal sur B dont la classe de cohomologie associée est un générateur de $H^2(B,\mathbf{Z})$ est la sphère S^5 elle-même. L'image réciproque d'une forme de volume sur B nous donne une 4-forme transitive sur S^5.

Théorème 1. *Se donner, sur S^5, une classe de 4-formes transitives non nulles est la même chose que se donner une structure différentiable sur l'espace topologique $\mathbf{CP}^2$.*

Ce résultat s'étend partiellement à toutes les sphères S^{2k+1} et aux $2k$-formes transitives. D'abord on remarque que le feuilletage transversalement complet $\mathcal{F}$ associé à $\operatorname{Ker}\omega$ est riemannien. En effet les adhérences des feuilles de $\mathcal{F}$ constituent un nouveau feuilletage $\mathcal{F}'$ à feuille fermée et sans holonomie (il est transversalement complet aussi). Par conséquent $\mathcal{F}'$ est défini par une fibration $f : S^{2k+1} \to N$. Prenons $q \in N$ et $p \in f^{-1}(q)$. On peut alors trouver des champs feuilletés $X_1, ..., X_{2k}$ tels que $X_1(p), ..., X_{2k}(p)$ soient, transversalement à $\mathcal{F}$, linéairement indépendants. Comme les feuilles de $\mathcal{F}$ sont denses dans les fibres de $f : S^{2k+1} \to N$, il existe un ouvert $q \in A \subset N$ tel que $X_1(p'), ..., X_{2k}(p')$, $p' \in f^{-1}(A)$, sont encore, transversalement à $\mathcal{F}$, linéairement indépendants.

Donc $\mathcal{F}$ est, sur $f^{-1}(A)$, transversalement parallélisable et par suite riemannien pour une certaine métrique g_A (voir [6]). Pour trouver une bonne métrique sur M toute entière, on recouvre N avec une famille finie d'ouverts A et on recolle les g_A à l'aide d'une partition de l'unité sur N.

Comme $\mathcal{F}$ est riemannien il est défini par un flot isométrique (Ghys, voir [2]). Par suite les adhérences des feuilles de $\mathcal{F}$ sont les orbites d'une action localement libre du tore $\mathbf{T}^r$. Or d'après un résultat de Allday et Halperin (voir [1]) $r \leq 1$, donc $r = 1$ car $\dim \operatorname{Ker}\omega = 1$.

En d'autres termes $\mathcal{F}$ est défini par une fibration principale $S^1 \to S^{2k+1} \to B$ et ω est l'image réciproque d'une forme de volume sur B. Bien sûr sa classe ne dépend que de $\mathcal{F}$.

La variété différentiable B a les mêmes groupes d'homotopie (suite d'homotopie) et la même algèbre de cohomologie entière (suite de Gysin) que $\mathbf{CP}^k$. Soit $f : B \to K(\mathbf{Z},2) = \mathbf{CP}^\infty$ l'application classifiante pour un générateur du $H^2(B,\mathbf{Z})$. Si l'on prend f cellulaire on peut supposer qu'elle est à valeurs dans $\mathbf{CP}^k \subset \mathbf{CP}^\infty$. Donc f induit un isomorphisme entre les algèbres de cohomologie de B et $\mathbf{CP}^k$. Par conséquent elle induit un isomorphisme un homologie et par le théorème de Whitehead en homotopie aussi. Comme B et $\mathbf{CP}^k$ sont des CW-complexes f est une équivalence homotopique, et B et $\mathbf{CP}^k$ ont le même type d'homotopie. Cependant il existe des projectifs topologiques exotiques (voir [3]).

2. Le cas des 1-formes

Une telle 1-forme ω est de contact, i.e. $\omega \wedge (d\omega)^2$ est une forme de volume. En effet, par transitivité, si ω n'était pas de contact, soit $\omega \wedge d\omega = 0$, soit $Ker(\omega \wedge d\omega)$ serait un 2-sous-fibré de TS^5. Dans le premier cas $Ker\omega$ définirait un 4-feuilletage transversalement complet, donc sans holonomie, et il existerait une fibration de S^5 sur S^1 (par un théorème de Sacksteder ce feuilletage est topologiquement conjugué d'un feuilletage défini par une forme fermée non singulière et, d'après un résultat de Tischler, il existe une telle fibration). Bref dans le deux cas on arrive à une contradiction.

Soit V le système dynamique de ω, i.e. le champ de vecteurs défini par les relations $\omega(V) = 1$ et $i_V d\omega = 0$; en particulier $L_V\omega = 0$. Bien sûr $L_{\mathcal{A}}V = 0$. Le feuilletage défini par V donne lieu à une fibration principale $S^1 \to S^5 \to B$ où B est topologiquement $\mathbf{CP}^2$ (voir le début du paragraphe 1). En outre il existe une forme symplectique sur B dont l'image réciproque est égale à $d\omega$.

Soit ω' une autre forme de contact, sur S^5, telle que $d\omega = d\omega'$. Alors $\omega' = \omega + df$, pour une certaine fonction f, et $V' = (1 + V(f))^{-1}V$ où V' est le système dynamique de ω'. A remarquer que $1 + V(f) > 0$ car elle ne peut pas s'annuler et que $df(p) = 0$ pour un certain $p \in S^5$. Par conséquent $\omega + t(\omega' - \omega) = \omega + tdf$, $t \in [0,1]$, est toujours une forme de contact. Soit V_t son système dynamique et soit $X_t = fV_t$. Alors $L_{X_t}(\omega + tdf) = df$ et la méthode du chemin montre l'équivalence de ω et ω'. Autrement dit la classe de ω ne dépend que de la projection de $d\omega$ sur B.

D'un autre côté, si Ω est une forme symplectique sur B, il existe toujours une forme de connexion sur le fibré principal $S^1 \to S^5 \to B$ dont la forme de courbure est un multiple constant de Ω. Ceci permet de trouver une 1-forme transitive ω, sur S^5, telle que $d\omega$ soit l'image réciproque de Ω.

On appelera *structure symplectique sur l'espace topologique* $\mathbf{CP}^2$ une variété symplectique (B, Ω) où B est homeomorphe à $\mathbf{CP}^2$. On dira que (B, Ω) et (B', Ω') appartiennent à la même classe de structures symplectiques s'il existe un difféomorphisme $\varphi : B \to B'$ tel que $\varphi^*\Omega' = a\Omega$, $a \in \mathbf{R} - \{0\}$.

Un théorème de Taubes (voir [7] et [8]), qui s'appuie sur un résultat de Gromov [5], affirme que toutes les structures symplectiques sur la variété différentiable $\mathbf{CP}^2$ munie de la structure standard appartiennent à la même classe.

Théorème 2. *Toute 1-forme transitive non nulle sur S^5 est de contact. En outre, ses classes d'équivalence sont en correspondance biunivoque avec les classes de structures symplectiques sur l'espace topologique* $\mathbf{CP}^2$.

3. Le cas d'une 3-forme fermée

On va montrer qu'il n'y a qu'une seule classe d'équivalence. Une 3-forme $\lambda \neq 0$ sur un espace vectoriel réel de dimension cinq F étant donnée, le seule invariant est son rang. A l'aide de la 2-forme $\lambda' : F^* \times F^* \longrightarrow \Lambda^5 F^*$ définie par $\lambda'(\alpha, \beta) = \alpha \wedge \beta \wedge \lambda$, on montre qu'il existe toujours une base $\{e_1, ..., e_5\}$ de F telle que soit $\lambda = e_1^* \wedge e_2^* \wedge e_3^*$ ($rang\lambda = 3$) soit $\lambda = e_1^* \wedge (e_2^* \wedge e_3^* + e_4^* \wedge e_5^*)$ ($rang\lambda = 5$). Par la transitivité le rang de ω est constant. En outre $rang\omega = 5$ car sinon $\operatorname{Ker} \omega$ est un 2-sous-fibré de TS^5.

Par conséquent l'ensemble $D = \{\alpha \in T^*S^5 \mid \alpha \wedge \omega(\pi(\alpha)) = 0\}$ est un sous-fibré de T^*S^5 de dimension un. Soit ρ une section globale non singulière de D. Alors ρ est de contact. En effet, compte tenu de la transitivité de ω, si ρ n'était pas de contact, soit $\rho \wedge d\rho = 0$ et $\operatorname{Ker} \rho$ définirait un feuilletage transversalement complet de dimension quatre soit $Ker(\rho \wedge d\rho)$ serait un 2-sous-fibré de TS^5 (à remarquer que $\rho \wedge d\rho$ est conformement invariante).

D'autre part, il existe une 2-forme ω' telle que $\omega = \rho \wedge \omega'$ (prendre par exemple $\omega' = i_Y \omega$ où Y est un champ de vecteurs tel que $\rho(Y) = 1$). Le coefficient qui relie $\rho \wedge (d\rho)^2$ et $\rho \wedge (\omega')^2$ ne dépend que de ρ. Si l'on multiplie ρ par une fonction la première forme de volume est multiplie par son cube et l'autre divisée par cette fonction. Donc, au signe près, il existe une forme unique ρ_V, section non singulière de D, telle que ce coefficient soit égal à ± 1. Soit V le système dynamique de ρ_V et soit $\omega_V = i_V \omega$. Alors $\rho_V \wedge (d\rho_V)^2 = \pm \rho_V \wedge \omega_V^2$. Bien sûr ρ_V, V et ω_V sont des invariants de ω. Dans la suite on notera $\beta = d\rho_V$. De la formule précédente, en contractant par V, il vient $\beta^2 = \pm \omega_V^2$.

Notons E l'espace vectoriel des 2-formes, sur S^5, engendré par ω_V, $L_V \omega_V$, $L_V^2 \omega_V$,... Il est clair que $L_{\mathcal{A}} E = 0$; $\beta \wedge E = 0$; $i_V E = 0$ et que $d\omega' = \rho_V \wedge L_V \omega'$ pour chaque $\omega' \in E$.

Proposition 1. *On a* $\dim E = 2$; $L_V^2 \omega_V = a\omega_V$, *où* $a < 0$, *et* $\omega_V \wedge L_V \omega_V = 0$. *En outre si* $\omega' \in E - \{0\}$ *alors* $(\omega')^2 = b\beta^2$ *où* $b > 0$.

Démonstration. Si F_1 est un espace vectoriel réel de dimension quatre, le produit extérieur sur $\Lambda^2 F_1^*$ est une forme bilinéaire symétrique à valeurs dans $\Lambda^4 F_1^*$, de signature $(3, 3)$. Un propriété analogue est vraie pour un espace vectoriel réel F de dimension cinq, un vecteur non nul $e \in F$ et les éléments de $\Lambda^2 F^*$ dont la contraction par e s'annule.

Considérons l'espace vectoriel $\mathbf{R}\{\beta\} \oplus E$ (la somme est directe puisque $\beta \wedge E = 0$ et que β^2 n'a pas de singularités). En appliquant ce qu'on vient de dire à $(\mathbf{R}\{\beta\} \oplus E)(p)$, où p est un point quelconque de S^5, on déduit que $\dim E \leq 2$ car sinon la forme bilinéaire produit extérieur n'est pas définie sur $(\mathbf{R}\{\beta\} \oplus E)(p)$ et il existe une forme $\omega' \in \mathbf{R}\{\beta\} \oplus E$, non nulle, telle que $(\omega')^2 = 0$. Or dans ce cas $\operatorname{Ker} \omega'$ est un 3-sous-fibré de TS^5.

De façon analogue si $\omega' \in E - \{0\}$ alors $(\omega')^2 = b\beta^2$ avec $b > 0$. En effet, par la transitivité $(\omega')^2$ est un multiple constant de β^2; en outre si $b \leq 0$ alors $(\omega' + \mid b \mid^{1/2} \beta)^2 = 0$ et on pourrait construire, comme tout à l'heure, un 3-sous-fibré de TS^5. D'une autre part $L_V \beta^2 = 0$ donc $L_V(\omega')^2 = 0$ aussi. D'où:

$$\omega' \wedge L_V \omega' = 0 \tag{1}$$

quelque soit $\omega' \in E$.

Si $\dim E = 1$ alors $L_V \omega_V = c\omega_V$ et $\omega_V \wedge L_V \omega_V = c\omega_V^2$, donc d'après (1) il vient $c = 0$. Par suite $L_V \omega_V = 0$, ce qui entraîne ω_V fermée. Comme $H^2(S^5, \mathbf{R}) = 0$ la forme ω_V est exacte. Dans ce cas $\omega \wedge \omega_V$ serait une forme de volume exacte, *contradiction*.

Soit $L_V^2 \omega_V = a\omega_V + a_1 L_V \omega_V$. En faisant le produit extérieur par $L_V \omega_V$ on obtient $0 = (L_V \omega_V) \wedge L_V^2 \omega_V = a_1 (L_V \omega_V)^2$; d'où $a_1 = 0$. D'un autre côté $0 = L_V(\omega_V \wedge L_V \omega_V) = (L_V \omega_V)^2 + \omega_V \wedge L_V^2 \omega_V = (L_V \omega_V)^2 + a\omega_V^2$; donc $a < 0$ car $(L_V \omega_V)^2$ et ω_V^2 ont le même signe que β^2. □

Si l'on prend $\tilde{\omega} = c\omega$, $c > 0$, alors $\tilde{V} = c^{-1/2} V$ et L_V est remplacé par $c^{-1/2} L_V$. *Ceci nous permet, en normalisant, de supposer* $L_V^2 \omega_V = -\omega_V$. Par conséquent $(L_V \omega_V)^2 = \omega_V^2$ (voir la démonstration ci-dessus; maintenant $a = -1$).

On considère sur S^5 le tenseur J, de type $(1,1)$, défini par les relations $\rho_V \circ J = 0$ et $L_V \omega_V = \omega_V(J, \ )$, i.e. $(L_V \omega_V)(Y, Z) = \omega_V(JY, Z)$. L'existence de J est claire en restreignant ω_V et $L_V \omega_V$ à $\operatorname{Ker} \rho_V$. En outre, si J_0 est un autre tenseur, de type $(1,1)$, avec les mêmes propriétés que J alors $\omega_V(J - J_0, \ ) = 0$, donc $J - J_0$ est à valeurs dans $\operatorname{Ker} \omega_V$, qui est engendré par V. Or $\rho_V \circ (J - J_0) = 0$ donc $J - J_0 = 0$, i.e. J est unique. Par conséquent $L_A J = 0$.

Comme $\beta \wedge \omega_V = \beta \wedge L_V \omega_V = \omega_V \wedge L_V \omega_V = 0$ et que $\beta^2 = \omega_V^2 = (L_V \omega_V)^2$ il se trouve que $J^2 = -Id$ sur $Ker \rho_V$; $(L_V \omega_V)(J, \ ) = -\omega_V$ et que $\beta(J, \ ) = -\beta(\ , J)$ est une forme bilinéaire symétrique. En outre $\beta(J, \ )$ est définie (positive ou négative) sur $Ker \rho_V$. En appliquant l'opérateur L_V à l'égalité $L_V \omega_V = \omega_V(J, \ )$ il vient $\omega_V(L_V J, \ ) = 0$. En d'autres termes $L_V J$ est à valeurs dans $\mathbf{R}\{V\}$.

Soit B la variété quotient de S^5 par les orbites de V et soit $\pi : S^5 \to B$ la projection canonique (voir le début du paragraphe 1). Alors β et J se projettent sur B. Appelons β' et J' leurs projections respectives. Dans ces conditions $(J')^2 = -Id$ et $\beta'(J', \ ) = -\beta'(\ , J')$ est une forme bilinéaire symétrique définie. Par conséquent, une fois le signe bien choisi, $(\pm\beta', J')$ sera une structure kaehlerienne si l'on arrive à montrer que la torsion de Nijenhuis de $N_{J'}$ de J' s'annule.

Si $X \in \mathcal{A}$ alors $L_{JX}\omega_V = \rho_V(X)\omega_V$ et $L_{JX}(L_V\omega_V) = \rho_V(X)L_V\omega_V$. En appliquant L_{JX} à l'égalité $L_V\omega_V = \omega_V(J, \ )$, on obtient $\omega_V(L_{JX}J, \ ) = 0$, i.e. $L_{JX}J$ est à valeurs dans $\mathbf{R}\{V\}$. Or $N_J(X, \ ) = L_{JX}J - J(L_XJ)$ et $\mathcal{A}(p) = T_pS^5$ pour chaque $p \in S^5$, donc N_J est à valeurs dans $\mathbf{R}\{V\}$ et par suite $N_{J'} = 0$.

On va voir que *cette structure kaehlerienne est à courbure (sectionnelle holomorphe) constante.* Chaque élément X de $\mathcal{A}$ se projette dans B sur un champ de vecteurs X' qui est un automorphisme infinitésimal de (β', J'), car V, β et J sont des invariants de ω. Soit $\mathcal{A}'$ la projection de $\mathcal{A}$. Alors $\pi_* : \mathcal{A} \to \mathcal{A}'$ est un isomorphisme d'algèbres de Lie. En effet, si $X' = 0$ alors $X = fV$. Dans ce cas $0 = L_X\omega_V = fL_V\omega_V$ donc $f = 0$ et $X = 0$. Bien sûr $\mathcal{A}'(q) = T_qB$ pour tout $q \in B$.

D'autre part $\dim \mathcal{A} \geq 7$. Il est clair que $\dim \mathcal{A} \geq 6$ puisque S^5 n'est pas un groupe de Lie. Si $\dim \mathcal{A} = 6$ l'isotropie linéaire $I_0(\mathcal{A}, p)$ de $\mathcal{A}$ en chaque point $p \in S^5$ est une sous-algèbre de $T_pS^5 \otimes T_p^*S^5$ de dimension un, pour laquelle $\operatorname{Ker} \rho_V(p)$ est un sous-espace propre. A cause de la transitivité l'allure algébrique de l'isotropie linéaire ne dépend pas du point considéré. Comme $L_{\mathcal{A}}\beta = 0$, soit la restriction de $I_0(\mathcal{A}, p)$ à $\operatorname{Ker} \rho_V(p)$ est zéro soit elle n'est pas formée des multiples de l'identité. Dans ce dernier cas, en prenant un sous-espace propre on peut construire un sous-fibré vectoriel F de $\operatorname{Ker} \rho_V$ de dimension un, deux ou trois, et par suite un champ de vecteurs Y non singulier tel que $\rho_V(Y) = 0$, d'où *span*$(S^5) \geq 2$ *contradiction.*

Si la restriction de $I_0(\mathcal{A}, p)$ à $\operatorname{Ker} \rho_V(p)$ est nulle, l'image des éléments de l'isotropie linéaire définit un 1-sous-fibré de TS^5 qui doit être égal à $\mathbf{R}\{V\}$car sinon *span*$(S^5) \geq 2$. En d'autres termes $(V \otimes \rho_V)(p)$ est une base de $I_0(\mathcal{A}, p)$. Prenons $X \in \mathcal{A}$, non nul, tel que $X(p) = 0$; alors le 1-jet de X' au point $\pi(p)$ est zéro. Mais chaque élément de $\mathcal{A}'$ est un champ de Killing, donc $X' = 0$ et par suite $X = 0$, *contradiction de nouveau.*

Bref $\dim \mathcal{A}' = \dim \mathcal{A} \geq 7$, et l'isotropie linéaire de $\mathcal{A}'$ en chaque point est de dimension plus grande ou égale à 3. Un calcul élémentaire montre que $(\pm\beta', J')$ est à courbure constante. Par conséquent $(B, \pm\beta', J')$ n'est autre que l'espace projectif complexe $\mathbf{CP}^2$ muni de la structure kaehlerienne usuelle.

Notre prochain but sera de reconstruire ω à partir de $(B, \pm\beta', J')$. D'abord une construction générale. Soit N une variété complexe connexe, de dimension complexe n, et soit α une *forme de volume réelle* sur cette variété. Notons $V(N, \mathbf{C})$ le 1-fibré vectoriel, sur N, des n-formes complexes. Deux sections $\Omega = \Omega_1 + i\Omega_2$ et $\Omega' = \Omega'_1 + i\Omega'_2$ de $V(N, \mathbf{C})$ étant données, on définit leur produit hermitien

$$< \Omega, \Omega' >= (i^n \Omega \wedge \bar{\Omega}')/(\pm\alpha)$$

où le signe de α est choisi de façon que $< \Omega, \Omega > (p) > 0$ lorsque $\Omega(p) \neq 0$. Bien sûr ce choix du signe est unique.

Notons τ la n-forme de Liouville complexe sur $V(N, \mathbf{C})$, i.e. si $(z_1, ..., z_n)$ sont des coordonnées sur N et que $(z_1, ..., z_n, u)$ sont les coordonnées associées sur $V(N, \mathbf{C})$ alors $\tau = u dz_1 \wedge ... \wedge dz_n$. Soit $M \subset V(N, \mathbf{C})$ l'ensemble des n-formes complexes de norme 1. Par rapport au produit par les éléments de $S^1 \subset \mathbf{C}$, la variété M est un S^1-fibré principal sur N. Maintenant on définit, sur M, la $(n+1)$-forme réelle $\omega_\alpha = d(\tau_1 \mid_M)$ où $\tau = \tau_1 + i\tau_2$.

Avant d'appliquer ce qu'on vient de dire à $\mathbf{CP}^2$ on écrira localement ω. Considérons, au voisinage d'un point $p \in S^5$, un système de coordonnées (t, x_1, x_2, x_3, x_4) tel que $\rho_V = dt + x_1 dx_2 + x_3 dx_4$. Alors $V = \frac{\partial}{\partial t}$ et $\beta = dx_1 \wedge dx_2 + dx_3 \wedge dx_4$. Les variables (x_1, x_2, x_3, x_4) peuvent être regardées comme des coordonnées sur B. En outre $\omega_V = cos(t) \cdot \lambda_1 + sin(t) \cdot \lambda_2$ où $\lambda_j = \sum_{k<\ell} f_{jk\ell}(x) dx_k \wedge dx_\ell$, puisque $L_V^2 \omega_V = -\omega_V$ et que $i_V \omega_V = 0$, et où $\beta^2 = \lambda_1^2 = \lambda_2^2$ et $\beta \wedge \lambda_1 = \beta \wedge \lambda_2 = \lambda_1 \wedge \lambda_2 = 0$ car $\beta^2 = \omega_V^2 = (L_V \omega_V)^2$ et que $\beta \wedge \omega_V = \beta \wedge L_V \omega_V = \omega_V \wedge L_V \omega_V = 0$. Si l'on considère λ_1 et λ_2 comme des formes sur un ouvert de B alors $\lambda_2 = \lambda_1(J', \quad)$.

Notons α la seule forme de volume sur B telle que $\int_B \alpha = 1$ et que $\beta^2 = a\alpha$ avec $a \in \mathbf{R}^+$. Construisons M et ω_α comme tout à l'heure. Pour chaque $p \in S^5$ il existe deux 2-formes $\omega'(p)$ et $\omega''(p)$, sur $T_{\pi(p)}B$, dont les images réciproques par $\pi_*(p)$ sont $\omega_V(p)$ et $(L_V \omega_V)(p)$ respectivement. En outre $(2a)^{-1/2}(\omega''(p) + i\omega'(p))$ est une 2-forme complexe de norme 1. En faisant $H(p) = (2a)^{-1/2}(\omega''(p) + i\omega'(p))$ on définit une application $H : S^5 \to M$ qui est un difféomorphisme local, et par conséquent un revêtement. Pour s'en convaincre il suffit de regarder l'écriture en coordonnées de ω ci-dessus. A remarquer que "la valeur absolue" de la classe de Chern de $V(\mathbf{CP}^2, \mathbf{C})$ est 3, donc M n'est pas simplement connexe.

Par contruction $H^*(\tau_1 \mid_M) = (2a)^{-1/2} L_V \omega_V$. Or $d(L_V \omega_V) = -\omega$ donc $H^* \omega_\alpha = -(2a)^{-1/2} \omega$.

Considérons une seconde 3-forme fermée transitive $\tilde{\omega} \neq 0$ sur S^5. Comme M et ω_α ne dépendent que de la structure kaehlerienne usuelle de $\mathbf{CP}^2$, il existe une application $G : S^5 \to M$, qui est un difféomorphisme local et par suite un revêtement, telle que $G^* \omega_\alpha = b\tilde{\omega}$, $b \in \mathbf{R} - \{0\}$. En regardant $G : S^5 \to M$ comme le revêtement universel de M, on peut construire une application $F : S^5 \to S^5$ telle que $G \circ F = H$. Bien sûr F est un difféomorphisme puisque S^5 est simplement connexe. En outre $F^* \tilde{\omega} = c\omega$, $c \in \mathbf{R} - \{0\}$, car $H^* \omega_\alpha = -(2a)^{-1/2} \omega$ et que $G^* \omega_\alpha = b\tilde{\omega}$. Bref, il existe tout au plus une classe de 3-formes fermées transitives sur S^5.

L'action de $SU(3)$ sur $\mathbf{C}^3 = \mathbf{R}^6$ préserve la forme de volume complexe $dz_1 \wedge dz_2 \wedge dz_3$, où $z_k = x_{2k-1} + ix_{2k}$, $k = 1, 2, 3$. Cette action est transitive sur S^5. Par conséquent la restriction à la sphère de sa partie réelle nous donne une 3-forme fermée transitive qui s'écrit:

$$dx_1 \wedge dx_3 \wedge dx_5 - dx_1 \wedge dx_4 \wedge dx_6 - dx_2 \wedge dx_3 \wedge dx_6 - dx_2 \wedge dx_4 \wedge dx_5 \ .$$

Pour cet exemple la forme de contact ρ_V et le champ de vecteurs V sont des multiples constants de $\sum_{j=1}^3(-x_{2j}dx_{2j-1}+x_{2j-1}dx_{2j})$ et $\sum_{j=1}^3(-x_{2j}\frac{\partial}{\partial x_{2j-1}}+x_{2j-1}\frac{\partial}{\partial x_{2j}})$ respectivement.

4. Le cas d'une 3-forme quelconque

Supposons maintenant que ω est une 3-forme transitive non fermée. Le même raisonnement que dans la section précédente nous permet d'écrire $\omega = \rho\wedge\omega'$ où ρ est une forme de contact et où $\rho\wedge(d\rho)^2 = \pm\rho\wedge(\omega')^2$. Bien sûr ρ est un invariant de ω. En outre $Ker(d\rho)^2 = Kerd\omega$ car sinon $span(S^5)\geq 2$. Par transitivité il existe une constante c telle que $d\omega = c(d\rho)^2$; i.e. $\omega - c\rho\wedge d\rho$ est fermée. Si cette dernière forme n'est pas nulle on sait la classifier, et qui plus est la forme de contact canoniquement associée à $\omega - c\rho\wedge d\rho = \rho\wedge(\omega' - cd\rho)$ est un multiple constant de ρ. Bref:

Théorème 3. *Soit ω une 3-forme transitive non nulle sur S^5. Alors soit il existe une forme de contact ρ, transitive elle-même, telle que $\omega = \rho\wedge d\rho$, soit ω est équivalente à la 3-forme $\omega_0 + a\rho_0\wedge d\rho_0$ où*

$$\omega_0 = dx_1 \wedge dx_3 \wedge dx_5 - dx_1 \wedge dx_4 \wedge dx_6 - dx_2 \wedge dx_3 \wedge dx_6 - dx_2 \wedge dx_4 \wedge dx_5$$

$$\rho_0 = \sum_{j=1}^{3}(-x_{2j}dx_{2j-1}+x_{2j-1}dx_{2j})$$

et où a est un nombre réel non négatif.

Dans le premier cas ρ est unique au signe près, tandis que dans le second a est un invariant de la classe de ω.

Le théorème est démontré à un détail près. Pour changer le signe du coefficient de $\rho_0\wedge d\rho_0$ il suffit de remarquer que $\varphi^*\omega_0 = -\omega_0$ et $\varphi^*\rho_0 = \rho_0$ où φ est le difféomorphisme de S^5 défini par $\varphi(x) = (x_3, x_4, x_1, x_2, x_5, x_6)$.

5. Les 2-formes

Lorsque ω est une 2-forme transitive non nulle, son rang est égal à quatre car sinon Ker$\,\omega$ est un 3-sous-fibré de TS^5. Si ω est fermée on fait le quotient de S^5 par le feuilletage associé à $Ker\omega$, on projette ω et à partir de sa projection on construit une forme de contact transitive ρ telle que $d\rho = \omega$ comme dans le paragraphe 2. Supposons donc ω non fermée et posons $\tilde{\omega} = d\omega$, qui est une 3-forme fermée transitive puisque $\mathcal{A}\subset\tilde{\mathcal{A}}$.

On construit $\tilde{\rho}_{\tilde{V}}$, $\tilde{V}$, $\tilde{\beta}$ et $\tilde{E}$ comme dans la section précédente. Le champ de vecteurs $\tilde{V}$ est tangent à $\operatorname{Ker}\omega$ car $span(S^5) = 1$. En outre $\omega \in \mathbf{R}\{\tilde{\beta}\} \oplus \tilde{E}$. En effet, sinon alors la forme bilinéaire symétrique produit extérieur ne serait pas définie sur $\mathbf{R}\{\tilde{\beta}\} \oplus \tilde{E} \oplus \mathbf{R}\{\omega\}$ (voir la démonstration de la proposition 1) et on pourrait trouver, dans ce dernier espace, une 2-forme ω' non nulle telle que $(\omega')^2 = 0$ et $L_{\mathcal{A}}\omega' = 0$. Or $\operatorname{Ker}\omega'$ serait un 3-sous-fibré de TS^5, *contradiction.*

Maintenant comme $d\omega = \tilde{\omega}$ il vient $\omega = b_0\tilde{\beta} + b_1 L_{\tilde{V}}\tilde{\omega}_{\tilde{V}}$ où $b_1 \neq 0$. Finalement pour trouver le modèle de ω on applique le théorème 3 à $L_{\tilde{V}}\tilde{\omega} = \tilde{\rho}_{\tilde{V}} \wedge L_{\tilde{V}}\tilde{\omega}_{\tilde{V}}$, et on normalise.

Théorème 4. *Considérons, sur S^5, une 2-forme transitive non nulle ω. Alors soit il existe une forme de contact ρ, transitive elle-même, telle que $\omega = d\rho$, soit ω est équivalente à la 2-forme $i_W\omega_0 + ad\rho_0$ où*

$$W = \sum_{j=1}^{3}\left(-x_{2j}\frac{\partial}{\partial x_{2j-1}} + x_{2j-1}\frac{\partial}{\partial x_{2j}}\right)$$

$$\omega_0 = dx_1 \wedge dx_3 \wedge dx_5 - dx_1 \wedge dx_4 \wedge dx_6 - dx_2 \wedge dx_3 \wedge dx_6 - dx_2 \wedge dx_4 \wedge dx_5$$

$$\rho_0 = \sum_{j=1}^{3}(-x_{2j}dx_{2j-1} + x_{2j-1}dx_{2j})$$

et où a est un nombre réel non négatif.

Dans le premier cas ω détermine complètement la classe de ρ, tandis que dans le second a est un invariant de la classe de ω.

Références

[1] C. Allday et S. Halperin, Lie group actions on spaces of finite rank, *Quar. J. Math. Oxford Ser.* **28** (1978), 69–76.

[2] E. Ghys, Feuilletages riemanniens sur les variétés simplement connexes, *Anal. Inst. Fourier* **34** (4) (1984), 203–223.

[3] J. Eells et N.H. Kuiper, Manifolds which are like projective planes, *Publ. Mat. I.H.E.S.* **14** (1962), 181–222.

[4] M.H. Freedman et F. Quinn, *Topology of 4-manifolds*, Princeton Univ. Press, Princeton, New Jersey, 1990.

[5] M. Gromov, Peudo-holomorphic curves in symplectic manifolds, *Invent. Math.* **82** (1985), 307–347.

[6] P. Molino, *Riemannian Foliations*, Birkhäuser, Basel, *Progress in Math.* **73**, 1988.

[7] C.H. Taubes, The Seiberg–Witten and the Gromov invariants, *Math. Res. Letters* **2** (1995), 221–238.

[8] C.H. Taubes, SW $\Rightarrow$ Gr. From the Seiberg–Witten equations to pseudo-holomorphic curves, (preprint).

Geometría y Topología
Facultad de Ciencias, Ap. 59
Universidad de Málaga
29080 Málaga, Espagne
turiel@ccuma.sci.uma.es

Received: October, 1995.

A Lecture on Poisson–Nijenhuis Structures

Izu Vaisman

Abstract

This is an expository paper. In it, the Poisson–Nijenhuis structures are motivated and defined in the general algebraic framework of Gel'fand and Dorfman. Then, in the particular case of Lie algebroids and differentiable manifolds, the Poisson–Nijenhuis structures are related to the notion of a complementary 2-form, that has been introduced and studied by the author in [20], and several examples of complementary forms and Poisson–Nijenhuis manifolds are given.

1. Motivation

It was established by several authors, and, in particular, by Magri (1978), Gel'fand and Dorfman (1979), Raţiu (1980), etc., that two Poisson structures i.e., brackets which are "like" the classical Poisson brackets of mechanics, which are compatible may provide functions in involution, and ensure the complete integrability of some important Hamiltonian systems, particularly, infinite-dimensional ones.

The basics of this theory consists of the following general algebraic scheme of Gel'fand and Dorfman [6], [5] where we recognize the fundamental ideas of Hamiltonian dynamics.

Let χ be a real Lie algebra (not necessarily finite-dimensional) and

$$\mathcal{C} = (\sum_{k=0}^{\infty} \Omega^k \ , \ d : \Omega^k \to \Omega^{k+1}) \ (d^2 = 0) \tag{1}$$

a cochain complex of real linear spaces. A *representation* of χ on $\mathcal{C}$ is a linear mapping

$$X \mapsto i(X) \in L_{\mathbf{R}}(\Omega^k, \Omega^{k-1})$$

defined for all $X \in \chi$ and $k = 0, 1, 2, \ldots$, such that, $\forall X, Y \in \chi$,

$$i(X)i(Y) + i(Y)i(X) = 0 \ , \ i([X,Y]) = L_X i(Y) - i(Y) L_X, \tag{2}$$

where

$$L_X := di(X) + i(X)d\,. \tag{3}$$

If such a representation is defined, we say that $(\chi\,,\,\mathcal{C})$ is a *Gel'fand-Dorfman complex.* Of course, $i(X)f := 0$ for $f \in \Omega^0$. On the other hand, if we define * $Xf := i(X)df$, we get a representation in the usual sense of the Lie algebra χ on Ω^0. In what follows, we will also write

$$< X, \alpha > := < \alpha, X > := i(X)\alpha \quad (X \in \chi,\ \alpha \in \Omega^1).$$

On the other hand, we notice that (2) and (3) imply the usual formula

$$i(X_k)\cdots i(X_0)d\lambda = \sum_{i=0}^{k}(-1)^i L_{X_i}((i(X_k)\cdots \widehat{i(X_i)}\cdots i(X_0)\lambda) \tag{4}$$
$$+\sum_{i<j}(-1)^{(i+j)} i(X_k)\cdots \widehat{i(X_j)}\cdots \widehat{i(X_i)}\cdots i(X_0)i([X_i,X_j])\lambda \ \ (\lambda \in \Omega^k),$$

where a hat denotes the absence of the corresponding factor. The usual calculus of differential forms gives the basic example and justifies the notations for the operators. Another simple case is provided by any representation space $\mathcal{F}$ if we take $\Omega^k := L_{\mathbf{R}alt}(\underbrace{\chi \times \cdots \times \chi}_{k \text{ times}}, \mathcal{F})$, and the usual formulas for d and $i(X)$.

Now, a *Hamiltonian structure* on $(\chi, \mathcal{C})$ is an element $H \in L_{\mathbf{R}}(\Omega^1, \chi)$ such that, if we define

$$X_f := H(df) \qquad (f \in \Omega^0), \tag{5}$$

X_f behaves like a "Hamiltonian vector field". What we mean by this is that

$$\{f, g\} := < Hdf, dg > = i(Hdf)(dg) \tag{6}$$

is a Lie bracket on Ω^0 called the *Poisson bracket.* The skew-symmetry of (6) is ensured if we require

$$< \lambda, H\mu > = - < H\lambda, \mu > \qquad (\lambda, \mu \in \Omega^1), \tag{7}$$

and a computation shows that the Jacobi identity holds if

$$[H, H] = 0, \tag{8}$$

* In the whole paper, the sign := means that we give a definition.

where the bracket is the operation defined for all H, K satisfying (7) by

$$[H,K](\alpha,\beta,\gamma) = \sum_{Cycl(\alpha,\beta,\gamma)} \{< KL_{H\alpha}\beta,\gamma > + < HL_{K\alpha}\beta,\gamma >\} \tag{9}$$

$(\alpha, \beta, \gamma \in \Omega^1)$ [6].

Thus, a Hamiltonian structure is a linear mapping $H : \Omega^1 \to \chi$ *which satisfies* (7) *and* (8), and if the elements of χ represent a "time-evolution" of an "observable" u, the equation

$$\frac{du}{dt} = X_f \tag{10}$$

is a *Hamiltonian system*, with the *Hamiltonian* f.

Obviously, the scheme is applicable to time-evolutions on finite-dimensional or Banach manifolds, and it is also applicable in the *formal variational calculus* of Gel'fand and Dikii [7], [5]. This calculus is a general algebraic setting useful in the study of many partial differential equations.

The point is that, if a general Hamiltonian system (10) has enough independent, *first integrals* in *involution*, the system (10) will be *completely integrable* à la Liouville, just as in classical mechanics. The practical conclusion is that one should look for methods of getting sets of elements of Ω^0 which are in involution. It turns out that one can find such sets of elements if the triple (χ, C, H), to be called a *Hamiltonian complex*, also possesses a second Hamiltonian structure K which is *compatible* with H, in the sense that

$$[H, K] = 0, \tag{11}$$

where the bracket is defined by (9). In this case, we call (χ, C, H, K) a *bi-Hamiltonian complex.* In particular, we may also speak of *bi-Hamiltonian differentiable manifolds.* (Of course, a *Hamiltonian manifold* is just a *Poisson manifold.*)

Now, one way to obtain elements of Ω^0 ("functions") in involution is based on [6]:

Lemma 1. *In a bi-Hamiltonian complex, if for some* $\varphi, \psi, \chi \in \Omega^1$ *one has* $K\psi = H\varphi$, *and* $K\chi = H\psi$, *then* $\forall \xi, \eta \in \Omega^1$ *one has*

$$i(K\eta)i(K\xi)d\chi = i(H\eta)i(K\xi)d\psi + i(K\eta)i(H\xi)d\psi - i(H\eta)i(H\xi)d\varphi. \tag{12}$$

The proof is based on (7), (8), (9) and (11).

This lemma allows for an inductive proof of

Proposition 1. *With the notation above, assume that C is such that $i(K\eta)i(K\xi)d\chi = 0$, $\forall \xi, \eta \in \Omega^1$, implies $\chi = dh$ ($h \in \Omega^0$), and assume that $\xi_i \in \Omega^1$ ($i = 0, 1, 2, \ldots$) are such that $K\xi_{i+1} = H\xi_i$, and $\xi_0, \xi_1 \in d\Omega^0$. Then, there exist $m_i \in \Omega^0$, such that $\xi_i = dm_i$, and $\forall i, j \geq 0$, $\{m_i, m_j\}_H = 0$, $\{m_i, m_j\}_K = 0$.*

Another method of producing elements of Ω^0 in involution is given in more recent papers by Magri and collaborators [9]. Namely, let $\Omega^0[[\lambda]]$ be the space of formal power series in λ, over Ω^0. Then, the Poisson brackets associated with Hamiltonian structures on Ω^0 extend to $\Omega^0[[\lambda]]$, and it is easy to see that (H, K) is a bi-Hamiltonian structure iff $H_\lambda := H - \lambda K$ yields a Lie bracket on $\Omega^0[[\lambda]]$. Furthermore, let us agree to call any $h \in \Omega^0$ such that $\forall f \in \Omega^0$, $\{f, h\}_H = 0$ a *Casimir* of H, and let $h(\lambda) = \sum_{k\geq 0} h_k\lambda^k \quad (h_k \in \Omega^0)$ be a Casimir of H_λ. Then, it follows that

$$\{h_k, f\}_K = \{h_{k+1}, f\}_H \qquad (\forall f \in \Omega^0), \tag{13}$$

and we get

$$\{h_k, h_{k+j}\}_K = \{h_k, h_{k+j}\}_H = 0. \tag{14}$$

Indeed

$$\{h_k, h_{k+1}\}_K = \{h_{k+1}, h_{k+1}\}_H = 0,$$

and then

$$\begin{aligned}\{h_k, h_{k+j}\}_K &= \{h_{k+1}, h_{k+j}\}_H = -\{h_{k+j}, h_{k+1}\}_H \\ &= -\{h_{k+j-1}, h_{k+1}\}_K = \{h_{k+1}, h_{k+j-1}\}_K = \cdots = 0,\end{aligned}$$

since we get either equal indices or indices which differ by 1 at the end. Therefore, Casimirs of H_λ yield sequences of functions in involution. The KdV equation can be analysed by this method [9].

2. Definition of Poisson–Nijenhuis structures

Thus, given a Hamiltonian complex, it is of great interest to look for additional, *compatible*, Hamiltonian structures of the complex. The theory of Poisson–Nijenhuis structures yields interesting pairs of compatible Hamiltonian structures, which are well suited to applications of Proposition 1, since there exists a recursive construction of sequences $\{\xi_i\} \in \Omega^1$ as needed in this proposition, associated to a Poisson–Nijenhuis structure. We will use the notation of Section 1, and give the definition of Poisson–Nijenhuis structures following [11].

Let (χ, C) be a Gel'fand–Dorfman complex, and $H \in L_{\mathbf{R}}(\Omega^1, \chi)$ be a skew-symmetric element (i.e., which satisfies (7)). Define $\forall \alpha, \beta \in \Omega^1$

$$\{\alpha, \beta\} = L_{H\alpha}\beta - L_{H\beta}\alpha - d < H\alpha, \beta > . \tag{15}$$

The operation (15) will be called a *dual bracket* of the complex, and we use it to give some general algebraic properties of Hamiltonian complexes.

Lemma 2. *In the above notation,* $\forall \gamma \in \Omega^1, \forall X \in \chi$, *the formulas*

$$< \gamma, H\{\alpha, \beta\} >=< \gamma, [H\alpha, H\beta] > + \frac{1}{2}[H, H](\alpha, \beta, \gamma), \tag{16}$$

$$\sum_{Cycl(\alpha,\beta,\gamma)} < \{\{\alpha, \beta\}, \gamma\}, X >= [H, L_X H](\alpha, \beta, \gamma) + \frac{1}{2} \sum_{Cycl(\alpha,\beta,\gamma)} [H, H](\alpha, \beta, d < \gamma, X >) \tag{17}$$

hold.

In (16) and (17) the "Lie derivative" is extended from "forms" to "tensors" as in the case of differentiable manifolds. The computations needed to prove these formulas are long, and we do not give them here. In the case of (16) they are mainly technical, but in that of (17) they utilize the "contravariant exterior differential"

$$(d_* X)(\alpha, \beta) := (H\alpha) < X, \beta > -(H\beta) < X, \alpha > - < X, \{\alpha, \beta\} > \tag{18}$$

(see (4)). Then (17) follows by equating the results of two evaluations of $d_*^2 X$. (See [20].) It follows from Lemma 2 that

Theorem 1. i) *Suppose that* (χ, C) *is such that* $< X, \gamma >= 0$ *for all* γ *implies* $X = 0$. *Then,* $[H, H] = 0$ *iff*

$$H\{\alpha, \beta\} = [H\alpha, H\beta]. \tag{19}$$

ii) *Suppose also that* (χ, C) *is such that* $< X, \gamma >= 0$ *for all* X *implies* $\gamma = 0$. *Then, if* $[H, H] = 0$, *the dual bracket* (15) *is a Lie bracket on* Ω^1, *and*

$$(\alpha \in \Omega^1, f \in \Omega^0) \longmapsto (H\alpha)f := i(H\alpha)df$$

is a representation of this Lie algebra Ω^1 *on* Ω^0.

i) follows from (16). ii) follows from (17), if we observe that $[H, H] = 0$ implies $L_X[H, H] = 2[H, L_X H] = 0$. A converse of ii) can be established under special hypotheses only [20].

Thus, under the hypotheses of Theorem 1, namely, $\forall\gamma <X,\gamma>= 0$ implies $X = 0$, and $\forall X <X,\gamma>= 0$ implies $\gamma = 0$, the space Ω^1 of a Hamiltonian complex is a Lie algebra with respect to the dual bracket (15). If these hypotheses of Theorem 1 are satisfied, we say that the Gel'fand–Dorfman complex $(\chi, \mathcal{C})$ is *regular*. (In other works, a "regular complex" is a complex which satisfies the hypothesis that $\forall\gamma <X,\gamma>= 0$ implies $X = 0$ only [6].) It is important to notice that the regularity of a complex ensures that the space Ω^1 of the complex can be identified with a subspace of $L_{\mathbf{R}}(\chi,\Omega^0)$.

Now, with regard to the sequence (ξ_i) of Proposition 1 which satisfies $K\xi_{i+1} = H\xi_i$, it is natural to look for situations where such a sequence can be constructed by a recurrence formula $\xi_{i+1} = A\xi_i$, $A \in L_{\mathbf{R}}(\Omega^1,\Omega^1)$, such that $KA = H$. Such a situation might be obtained as the "dual" of the case where $K = BH$ for $B \in L_{\mathbf{R}}(\chi,\chi)$ (the skew-symmetry of H and K is essential). A convenient framework for the implementation of this idea was defined by Y. Kosmann-Schwarzbach and Magri [11], then extended in [19].

Definition 1. Let $(\chi,\mathcal{C},H)$ be a regular Hamiltonian complex. A *generalized Poisson–Nijenhuis structure* on this complex is a triple $([\ ,\ ]', d', B)$, where $[\ ,\ ]'$ is a Lie algebra structure on χ, $B : (\chi, [\ ,\ ]') \longrightarrow (\chi, [\ ,\ ])$ is a homomorphism of Lie algebras, and $d' : \Omega^k \longrightarrow \Omega^{k+1}$ $(\forall k)$ is a coboundary on $\mathcal{C}$ $(d'^2 = 0)$, such that:

a) the composition by B leaves Ω^1 invariant (i.e., $\forall\alpha \in \Omega^1 \subseteq L_{\mathbf{R}}(\chi,\Omega^0)$, $\alpha\circ B \in \Omega^1$), and $H_1 = BH$ is skew-symmetric;

b) i(X) is a representation of $(\chi, [\ ,\ ]')$ on $(\mathcal{C}, d')$, and $\forall f \in \Omega^0$, $i(X)d'f = i(BX)df$;

c) the dual brackets of $((\chi, [\ ,\ ]), \mathcal{C}, d, H_1)$ and $((\chi, [\ ,\ ]'), \mathcal{C}, d', H)$ are equal;

d) if

$$S(X,Y) := [X,Y]' - [X,Y]_B, \tag{20}$$

where

$$[X,Y]_B := [BX,Y] + [X,BY] - B[X,Y] \quad (X,Y \in \chi),$$

then, $\forall\gamma \in \Omega^1$, $\forall Y \in \chi$, $S(H\gamma, Y) = 0$.

Furthermore, a *Poisson–Nijenhuis structure* on $(\chi,\mathcal{C},H)$ is a generalized Poisson–Nijenhuis structure $([\ ,\ ]', d', B)$, where

$$\mathcal{N}_B(X,Y) := [BX,BY] - B[X,Y]_B = 0, \tag{21}$$

and $[\ ,\ ]' = [\ ,\ ]_B$.

$\mathcal{N}_B$ defined by (21) is called the *Nijenhuis torsion* of B, and, if $\mathcal{N}_B = 0$, B is called a *Nijenhuis "tensor"*. The condition $\mathcal{N}_B = 0$ implies that $[\ ,\ ]_B$ is a Lie bracket, and B is a homomorphism of Lie algebras. In the case of a Poisson–Nijenhuis structure, condition d) automatically holds since $S = 0$. In the cases where a formula of the type (4) defines $d'\lambda$, the coboundary d' is uniquely determined by $([\ ,\ ], B)$. Such is the case of the complex of the differential forms of a Banach manifold. In these last cases, a Poisson–Nijenhuis structure on $(\chi, \mathcal{C}, H)$ is determined by the Nijenhuis tensor B alone, and we will speak of the Poisson–Nijenhuis structure B of the complex.

Theorem 2. *Let $(\chi, \mathcal{C}, H)$ be a regular Hamiltonian complex, $[\ ,\ ]'$ a second Lie algebra structure of χ, d' a second coboundary of $\mathcal{C}$, and $B : (\chi, [\ ,\ ]') \longrightarrow (\chi, [\ ,\ ])$ a homomorphism of Lie algebras such that $H_1 = BH$ is skew-symmetric, $i(X)d'f = i(BX)df, \forall f \in \Omega^0$, composition by B, in the sense of condition* a) *of Definition 1, leaves Ω^1 invariant, and condition d) of Definition 1 is satisfied. Then $([\ ,\ ]', d', B)$ is a generalized Poisson–Nijenhuis structure iff,*

$$\begin{aligned} C_{(H,B)}(\alpha, X, \beta) :=& i((L_{H\alpha}B)X)\beta - i((L_{H\beta}B)X)\alpha \\ &+ i(BX)d(i(H\alpha)\beta) - i(X)d(i(BH\alpha)\beta) = 0 \qquad (22) \end{aligned}$$

holds $\forall \alpha, \beta \in \Omega^1$ and $\forall X \in \chi$.

This theorem was proven for Poisson–Nijenhuis structures by Kosmann-Schwarzbach and Magri [11], but it holds for generalized Poisson–Nijenhuis structures as well [19]. The result is a straightforward consequence of the equality of the corresponding dual brackets evaluated on $X \in \chi$, and it is important since $C_{(H,B)}$ is expressed only by means of $(\chi, \mathcal{C}, H, B)$. For historical reasons we may call $C_{(H,B)}$ the *Schouten concomitant* [11]. If we are not interested in the generalized case we may define a Poisson–Nijenhuis structure on $(\chi, \mathcal{C}, H)$ to be a Nijenhuis "tensor" B such that HB is skew-symmetric and $C_{(H,B)} = 0$ [14]. (See also [1], [10] for other interesting characterizations.)

3. The Poisson hierarchy

The main property of a generalized Poisson–Nijenhuis structure is that it defines a family of Poisson i.e., Hamiltonian, structures. Namely, let $\{(\chi, [\ ,\ ]), (\mathcal{C}, d), H; [\ ,\ ]', d', B\}$ be a regular Hamiltonian complex with a generalized Poisson–Nijenhuis structure called Π_0. If in Π_0 we replace H by $H_k := B^k \circ H$ $(k = 0, 1, 2, \ldots)$, we obtain a *hierarchy of structures* Π_k, and the fundamental result of Magri [14], [11], [19] is

Theorem 3. *All Π_k $(k = 0, 1, 2, \ldots)$ are generalized Poisson–Nijenhuis structures and all the corresponding Hamiltonian structures H_k are pairwise compatible.*

Proof. If we assume that all H_i $(i < k)$ are skew-symmetric, we easily get $< H_k\alpha, \beta >=< H_{k-2}(\alpha \circ B), \beta \circ B >$, and we see that the skew-symmetry of $H_0 = H, H_1 = BH$ implies the skew-symmetry of each H_k.

Furthermore, if pertinent computations are performed, the following formulas are derived [14]

$$[H_1, H_1](\alpha, \beta, \gamma) = [H, H](\alpha \circ B, \beta, \gamma \circ B) - C_{(H,B)}(\alpha, H\beta, \gamma \circ B) + < \gamma, \mathcal{N}_B(H\alpha, H\beta) >, \quad (23)$$

$$C_{(H_1,B)}(\alpha, X, \beta) = C_{(H,B)}(\alpha, X, \beta \circ B) - < \beta, \mathcal{N}_B(H\alpha, X) > . \quad (24)$$

From (20) and (21), we have $\mathcal{N}_B(X, Y) = BS(X, Y)$ and, then, using d) of Definition 1, we see from (23) and (24) that H_1 is Hamiltonian and that Π_1 is a generalized Poisson–Nijenhuis structure.

By recursion, the same result holds for each Π_k.

We still have to justify compatibility. This follows from one more bracket computation. Namely, if $Q \in \mathrm{L}_{\mathbf{R}}(\Omega^1, \chi)$ is skew-symmetric, the following formula holds [14]

$$2[BH, Q](\alpha, \beta, \gamma) = 2[H, Q](\alpha, \beta, \gamma \circ B) - C_{(Q,B)}(\alpha, H\beta, \gamma) + C_{(Q,B)}(\beta, H\alpha, \gamma) + C_{(H,B)}(\alpha, Q\gamma, \beta). \quad (25)$$

Thus, the bracket $[H_{i+p}, H_i] = [B^p H_i, H_i]$ can be calculated by using (25) p times. At every step the right-hand side of the formula vanishes. Hence, we get $[H_{i+p}, H_i] = 0$. □

Now, it is clear that, if the "simple-connectedness condition" of Proposition 1 holds, it is possible to obtain sequences of "first integrals in involution" as indicated by Proposition 1, for any regular Hamiltonian complex which has a Poisson–Nijenhuis structure.

Remark 1. In the case of a Poisson–Nijenhuis structure, $\mathcal{N}_B = 0$, and it easily follows that $\mathcal{N}_{B^p} = 0$ $(p = 0, 1, 2, \ldots)$. Since,

$$C_{(H,B^{p+1})}(\alpha, X, \beta) = C_{(H,B^p)}(\alpha, BX, \beta) + C_{(H,B)}(\alpha \circ B^p, X, \beta) - \sum_{h=0}^{p-1} < \mathcal{N}_B(B^h H\alpha, X), \beta >, \quad (26)$$

(see [19]), it follows by induction that all the structures $\Pi_{p,q} := (H_p, B^q)$ are compatible Poisson–Nijenhuis structures. (In the generalized case $\Pi_{p,q}$ are not defined for $q \neq 1$.) In fact, the same is true for any structure $\tilde{\Pi} := ((\sum_{i=0}^{\infty} a_i B^i) \circ H, \sum_{j=0}^{\infty} b_j B^j)$ where the series involved are convergent power series with constant coefficients [19].

4. The differential-geometric aspect

The usefulness of Poisson–Nijenhuis structures in the theory of dynamical Hamiltonian systems leads to a study of these structures as objects in differential geometry. For this purpose, we will restrict our framework, and only consider the Poisson–Nijenhuis structures of finite-dimensional Lie algebroids, in particular, of differentiable manifolds. All the manifolds and bundles are finite-dimensional in what follows.

A *Lie algebroid* is a vector bundle $\pi : E \to M$ with a Lie bracket $[\ ,\ ]_E$ on the space ΓE of the global cross-sections of E, and with a vector bundle morphism (*anchor*), $A : E \to TM$, which is Lie bracket preserving and satisfies

$$[s_1, fs_2]_E = ((As_1)f)s_2 + f[s_1, s_2]_E \qquad (s_1, s_2 \in \Gamma E). \tag{27}$$

For instance, this holds for $E = TM, A = Id$. Generally, if we use $E, E^*, \wedge E^*$, $\wedge E$ as $TM, T^*M, \wedge T^*M, \wedge TM$ are classically used, we obtain a differential calculus with operators such as d_E (exterior derivative), L^E_s (Lie derivative), $i(s)$ $(s \in \Gamma E)$, and these operators have all the usual properties. Indeed, since the linear spaces under consideration are reflexive, if we set $L^E_s f := (As)f$ for $s \in \Gamma E$, $f \in C^\infty(M)$, and take the usual algebraic $i(s)$, then (4) defines d_E and $L^E_s := d_E i(s) + i(s) d_E$ defines the Lie derivative. The linear map d_E acts on $f \in \wedge^0 E^* := C^\infty(M)$ by $(d_E f)(s) = (As)f$. We also have a *Schouten–Nijenhuis bracket* defined by the usual extension of the formula

$$[s_1 \wedge \ldots \wedge s_k, s'_1 \wedge \ldots \wedge s'_h]_E = (-1)^{k+1} \sum_{i=1}^{k} \sum_{j=1}^{h} (-1)^{i+j}$$
$$[s_i, s'_j]_E \wedge s_1 \wedge \ldots \wedge \hat{s}_i \wedge \ldots \wedge s_k \wedge s'_1 \wedge \ldots \wedge \hat{s}'_j \wedge \ldots \wedge s'_h. \tag{28}$$

A complete study of these operations can be found in [11], [13]. We will use the names E-tensors, E-forms, etc. for the analogs of tensors, forms, etc. of a differentiable manifold M.

Any Lie algebroid $(E, [\ ,\ ]_E, A)$ has an associated cochain complex $(\mathcal{C}(E), d) := (\sum_{h=0}^{r} \Gamma \wedge^h E^*, d_E)$ $(r = rank(E),\ \Gamma \wedge^0 E^* := C^\infty(M))$, and it easily follows that $i(s)$ is a representation of $\chi := \Gamma E$ on $\mathcal{C}(E)$. We define a *Poisson structure* of E to be a Hamiltonian structure $H : \Gamma E^* \longrightarrow \Gamma E$ of $(\chi, \mathcal{C}(E))$, where H is induced by a vector bundle morphism $E^* \longrightarrow E$. We may also identify H with an element $P \in \Gamma \wedge^2 E$, to be called the *Poisson E-bivector*. Namely, for the bivector P we get $H := \sharp_P$ by $< \sharp_P \alpha, \beta >= P(\alpha, \beta)$ $(\alpha, \beta \in \Gamma E^*)$. The condition $[H, H] = 0$ becomes $[P, P]_E = 0$, where the bracket is the Schouten-Nijenhuis bracket. For the particular case of (TM, Id) we regain the usual definition of a *Poisson manifold*. Similarly, the compatibility condition of two Poisson structures becomes $[P_1, P_2]_E = 0$.

Furthermore, if (E, P) is a *Poisson–Lie algebroid* (i.e., a Lie algebroid with a Poisson structure), we obtain the dual Lie bracket $\{\alpha, \beta\}$ $(\alpha, \beta \in \Gamma E^*)$ of Lemma 2. Together with the anchor map $A \circ \sharp_P$, this bracket makes E^* into the *dual Lie algebroid*, and $\{\alpha, \beta\}$ is the *dual bracket*. Moreover, since the Gel'fand–Dorfman complex $(\Gamma E, \mathcal{C}(E))$ is obviously regular, the results of Theorem 1 hold for any H associated to a bivector. (Notice that the Jacobi identity for $\{\alpha, \beta\}$ is not enough to ensure $[H, H] = 0$.) On the other hand, the dual Lie algebroid E^* also has the usual differential calculus including a Schouten–Nijenhuis bracket $\{\lambda, \mu\}_{E^*}$ for $\lambda, \mu \in \Gamma \wedge E^*$, and Theorem 1 holds in this case. In particular, we have

$$\sharp_P\{\lambda, \mu\}_{E^*} = [\sharp_P \lambda, \sharp_P \mu]_E, \tag{29}$$

where $\sharp_P$ is extended from 1-forms to k-forms by the formula

$$\sharp_P \lambda(\alpha_1, \ldots, \alpha_k) = (-1)^k \lambda(\sharp_P \alpha_1, \ldots, \sharp_P \alpha_k)$$

for $\lambda \in \Gamma \wedge^k E^*$, and $\alpha_1, \ldots, \alpha_k \in \Gamma E^*$.

Now, it is appropriate to introduce some additional restrictions in the definition of a generalized Poisson–Nijenhuis structure, when used on a Poisson–Lie algebroid. Namely, we will still require a second Lie algebra structure $[\ ,\ ]'$ of ΓE, but we will use $B \in \mathrm{Hom}(E, E)$ rather than just $B \in L_{\mathbf{R}}(\Gamma E, \Gamma E)$, and $A \circ B$ will be a second anchor such that $(E, [\ ,\ ]', A \circ B)$ is a Lie algebroid structure. Furthermore, we will use the exterior differential of this latter Lie algebroid structure as d'. And then, if the conditions of Definition 1 are satisfied (i.e., in the present case, $\sharp_{P_1} := B \circ \sharp_P$ is skew-symmetric; the dual brackets of $([\ ,\ ]_E, P_1)$ and $([\ ,\ ]'_E, P)$ are equal; $i(\sharp_P \gamma) S_B = 0$), $([\ ,\ ]', B)$ is called a generalized Poisson–Nijenhuis structure of (E, P). Furthermore, if B is a "Nijenhuis tensor" i.e., $\mathcal{N}_B = 0$, and if $[\ ,\ ]' = [\ ,\ ]_B$, (P, B) is a Poisson–Nijenhuis structure of E, and (E, P, B) is a *Poisson–Nijenhuis Lie algebroid*. As a particular case, if $E = TM$, we shall speak of a *Poisson–Nijenhuis manifold* M.

Because of regularity, the Poisson–Nijenhuis Lie algebroids and manifolds are characterized by the vanishing of the Schouten concomitant (22), and they have a Poisson hierarchy.

Now, we will discuss a notion introduced in [20] which is useful in the geometry of Poisson–Nijenhuis algebroids.

Definition 2. Let $(E, [\ ,\ ]_E, A; P)$ be a Poisson–Lie algebroid, and let $\omega \in \Gamma \wedge^2 E^*$ be a 2-E-form. Then ω is called a *complementary 2-form*, and (E, P, ω) is a *complemented Poisson–Lie algebroid* (*complemented Poisson manifold*) if

$$\{\omega, \omega\}_{E^*} = 0, \tag{30}$$

where the operation is the dual Schouten–Nijenhuis bracket of $[\ ,\ ]_E$, defined by (15) extended via (28).

The usefulness of complementary forms is shown by the following theorem proven in [20].

Theorem 4. *Let ω be a complementary 2-form of $(E, [\ ,\ ]_E, A; P)$, and put $B = \sharp_P \circ \flat_\omega$ ($\flat_\omega \in \Gamma\mathrm{Hom}(E, E^*)$, $\flat_\omega s := i(s)\omega$, $s \in \Gamma E$). Then, the bracket*

$$[s_1, s_2]'_E = [s_1, s_2]_B + \sharp_P i(s_1) i(s_2) d_E \omega \tag{31}$$

provides E with a Lie algebroid structure with anchor $A \circ B$.

Proof. If we look at ω as a skew-symmetric bivector of the complex $((\Gamma E^*, \{\ ,\ \}_{E^*}), (\Gamma \wedge E, d_{E^*}))$ of the dual Lie algebroid E^* of (E, P), by formula (15), $\Gamma E = \Omega^1$ has the following bracket

$$[s_1, s_2]^* := L^{E^*}_{\flat_\omega s_1} s_2 - L^{E^*}_{\flat_\omega s_2} s_1 - d_{E^*}(\omega(s_1, s_2)). \tag{32}$$

In view of Theorem 1, condition (30) ensures that (32) is a Lie bracket, and that the following relation holds

$$\flat_\omega [s_1, s_2]^* = \{\flat_\omega s_1, \flat_\omega s_2\}_{E^*}. \tag{33}$$

Then, using (29) too, we see that $[\ ,\ ]^*$ is a structure of a Lie algebroid with anchor $A \circ B$ on E.

The theorem is proven if we show that brackets (31) and (32) are equal. This implies calculations (see [20] which use the formula

$$d_{E^*} s = -[P, s]_E = -L^E_s P, \tag{34}$$

(see e.g., [11]).

Now, the relations with Poisson–Nijenhuis structures are as follows:

Theorem 5. *With the notation of Theorem 4, if*

$$i(\sharp_P \alpha) i(\sharp_P \beta) d_E \omega = 0, \qquad \forall \alpha, \beta \in \Gamma E^*, \tag{35}$$

$([\ ,\ ]'_E, B)$ of (31) is a generalized Poisson–Nijenhuis structure. If the stronger condition

$$i(\sharp_P \alpha) d_E \omega = 0, \qquad \forall \alpha \in \Gamma E^* \tag{36}$$

holds (in particular, if $d_E \omega = 0$), and if the anchor A of E is injective, (P, B) is a Poisson–Nijenhuis structure of E.

Proof. The "tensor" S defined by (20) is now $\sharp_P i(s_1)i(s_2)d_E\omega$, and (35) implies $i(\sharp_P\gamma)S = 0$ $(\gamma \in \Gamma E^*)$. And $S = 0$ if (36) holds. In the latter case we have

$$[ABs_1, ABs_2] = AB[s_1, s_2]'_E = AB[s_1, s_2]_B =$$

$$= A([Bs_1, Bs_2]_E - \mathcal{N}_B(s_1, s_2)) = [ABs_1, ABs_2] - A\mathcal{N}_B(s_1, s_2),$$

which implies $\mathcal{N}_B = 0$, if A is injective.

The remainder of the proof consists in checking that the Schouten concomitant vanishes, and we refer to [20] for a complete proof.

5. Poisson–Nijenhuis manifolds

The notion of a *Poisson–Nijenhuis manifold* was introduced in the previous section. In particular, if the Poisson structure of a Poisson–Nijenhuis manifold is defined by a symplectic structure of the manifold, we will say that the manifold is a *symplectic-Nijenhuis manifold.*

The literature on Poisson–Nijenhuis manifolds contains a number of papers which study local classification problems [17], [8], [16], the geometry of symplectic-Nijenhuis manifolds in dimension four [2], [3], and the geometry of bi-Hamiltonian dynamical systems [2], [4].

But, there are not many examples available, and here, we will use Theorem 4 and Theorem 5 in order to obtain several examples of Poisson–Nijenhuis and symplectic-Nijenhuis manifolds.

Let M be a differentiable manifold endowed with a symplectic form σ, and let P_σ denote the Poisson structure defined by σ. Let B be a $(1,1)$-tensor field of M. Then, if

$$\flat_\omega = \flat_\sigma \circ B \tag{37}$$

defines a skew-symmetric tensor field ω, the latter will be called the *associated form* of (σ, B), and we have

Theorem 6. i) *If (M, σ, B) is a symplectic-Nijenhuis manifold, the associated 2-form ω of (σ, B) is a closed complementary form of (M, P_σ).*

ii) *If (M, σ) is a symplectic manifold, and ω is a closed complementary 2-form of (M, P_σ), and if $B := \sharp_\sigma \circ \flat_\omega$, then (M, σ, B) is a Poisson–Nijenhuis manifold.*

iii) *If (M, σ) is a symplectic manifold, and B a Nijenhuis tensor of M i.e., $\mathcal{N}_B = 0$, (M, σ, B) is a symplectic-Nijenhuis manifold iff the associated form ω of (σ, B) exists, and is closed.*

Proof. i) In view of (29), $\{\omega,\omega\}_\sigma = 0$ is equivalent to $[\sharp_\sigma\omega, \sharp_\sigma\omega] = 0$, i.e., $P_1 := \sharp_\sigma\omega$ is a Poisson bivector. But, if (M, σ, B) is a symplectic-Nijenhuis manifold, P_1 belongs to the Poisson hierarchy, and it must be Poisson, indeed. Thus, ω is a complementary 2-form. It is also closed, since $d\omega = \{\sigma,\omega\}_\sigma = 0$ (see [11]).

ii) This part of the theorem is directly implied by Theorems 4 and 5.

iii) If (M, σ, B) is a symplectic-Nijenhuis manifold, (37) defines a 2-form ω, and $d\omega = 0$ was justified in i) above. The converse result follows from Theorem 1.4 and formula (1.29) of [19].

Corollary 1. *Let M be a compact Hermitian symmetric space, with metric g and Kähler form σ. Then, any harmonic 2-form ω of M is associated with a symplectic-Nijenhuis structure $(M, \sigma, B = \sharp_\sigma \circ \flat_\omega)$.*

Proof. Since $d\omega = 0$, we need only check that $\{\omega,\omega\}_\sigma = 0$. By a formula of Koszul [12], we can get [18]

$$\{\omega,\omega\}_\sigma = 2(\delta\omega) \wedge \omega - \delta(\omega \wedge \omega), \tag{38}$$

where δ is the *symplectic codifferential* with respect to σ. In the Kähler case, $\delta = C\delta_g C$ where δ_g is the *Riemannian codifferential* and C is the transformation of the arguments of a form by the complex structure of M. Since ω is harmonic, $\delta\omega = 0$. But, on a compact Hermitian symmetric space, if ω is harmonic, then $\omega \wedge \omega$ is harmonic as well, and $\delta(\omega \wedge \omega) = 0$. Therefore, $\{\omega,\omega\}_\sigma = 0$, which proves the corollary. □

Corollary 2. *Let (M, σ) be a symplectic manifold, and let $\mathcal{F}$ be a foliation of M such that: i) the leaves of $\mathcal{F}$ are symplectic submanifolds; ii) for any pair of $\mathcal{F}$-projectable vector fields X, Y which are σ-orthogonal to $\mathcal{F}$, $\sigma(X, Y)$ is constant along the leaves. Let B be the projection of TM onto $T\mathcal{F}$ according to $TM = N\mathcal{F} \oplus T\mathcal{F}$, where $N\mathcal{F}$ is the σ-orthogonal bundle of $T\mathcal{F}$. Then (M, σ, B) is a symplectic-Nijenhuis manifold.*

Proof. In the given configuration, σ decomposes as $\sigma = \sigma_{T\mathcal{F}} + \sigma_{N\mathcal{F}}$, and condition ii) ensures that $\sigma_{T\mathcal{F}}$ is closed. On the other hand, $\sharp_\sigma\sigma_{T\mathcal{F}}$ is just the Poisson structure provided by the Poisson brackets along the symplectic leaves of $\mathcal{F}$ (see condition i)). Therefore, $\sharp_\sigma\sigma_{T\mathcal{F}}$ is a Poisson bivector, hence $\sigma_{T\mathcal{F}}$ is a complementary form, and the result follows. The Poisson bracket along the symplectic leaves of $\mathcal{F}$ is a so-called *Dirac bracket*, and the interest in Dirac brackets motivates Corollary 2.

Another example of a Poisson–Nijenhuis structure is given by

Proposition 2. *Let (M, P) be a regular Poisson manifold, and ω be a 2-form of M. If there exists a Poisson connection ∇ (i.e., $\nabla P = 0$, and ∇ is torsionless) such that $\nabla\omega = 0$, ω is a complementary 2-form which provides (M, P) with a Poisson–Nijenhuis structure.*

Proof. The Koszul formula (38) extends to Poisson manifolds if we take $\delta := i(P)d - di(P)$. The corresponding local coordinate expression of $\{\omega, \omega\}_P$ contains only terms with ∇P and $\nabla\omega$. Hence, ω is a closed complementary 2-form. □

Corollary 3. *A Riemannian manifold (M, g), which has a parallel 2-form ω, has a natural Poisson–Nijenhuis structure.*

Proof. The Poisson bivector will be $P := \sharp_g\omega$, and ω is complementary to P. □

Let us give one more example of a complementary 2-form:

Proposition 3. *Any solution of the classical Yang–Baxter equation $[\mathbf{r}, \mathbf{r}] = 0$ of a finite-dimensional Lie algebra $\mathcal{G}$ can be identified with a closed complementary 2-form of the Lie–Poisson structure P of the dual space $\mathcal{G}^*$.*

Proof. The bracket $[\mathbf{r}, \mathbf{r}]$ is defined as the extension of the Lie bracket of $\mathcal{G}$ to a Schouten–Nijenhuis bracket, and $\mathbf{r}$ may be seen as a "constant" 2-form on $\mathcal{G}^*$. An inspection of the definition of P immediately shows that $\{\ ,\ \}_P$ and $[\ ,\ ]$ are equal on constant forms, which proves Proposition 3. □

Notice that the result of Proposition 3 can be generalized to arbitrary *Poisson–Lie groups* (G, w) (see e.g., [18]). Namely, if θ is any solution of the classical Yang–Baxter equation of the *dual Lie algebra* $\mathcal{G}^*$, the left invariant 2-form defined by θ on G is a complementary 2-form of w. If, moreover, the Lie algebra $\mathcal{G}$ of G has a "small" derived algebra $\mathcal{G}'$ such that $\mathcal{G}' \subseteq ker\ \flat_\theta$, the corresponding complementary 2-form is also closed [21].

Proposition 4. *Let $\varphi : (M_1, P_1) \longrightarrow (M_2, P_2)$ be a Poisson mapping, and let ω_2 be a complementary 2-form of P_2. Then, $\omega_1 := \varphi^*\omega_2$ is a complementary 2-form of P_1. Furthermore, if ω_2 defines a (generalized) Poisson–Nijenhuis structure of (M_2, P_2), and if*

$$\varphi_*(im\sharp_{P_1}) = im\sharp_{P_2} \tag{39}$$

(e.g., if (M_2, P_2) is symplectic), then ω_1 also defines a (generalized) Poisson–Nijenhuis structure of (M_1, P_1).

Corollary 4. (1) [21] *Let (M, σ) be a symplectic manifold endowed with a Hamiltonian action of the Lie group G of equivariant momentum map $J : M \to \mathcal{G}^*$ (where $\mathcal{G}$ is the Lie algebra of G). Then, for any solution of the classical Yang–Baxter equation $[\mathbf{r}, \mathbf{r}] = 0$ of $\mathcal{G}$, $J^*\mathbf{r}$ (where $\mathbf{r}$ is seen as a "constant" 2-form on $\mathcal{G}^*$) is a complementary 2-form of σ on M.* (2) *Generally, the symplectic realizations of complemented Poisson manifolds are complemented symplectic manifolds.* (3) *If (M, P, ω) is a complemented Poisson manifold, the pullback of ω to either a symplectic leaf S of P or the local transversal germ N at $x_0 \in S$ is a complementary 2-form of S or N, respectively.*

Proposition 4 easily follows from the fact that, if φ is Poisson, φ^* is compatible with the bracket $\{\ ,\ \}$ of forms. Then, using Theorem 5, Corollary 4 follows from Propositions 3, 4 (J is a Poisson morphism!), and the fact that the inclusions of S and N in M are Poisson mappings.

We finish by indicating the possibility of applying the symplectic reduction method in the theory of Poisson–Nijenhuis manifolds. First, let us recall the general definition of *Poisson reduction* due to Marsden and Raţiu [15]: let (M, P) be a Poisson manifold, $\iota : N \subseteq M$ the inclusion of a submanifold, and E a vector subbundle of $TM|_N$ such that $E \cap TN$ yields a foliation of N by the fibers of a submersion $\pi : N \to Q$; assume that i) whenever $\varphi, \psi \in C^\infty(M)$ satisfy $d\varphi|_E = 0$, $d\psi|_E = 0$, one also has $d\{\varphi, \psi\}|_E = 0$, ii) Q has a Poisson structure P' such that

$$\{\varphi, \psi\} \circ \iota = \{f, g\}' \circ \pi$$

holds $\forall f, g \in C^\infty(Q)$ and where φ, ψ are extensions to M of $f \circ \pi, g \circ \pi$, respectively, such that $d\varphi|_E = 0$, $d\psi|_E = 0$; then, (Q, P') is the *reduced Poisson manifold of* (M, P) *via* (N, E). In [15], the condition for the existence of such a reduction is given. This condition can be refined such as to apply to Poisson–Nijenhuis manifolds, where one gets [22]

Theorem 7. *Let (M, P, B) be a Poisson–Nijenhuis manifold, and let (N, E) be as in the definition of Poisson reduction above. Furthermore, suppose that $B(TN) \subseteq TN$, $B(E) \subseteq E$, $B|_N$ sends π-projectable vector fields to π-projectable vector fields, and that $\sharp_P(AnnE) \subseteq TN$; then the reduced Poisson structure P' of Q exists and B induces a Poisson–Nijenhuis structure B' of (Q, P').*

The proof given in [22] uses the following interesting equivalent form of the vanishing of the Schouten invariant of a Poisson–Nijenhuis manifold M:

$$dg \circ L_{X_f} B = i(X_g) d(df \circ B), \qquad \forall f, g \in C^\infty(M)$$

(see [19]).

We refer the reader to [22] for a reduction theorem of complementary 2-forms, and for reduction associated with Lie group actions.

Acknowledgements

Up to some additions, this lecture was prepared during the author's stay at the Erwin Schrödinger Institute for Mathematical Physics in Vienna, in August 1994 (Preprint ESI 123), and the author wants to express here his gratitude to the Institute, and to Professor Peter Michor, in particular, for their support and hospitality. Then, the lecture was presented at the Colloquium on Integrable Systems and Foliations, Montpellier, May 1995, and the author is glad to express his gratitude to the organizers of the Colloquium for their invitation and support. The author also thanks the referee for a very careful reading of the final manuscript, and for numerous stylistic remarks which have improved the text.

References

[1] J. V. Beltrán and J. Monterde, Poisson–Nijenhuis Structures and the Vinogradov Bracket, *Ann. Global Analysis and Geom.* **12** (1994), 65–78.

[2] R. Brouzet, Systèmes bihamiltoniens et complète intégrabilité en dimension 4, *C. R. Acad. Sc. Paris* **311-I** (1990) 895–898; thesis, Montpellier, 1991.

[3] R. Brouzet, Feuilletage de Libermann et variétés bihamiltoniennes en dimension 4, Sém. G. Darboux, Montpellier, 1988–89, 97–114.

[4] R. Brouzet, P. Molino, F. J. Turiel, Géométrie des systèmes bihamiltoniens, *Indag. Math.* **4** (3) (1993), 269–296.

[5] I. Dorfman, *Dirac Structures and Integrability of Nonlinear Evolution Equations*, J. Wiley & Sons, New York, 1993.

[6] I. M. Gel'fand and I. Ya. Dorfman, The Schouten bracket and Hamiltonian operators, *Funct. Anal. Appl.* **14** (1980), 223–226.

[7] I. M. Gel'fand and L. A. Dikii, The structure of a Lie algebra in the formal calculus of variations, *Funct. Anal. Appl.* **10** (1976), 16–22.

[8] I. M. Gel'fand and I. Zakharevich, On the local geometry of a bihamiltonian structure, in: *The Gelfand Mathematical Seminars 1990–1992*, (L. Corwin, I. Gelfand, J. Lepowsky, eds.), pp. 51–112, Birkhäuser, Boston-Basel, 1993.

[9] P. Casati, F. Magri and M. Pedroni, Bihamiltonian Manifolds and Sato's Equations, in: *Integrable Systems, The Verdier Memorial Conference. Actes du Colloque International de Luminy, Progress in Math.* **115** (O. Babelon, P. Cartier and Y. Kosmann-Schwarzbach, eds.), pp. 251–272, Birkhäuser, Boston, 1993.

[10] Y. Kosmann-Schwarzbach, The Lie bialgebroid of a Poisson–Nijenhuis manifold, preprint, École Polytechnique Palaiseau, France, 1996.

[11] Y. Kosmann-Schwarzbach and F. Magri, Poisson–Nijenhuis structures, *Ann. Inst. H. Poincaré, série A (Physique théorique)* **53** (1990), 35–81.

[12] J. L. Koszul, Crochet de Schouten–Nijenhuis et cohomologie, in: *É. Cartan et les Mathématiques d'Aujourd'hui, Soc. Math. de France, Astérisque, hors série*, 1985, 257–271.

[13] K. Mackenzie, Lie groupoids and Lie algebroids in differential geometry, *London Math. Soc. Lecture Notes Series* **124**, Cambridge Univ. Press, Cambridge, 1987.

[14] F. Magri and C. Morosi, A geometrical characterization of integrable Hamiltonian Systems through the theory of Poisson–Nijenhuis manifolds, *Quaderno S.* **19**, Univ. of Milan, 1984.

[15] J. E. Marsden and T. Raţiu, Reduction of Poisson manifolds, *Lett. Math. Physics* **11** (1986), 161–169.

[16] P. J. Olver, Canonical forms for bihamiltonian systems, in: *Integrable Systems, The Verdier Memorial Conference, Actes du Colloque de Luminy, Progress in Math.* **115** (O. Babelon, P. Cartier, Y. Kosmann-Schwarzbach, eds.), pp. 239–249, Birkhäuser, Boston, 1993.

[17] F. J. Turiel, Classification locale d'un couple de formes symplectiques Poisson compatibles, *C. R. Acad. Sc. Paris* **308-I** (1989), 573–578 et Sém. G. Darboux, Montpellier (1988–89), 49–76.

[18] I. Vaisman, Lectures on the geometry of Poisson manifolds, *Progress in Math.* **118**, Birkhäuser, Boston, 1994.

[19] I. Vaisman, The Poisson–Nijenhuis manifolds revisited, *Rendiconti Sem. Mat. Torino* **52** (1994), 377–394.

[20] I. Vaisman, Complementary 2-forms of Poisson structures, *Compositio Mathematica* **101** (1996), 55–75.

[21] I. Vaisman, On complementary 2-forms of Poisson–Lie groups, *Anal. Sci. Univ. Jassy (Mat.)* **40** (1994), 417–425.

[22] I. Vaisman, Reduction of Poisson–Nijenhuis manifolds, *J. of Geometry and Physics* **19** (1996), 90–98.

Department of Mathematics and Computer Science
University of Haifa, Israel
VAISMAN@MATHCS2.HAIFA.AC.IL

Received: May, 1996.

Integrable Hamiltonian Systems Associated to Families of Curves and Their Bi-Hamiltonian Structure

Pol Vanhaecke

Abstract

In this paper we show how there is associated an integrable Hamiltonian system to a certain set of algebraic-geometric data. Roughly speaking these data consist of a family of algebraic curves, parametrized by an affine algebraic variety B, a subalgebra $\mathcal{C}$ of $\mathcal{O}(B)$ and a polynomial $\varphi(x, y)$ in two variables. The phase space is constructed geometrically from the family of curves and has a natural projection onto B; the regular functions on B lead to an algebra of functions in involution and the level sets of the moment map are symmetric products of algebraic curves.

While completely transparant from the geometrical point of view, a slight change of these integrable Hamiltonian systems is needed in order to explicitly realize these integrable Hamiltonian systems. Thus, we associate to the same data another integrable Hamiltonian system and show how they relate to the first one: there is a birational map between them (which is regular in one direction) which is (in the regular direction) a morphism of integrable Hamiltonian systems. Both the Poisson structure and the functions in involution are found by performing an Euclidean division of two polynomials, so that when the data are explicitly given, all ingredients of the integrable Hamiltonian system can be easily computed from it in an explicit way.

In the same spirit we also construct a large class of integrable bi-Hamiltonian systems. They depend on the extra datum of a polynomial $\psi(x, y)$ in two variables, which specifies a deformation of our family of curves. Our construction shows clearly how and why (certain) symmetries in the family of curves leads to a bi-Hamiltonian structure for the corresponding integrable Hamiltonian system.

1. Introduction

In [Van2] we have shown that there is associated a (finite-dimensional) integrable Hamiltonian system to the following data

$$\begin{aligned}&1)\ \text{an integer } d \geq 1,\\ &2)\ \text{a polynomial } \varphi(x,y) \in \mathbf{C}[x,y] \setminus \{0\},\\ &3)\ \text{a polynomial } F(x,y) \in \mathbf{C}[x,y] \setminus \mathbf{C}[x].\end{aligned} \tag{1.1}$$

Explicitly, the phase space is $\mathbf{C}^{2d}$, which is viewed as the space of pairs of polynomials $(u(\lambda), v(\lambda))$, where

$$\begin{aligned}u(\lambda) &= \lambda^d + u_1\lambda^{d-1} + \cdots + u_{d-1}\lambda + u_d,\\ v(\lambda) &= \qquad\ \ v_1\lambda^{d-1} + \cdots + v_{d-1}\lambda + v_d,\end{aligned} \tag{1.2}$$

(thus the coefficients u_i and v_i of $u(\lambda)$ and $v(\lambda)$ serve as coordinates on $\mathbf{C}^{2d}$); the Poisson bracket on $\mathbf{C}^{2d}$, dictated by $\varphi(x,y)$, is given by

$$\begin{aligned}&\{u(\lambda), u_j\}^\varphi = \{v(\lambda), v_j\}^\varphi = 0,\\ &\{u(\lambda), v_j\}^\varphi = \{u_j, v(\lambda)\}^\varphi = \varphi(\lambda, v(\lambda)) \left[\frac{u(\lambda)}{\lambda^{d-j+1}}\right]_+ \operatorname{mod} u(\lambda), \qquad 1 \leq j \leq d;\end{aligned} \tag{1.3}$$

finally d independent polynomials $H_1, \ldots, H_d$, which are in involution with respect to $\{\cdot\,,\cdot\}^\varphi$, are computed from

$$F(\lambda, v(\lambda)) \operatorname{mod} u(\lambda) = H_1\lambda^{d-1} + \cdots + H_{d-1}\lambda + H_d. \tag{1.4}$$

In this paper we wish to explain and generalize this construction by using the concepts and tools which we introduced in [Van3]. The *concepts* we use here are those of an integrable Hamiltonian system on an affine Poisson variety and morphisms between such systems. In short, an affine Poisson variety $(M, \{\cdot\,,\cdot\})$ is an affine algebraic variety M whose ring of regular functions $\mathcal{O}(M)$ is equipped with a Poisson bracket $\{\cdot\,,\cdot\}$; an integrable Hamiltonian system on it is given by an involutive subalgebra $\mathcal{A} \subset \mathcal{O}(M)$ (i.e., $\{\mathcal{A}, \mathcal{A}\} = 0$) which has the right size; a morphism between such systems is a morphism between their phase spaces which is compatible with the Poisson brackets and the involutive subalgebras. The *tools* we use consist of some basic theorems which allow to construct new integrable systems from old ones. See Section 2 below and Ch. II of [Van3].

The present construction generalizes the previous construction in two aspects. The first one is that we replace the third datum in (1.1) by a d-parameter family of polynomials, i.e., by a polynomial $\mathcal{F}(x,y,b)$, the parameter b belonging to a d-dimensional affine variety B; in geometric terms the third datum in (1.1) is that of an algebraic curve (embedded in $\mathbf{C}^2$), which we replace here by an (effective) deformation family of algebraic curves. The second aspect which makes the present construction more general is that there is an extra datum, which is that of a subalgebra $\mathcal{C}$ of $\mathcal{O}(B)$. Essentially this extra datum specifies the algebra of Casimirs of the Poisson structure, which was trivial in our previous construction (it corresponds to the trivial choice $\mathcal{C} = \mathbf{C}$).

The phase space of the generalized integrable systems is given (possibly up to a divisor which needs to be removed) by the affine variety

$$M_\alpha = \{(u(\lambda), v(\lambda), b) \mid \mathcal{F}(\lambda, v(\lambda), b) \bmod u(\lambda) = 0\} \subset \mathbf{C}^{2d} \times B, \qquad (1.5)$$

which is fibered over B with projection map $p_\alpha : M_\alpha \to B$. A Poisson bracket $\{\cdot\,,\cdot\}_\alpha$ on M_α is determined as before by φ giving (1.3) and all other brackets are computed from these by using the equation(s) $\mathcal{F}(\lambda, v(\lambda), b) = 0$. In particular it follows that $\{p_\alpha^*\mathcal{O}(B), p_\alpha^*\mathcal{O}(B)\}_\alpha = 0$, yielding that $(M, \{\cdot\,,\cdot\}_\alpha, p_\alpha^*\mathcal{O}(B))$ is an integrable Hamiltonian system. When $B = \mathbf{C}^d$ and $\mathcal{F}$ takes the form

$$\mathcal{F}(x,y,b) = F(x,y) - (b_1 x^{d-1} + \cdots + b_{d-1}x + b_d)$$

we recover our original construction.

Our construction is clarified by the construction of a slightly different integrable Hamiltonian system, associated to the same data. Namely, starting from the family of curves $\mathcal{F}(x,y,b) = 0$ we first construct the corresponding family of d-fold symmetric products of these curves, where $d = \dim B - \dim \mathcal{C}$. This family can be described globally as the quotient of the affine algebraic variety

$$\Gamma_\alpha^{(d)} = \left\{((x_1,y_1),\ldots,(x_d,y_d),b) \in \left(\mathbf{C}^2\right)^d \times B \mid \mathcal{F}(x_i,y_i,b) = 0\right\},$$

by the symmetric group S_d (which acts by permuting the d copies of $\mathbf{C}^2$). On $\Gamma_\alpha^{(d)}$ we use φ to construct a bracket for which all elements of $\mathcal{C}$ are Casimirs; moreover this bracket is S_d-invariant, hence it passes to the quotient. Strictly speaking these brackets are not regular but rational, we will explain in the text in detail how to deal with this, i.e., how to remove a divisor from $\Gamma_\alpha^{(d)}$ in order to make it into a genuine affine Poisson variety. As for integrability, the regular functions on $\mathcal{O}(B)$ give as before an integrable algebra, via the natural projection on the space B which parametrizes the family. This algebra is also S_d-invariant so we get an integrable Hamiltonian system on the quotient space $\operatorname{Sym}^d \Gamma_\alpha = \Gamma_\alpha^{(d)}/S_d$.

The two integrable Hamiltonian systems which we associate to the same set of data in this way are very closely related: they are almost isomorphic. More precisely there exists a regular map

$$\chi: M_\alpha \to \Gamma_\alpha^{(d)}/S_d$$

which is a morphism of the corresponding integrable Hamiltonian systems on these spaces. Moreover this map has a rational inverse, so the geometry of these integrable Hamiltonian systems is slightly different; for example, while the fibers of the moment map on $\Gamma_\alpha^{(d)}/S_d$ are symmetric products of algebraic curves, the fibers of the moment map on M_α are only affine parts of these; also, while no physical systems are known to be isomorphic to the ones on $\Gamma_\alpha^{(d)}/S_d$, many are actually isomorphic to the ones on M_α (sometimes up to a cover). Since each has its proper virtue, we found it important to give both constructions and to compare the results carefully. This will be done in Sections 3 and 4.

Our construction is easily adapted to produce many integrable bi-Hamiltonian systems. The data are slightly different from the ones above: B should be $\mathbf{C}^d$, but instead there is a new datum $\psi(x,y)$, a (general) polynomial in two variables (for simplicity we also take $\mathcal{C} = \mathbf{C}$ but that is not essential). Then the phase space is (up to a divisor)

$$\begin{aligned} M_\delta = \{(u(\lambda), v(\lambda), b_1, b_2) \mid \mathcal{F}(\lambda, v(\lambda), b_1 + \psi(x,y)b_2) \bmod u(\lambda) = 0\} \\ \subset \mathbf{C}^{2d} \times B \times B. \end{aligned} \tag{1.6}$$

Remark that there are now two projections onto B, say p_1 and p_2. On M_δ we put two Poisson structures, the first one is the one which corresponds to φ (as above), the other one is the one which corresponds to the product $\varphi\psi$; let us denote these Poisson structures by $\{\cdot\,,\cdot\}_1$ and $\{\cdot\,,\cdot\}_2$. For the algebra of Casimirs (given by $\mathcal{C}$ in our previous construction), we choose for the first one $p_2^*\mathcal{O}(B)$ and for the second one $p_1^*\mathcal{O}(B)$. Then for any linear function β on B (recall that $B = \mathbf{C}^d$) we have

$$\{\cdot, p_1^*\beta\}_1 = \{\cdot, p_2^*\beta\}_2,$$

showing that these integrable Hamiltonian vector fields are bi-Hamiltonian (i.e., Hamiltonian with respect to two different Poisson structures). This will be explained in Section 5.1. For some special polynomials ψ our construction breaks down. Since some of these cases are not without interest (from a certain point of view they are even more interesting/natural than the general ones), we will also show how to get a bi-Hamiltonian structure in these cases. That will be done in Section 5.2. The latter case reproduces, upon further specialization, the bi-Hamiltonian structures for the so-called even and odd master system, which were constructed in an ad hoc way in [Van1] (see also [Bue] and [Van3] Ch. VI).

2. Integrable Hamiltonian systems on affine Poisson varieties

In this section we recall from [Van3] the basic definitions and properties of integrable Hamiltonian systems on affine Poisson varieties.

2.1. Basic definitions

For an affine (algebraic) variety M (which is, as in [Har], assumed to be irreducible) we denote its ring of regular functions by $\mathcal{O}(M)$. A Lie algebra structure $\{\cdot\,,\cdot\}$ on $\mathcal{O}(M)$ is called a *Poisson bracket* if for any $f \in \mathcal{O}(M)$ the map

$$X_f = \{\cdot\,, f\}\colon \mathcal{O}(M) \to \mathcal{O}(M)$$

is a derivation, i.e., it satisfies the Leibniz rule. It leads to the concept of an affine Poisson variety.

Definition 2.1. An *affine Poisson variety* is a pair $(M, \{\cdot\,,\cdot\})$ where M is an affine variety and $\{\cdot\,,\cdot\}$ is a Poisson bracket on its ring of regular functions. The derivations $\{\cdot\,, f\}$ for $f \in \mathcal{O}(M)$ are called *Hamiltonian vector fields.*

As in the theory of Lie algebras, the main objects in this theory are the center and the maximal abelian subalgebras for the bracket; in the context of affine Poisson varieties the center of the bracket is called the algebra of Casimirs and a maximal abelian subalgebra is called an integrable algebra.

Definition 2.2. Let $(M, \{\cdot\,,\cdot\})$ be an affine Poisson variety. If f is an element of $\mathcal{O}(M)$ whose associated Hamiltonian vector field is zero then f is called a *Casimir;* the Casimirs form a subalgebra of $\mathcal{O}(M)$ called the *algebra of Casimirs,* which we denote by $\mathrm{Cas}(M)$.

Definition 2.3. Let $(M, \{\cdot\,,\cdot\})$ be an affine Poisson variety. Functions $f, g \in \mathcal{O}(M)$ are said to be *in involution* if $\{f, g\} = 0$; a subalgebra $\mathcal{A}$ of $\mathcal{O}(M)$ is said to be *involutive* if all its elements are in involution, $\{\mathcal{A}, \mathcal{A}\} = 0$. An involutive subalgebra $\mathcal{A} \subset \mathcal{O}(M)$ is said to be *integrable* if

1) $\dim \mathcal{A} = \frac{1}{2}(\dim M + \dim \mathrm{Cas}(M))$;
2) $\mathcal{A}$ is *complete,* i.e., $f \in \mathcal{A} \Leftrightarrow \{f, \mathcal{A}\} = 0$.

If $\mathcal{A}$ is integrable then $(M, \{\cdot\,,\cdot\}, \mathcal{A})$ is called an *integrable Hamiltonian system.*

Completeness forces any integrable algebra to contain the algebra of Casimirs. The string of inclusions

$$\mathrm{Cas}(M) \subset \mathcal{A} \subset \mathcal{O}(M)$$

leads to a commutative triangle of morphisms.

$$\begin{array}{ccc} M & & \\ {\scriptstyle \pi_{\mathcal{A}}}\downarrow & \searrow {\scriptstyle \pi_{\mathrm{Cas}\, M}} & \\ \mathrm{Spec}\, \mathcal{A} & \xrightarrow[\pi]{} & \mathrm{Spec}\, \mathrm{Cas}(M) \end{array}$$

The map $\pi_{\mathcal{A}}: M \to \mathrm{Spec}\, \mathcal{A}$ is called the *moment map* and $\mathrm{Spec}\, \mathcal{A}$ is called the *base space*; the Hamiltonian vector fields $\{\cdot\,, f\}$, $f \in \mathcal{A}$ are tangent to the fibers of the moment map and span (at a general point of the each fiber) its tangent space. In this paper $\mathcal{A}$ will always be finitely generated so that $\mathrm{Spec}\, \mathcal{A}$ can be seen as an affine variety.

We will encounter in this paper also bi-Hamiltonian vector fields and bi-Hamiltonian hierarchies, which we define as follows. Let $\{\cdot\,,\cdot\}_1$ and $\{\cdot\,,\cdot\}_2$ be two (compatible[1]) Poisson brackets on M. Then every vector field which is Hamiltonian with respect to both brackets is called a *bi-Hamiltonian vector field* and a sequence of functions $\{f_i \mid i \in \mathbf{Z}\}$ is called a *bi-Hamiltonian hierarchy* (w.r.t. the brackets $\{\cdot\,,\cdot\}_1$ and $\{\cdot\,,\cdot\}_2$) if

$$\{\cdot\,, f_i\}_2 = \{\cdot\,, f_{i+1}\}_1, \qquad (i \in \mathbf{Z}).$$

Finally we also recall the notion of a morphism between integrable Hamiltonian systems.

Definition 2.4. Let $(M_1, \{\cdot\,,\cdot\}_1, \mathcal{A}_1)$ and $(M_2, \{\cdot\,,\cdot\}_2, \mathcal{A}_2)$ be two integrable Hamiltonian systems, then a *morphism* $\phi: (M_1, \{\cdot\,,\cdot\}_1, \mathcal{A}_1) \to (M_2, \{\cdot\,,\cdot\}_2, \mathcal{A}_2)$ is a regular map $\phi: M_1 \to M_2$ with the following properties

1) ϕ is a Poisson morphism, i.e., $\phi^*\{f, g\}_2 = \{\phi^* f, \phi^* g\}_1$ for all $f, g \in \mathcal{O}(M_2)$;
2) $\phi^*\, \mathrm{Cas}(M_2) \subset \mathrm{Cas}(M_1)$;
3) $\phi^* \mathcal{A}_2 \subset \mathcal{A}_1$.

If ϕ is moreover an isomorphism then ϕ^{-1} automatically satisfies 1), 2) and 3) and ϕ is called an *isomorphism* of integrable Hamiltonian systems.

[1] Some authors impose the natural condition of compatibility of the brackets (i.e., the sum of the two brackets is also Poisson) but this is inessential for this paper, it is for example not used for the proof of Proposition 2.5.

Schematically, regularity of the map and 2) and 3) can be represented by the following commutative diagram:

$$\begin{array}{ccccc} \mathrm{Cas}(M_2) & \subset & \mathcal{A}_2 & \subset & \mathcal{O}(M_2) \\ {\scriptstyle \phi^*}\downarrow & & {\scriptstyle \phi^*}\downarrow & & \downarrow{\scriptstyle \phi^*} \\ \mathrm{Cas}(M_1) & \subset & \mathcal{A}_1 & \subset & \mathcal{O}(M_1) \end{array} \tag{2.1}$$

By dualizing this diagram a commutative diagram between the corresponding Spec's is easily obtained.

2.2. Basic constructions and propositions

In order to show that a given subalgebra $\mathcal{A} \subset \mathcal{O}(M)$ on an affine Poisson variety $(M, \{\cdot\,,\cdot\})$ is integrable one needs to verify that it is involutive, complete and of the right dimension. In this paper involutivity will be obvious from a direct computation, in other cases one often relies on the construction of an R-matrix representing the Poisson structure. Alternatively, involutivity is also obvious when $\mathcal{A}$ admits one or several bi-Hamiltonian hierarchies, as in Section 5 below. We recall the argument briefly in the following proposition, which goes essentially back to Lenard and Magri.

Proposition 2.5. *All functions f_i of a bi-Hamiltonian hierarchy $\{f_i \mid i \in \mathbf{Z}\}$ are in involution with respect to both Poisson brackets (hence with respect to any linear combination). If one of these functions is a Casimir (for either of the structures) then all these f_i are also in involution with the elements of any other bi-Hamiltonian hierarchy (w.r.t. these brackets).*

Proof. If $\{f_i \mid i \in \mathbf{Z}\}$ forms a hierarchy, then for any $i < j$

$$\begin{aligned} \{f_i, f_j\}_1 &= \{f_i, f_{j-1}\}_2, \\ &= \{f_{i+1}, f_{j-1}\}_1, \\ &= \dots, \\ &= \{f_j, f_i\}_1, \end{aligned}$$

so $\{f_i, f_j\}_1 = 0$ by skew symmetry. They are also in involution with respect to the second bracket since $\{f_i, f_j\}_2 = \{f_i, f_{j+1}\}_1$. In the same way, if $\{g_j \mid j \in \mathbf{Z}\}$ is another bi-Hamiltonian hierarchy and f_k is a Casimir, say of $\{\cdot\,,\cdot\}_1$ then for any $i, j \in \mathbf{Z}$

$$\{f_i, g_j\}_1 = \{f_k, g_{i+j-k}\}_1 = 0,$$

so all functions of the hierarchy $\{f_i \mid i \in \mathbf{Z}\}$ are in involution with all functions of any other bi-Hamiltonian hierarchy. □

The computation of the dimension of $\mathcal{A}$ often turns out to be quite hard. Usually this is done by computing the co-dimension of the general fiber of the moment map $\pi_{\mathcal{A}}: M \to \operatorname{Spec} \mathcal{A}$, which is, of course, equal to the dimension of $\mathcal{A}$. A close investigation of the fibers of the moment map is also essential to the verification that $\mathcal{A}$ is complete, as is given in the following proposition (for a proof see [Van3]).

Proposition 2.6. *Let $(M, \{\cdot\,,\cdot\})$ be an affine Poisson variety and $\mathcal{A}$ an involutive subalgebra of $\mathcal{O}(M)$ of dimension*

$$\dim \mathcal{A} = \frac{\dim M + \dim \operatorname{Cas} M}{2}.$$

If the fibers of $\pi_{\mathcal{A}}: M \to \operatorname{Spec}(\mathcal{A})$ have the following two properties,

1) *the general fiber is irreducible,*

2) *the fibers over all closed points have the same dimension, then $\mathcal{A}$ is complete, hence integrable.*

We will use two constructions which allow to construct new affine Poisson varieties or integrable Hamiltonian systems from old ones: taking quotients and removing divisors. This is given by the following two propositions (proofs are given in [Van3]).

Proposition 2.7. *Let $(M, \{\cdot\,,\cdot\}_M)$ be an affine Poisson variety and G a finite group. If there is given a regular Poisson action of G on M, i.e., an action $\chi: G \times M \to M$ such that χ is a Poisson morphism, then M/G has a unique structure of an affine Poisson variety $(M/G, \{\cdot\,,\cdot\}_0)$ for which $\pi: M \to M/G$ is a Poisson morphism. If $\mathcal{A}$ is an integrable algebra on $(M, \{\cdot\,,\cdot\}_M)$ then $\mathcal{A}^G$, the algebra of G-invariant functions in $\mathcal{A}$, is an integrable algebra on $(M/G, \{\cdot\,,\cdot\}_0)$ and*

$$\pi: (M, \{\cdot\,,\cdot\}_M, \mathcal{A}) \to (M/G, \{\cdot\,,\cdot\}_0, \mathcal{A}^G)$$

is a morphism of integrable Hamiltonian systems.

Proposition 2.8. *Let $(M, \{\cdot\,,\cdot\})$ be an affine Poisson variety and $f \in \mathcal{O}(M)$ a regular function which is not constant. Then there exists an affine Poisson variety $(N, \{\cdot\,,\cdot\}_N)$ and a Poisson morphism $N \to M$ which is one-to-one onto the complement (in M) of the zero locus of f.*

The last proposition needs some comments. As we will see below, many interesting brackets on some natural affine varieties (e.g., on $\mathbf{C}^n$) are not regular but rational, having their poles along some fixed divisor. So one might feel forced to work in the larger category of affine Poisson varieties with brackets on their field of rational functions. However, if the brackets of all regular functions on M have their poles on a single divisor $\mathcal{D}$ (which may be reducible), it is obvious that if f and g are any two rational functions on M, which have their poles along $\mathcal{D}$ only then their bracket $\{f, g\}$ will also have its poles along $\mathcal{D}$. Thus, instead of considering the algebra of rational functions, we may work as well with the (smaller and easier to handle) algebra of rational functions on M which have their poles on $\mathcal{D}$ only. This algebra is the algebra of regular functions on an affine variety, which may be identified with $M \setminus \mathcal{D}$; loosely speaking we will say that $M \setminus \mathcal{D}$ is an affine variety. Then the content of Proposition 2.8 is that, even when considering such rational brackets, we stay in the category of affine Poisson varieties.

3. Integrable Hamiltonian systems associated to families of curves

In this section we show how there is associated an integrable Hamiltonian system to the following data

$$\begin{aligned}
&1)\ \text{a polynomial } \varphi(x,y) \in \mathbf{C}[x,y] \setminus \{0\},\\
&2)\ \text{an affine variety } B,\\
&3)\ \text{a closed immersion } \mathcal{F}: B \to \mathbf{C}[x,y],\\
&4)\ \text{a subalgebra } \mathcal{C} \text{ of } \mathcal{O}(B).
\end{aligned} \tag{3.1}$$

These data will be supposed fixed throughout this section. It is useful to denote $\alpha = (\varphi, B, \mathcal{F}, \mathcal{C})$ and $d = \dim B - \dim \mathcal{C}$.

To the morphism $\mathcal{F}: B \to \mathbf{C}[x,y]$ there is naturally associated an element of $\mathcal{O}(B)[x,y]$, which we denote by $\mathcal{F}(x,y,b)$. In turn $\mathcal{F}(x,y,b)$ determines a family of algebraic curves $\mathcal{F}(x,y,b) = 0$, parametrized by B. This family can be seen as a hypersurface in $\mathbf{C}^2 \times B$ which we will denote by Γ_α. Since $\mathcal{F}$ is a closed immersion (i.e., it restricts to an isomorphism of B onto its image, which is closed[2]) the fibers of the projection map $\Gamma_\alpha \to B$ are precisely the algebraic curves of the family. $\mathcal{F}$ is determined by the family of algebraic curves up to a (multiplicative) constant; since our construction will only depend on $\mathcal{F}$ up to a constant, we may rephrase 3) geometrically as the datum of a family of algebraic curves, parametrized (effectively) by B.

We start by describing a natural integrable system associated to α, the one of interest to us will be obtained as a quotient of it (by a finite group). To construct the phase space we make the d-fold fiber product of $\Gamma_\alpha \to B$, i.e.,

---

[2] To be very precise, closed means here Zariski closed in a finite-dimensional subspace A_{mn} of $\mathbf{C}[x,y]$ consisting of polynomials of degree at most m in x and n in y.

we consider the affine variety

$$\Gamma_\alpha^{(d)} = \left\{((x_1,y_1),\ldots,(x_d,y_d),b) \in \left(\mathbf{C}^2\right)^d \times B \mid \mathcal{F}(x_i,y_i,b)=0\right\}, \qquad (3.2)$$

with its projection onto B,

$$\pi_\alpha : \Gamma_\alpha^{(d)} \to B.$$

The dimension of $\Gamma_\alpha^{(d)}$ is $\dim B + d$, the dimension of the fibers being d. We construct in the following proposition a Poisson structure $\{\cdot\,,\cdot\}_\alpha$ on $\Gamma_\alpha^{(d)}$. Strictly speaking this Poisson structure is rational (i.e., the bracket of regular functions is rational), but since all poles are along the zero locus D_α of some regular function, we may, as explained in and after Proposition 2.8 make $\left(\Gamma_\alpha^{(d)} \setminus D_\alpha, \{\cdot\,,\cdot\}_\alpha\right)$ into a genuine affine Poisson variety.

Proposition 3.1. *The brackets*

$$\{x_i,x_j\}_\alpha = \{y_i,y_j\}_\alpha = 0, \qquad \{y_i,x_j\}_\alpha = \varphi(x_j,y_i)\delta_{ij}, \qquad (3.3)$$

and

$$\{\cdot\,,c\}_\alpha = 0, \qquad \textit{for all } c \in \mathcal{C}, \qquad (3.4)$$

define a Poisson bracket on the affine variety $\Gamma_\alpha^{(d)} \setminus D_\alpha$, where D_α is the divisor of some regular function on $\Gamma_\alpha^{(d)}$.

Proof. Let $\mathcal{C}'$ denote the subalgebra of $\mathcal{O}\left(\Gamma_\alpha^{(d)}\right)$ generated by $\mathcal{C}, x_i$ and y_i $(i=1,\ldots,d)$. Then the above brackets define a Poisson structure on $\mathcal{C}'$, since the Jacobi identity is verified for a system of generators for $\mathcal{C}'$. Since

$$\dim \mathcal{C}' = \dim \mathcal{C} + 2d = \dim B + d = \dim \Gamma_\alpha^{(d)},$$

every regular (or rational) function on $\Gamma_\alpha^{(d)}$ is contained in the integral closure of $\mathcal{C}'$ in the field of fractions of $\mathcal{O}\left(\Gamma_\alpha^{(d)}\right)$. Thus, if $F \in \mathcal{O}\left(\Gamma_\alpha^{(d)}\right)$ then there exists a (not necessarily monic) polynomial $P(u) \in \mathcal{C}'[u]$ such that $P(F)=0$. This allows to determine the bracket of any two functions F, G on $\mathcal{O}\left(\Gamma_\alpha^{(d)}\right)$ as follows. Let $P(u) = \sum p_i u^i$ and $Q(u) = \sum q_j u^j$ denote defining polynomials of minimal degree, $\deg P(u) = n$, $\deg Q(u) = m$. If $\{\cdot\,,\cdot\}_\alpha$ extends to $\Gamma_\alpha^{(d)}$ then for $f \in \mathcal{C}'$ we have

$$0 = \{P(F),f\}_\alpha = \sum_{i=0}^n \left\{p_i F^i, f\right\}_\alpha = \sum_{i=0}^n \{p_i,f\}_\alpha F^i + \sum_{i=1}^n p_i i F^{i-1}\{F,f\}_\alpha,$$

and the bracket $\{F,f\}_\alpha$ derives from it; remark that it is rational, its poles being along the divisor of zeroes of the regular function $\sum p_i i F^{i-1}$. Using this, one computes $\{F,G\}_\alpha$ from

$$0=\{F,Q(G)\}_\alpha=\sum_{j=0}^{m}\{F,q_jG^j\}_\alpha=\sum_{j=0}^{m}\{F,q_j\}_\alpha G^j+\sum_{j=1}^{m}q_jjG^{j-1}\{F,G\}_\alpha;$$

it has also its poles along the zero locus of a regular function on $\Gamma_\alpha^{(d)}$. Since $\mathcal{O}\left(\Gamma_\alpha^{(d)}\right)$ is finitely generated, only a finite number of divisors will appear; let us call the minimal[3] divisor which contains these divisors D_α. Since D_α is (up to multiplicities) the divisor of zeroes of a regular function on $\Gamma_\alpha^{(d)}$ we may conclude using Proposition 2.8 that $\left(\Gamma_\alpha^{(d)}\setminus D_\alpha,\{\cdot\,,\cdot\}_\alpha\right)$ is an affine Poisson variety. □

The proposition shows that there exists a divisor D_α on $\Gamma_\alpha^{(d)}$ such that $\left(\Gamma_\alpha^{(d)}\setminus D_\alpha,\{\cdot\,,\cdot\}_\alpha\right)$ is an affine Poisson variety. We now show how the computation of this divisor can be implemented. Choose any generators $\beta_1,\dots,\beta_s$ for $\mathcal{O}(B)$ and let us use the same notation for the corresponding generators $\pi_\alpha^*\beta_i$ of $\pi_\alpha^*\mathcal{O}(B)$. Applying naively the construction of the preceding paragraph to compute D_α would consist in determining for each generator β_j its defining polynomial and taking the bracket with all x_i and y_i. These defining polynomials can be computed from the relations $\mathcal{F}(x_i,y_i,b)=0$, but this gives rise to long calculations. We show how to avoid their explicit calculation by computing the brackets $\{x_i,\beta_j\}_\alpha$ and $\{y_i,\beta_j\}_\alpha$ directly from these relations.

Let us first start with the easiest case, in which $\mathcal{C}=\mathbf{C}$ (no Casimirs) and $s=\dim B$ (so that B is isomorphic to $\mathbf{C}^d$). From the defining equations $\mathcal{F}(x_i,y_i,b)=0$ we find

$$\begin{cases} 0=\{\mathcal{F}(x_i,y_i,b),x_j\}_\alpha \\ \quad=\dfrac{\partial\mathcal{F}}{\partial y}(x_i,y_i,b)\varphi(x_j,y_i)\delta_{ij}+\displaystyle\sum_{k=1}^{s}\dfrac{\partial\mathcal{F}}{\partial\beta_k}(x_i,y_i,b)\{\beta_k,x_j\}_\alpha, \\ 0=\{\mathcal{F}(x_i,y_i,b),y_j\}_\alpha \\ \quad=-\dfrac{\partial\mathcal{F}}{\partial x}(x_i,y_i,b)\varphi(x_j,y_i)\delta_{ij}+\displaystyle\sum_{k=1}^{s}\dfrac{\partial\mathcal{F}}{\partial\beta_k}(x_i,y_i,b)\{\beta_k,y_j\}_\alpha. \end{cases}\tag{3.5}$$

To deduce the brackets $\{\beta_k,x_j\}_\alpha$ and $\{\beta_k,y_j\}_\alpha$ from it, we use the fact that $\mathcal{F}$ is an immersion. If we denote the natural function on $\mathbf{C}[x,y]$ which picks the

---

[3] Since the multiplicities of the irreducible components of this divisor are only relevant for the divisor being the divisor of zeroes of a regular function, we may take them at this point all equal to 1.

i-th coefficient (fixing some ordering) by γ_i then $\mathcal{F}$ being immersive implies that the rank of the big matrix $\left(\frac{\partial}{\partial\beta_j}\mathcal{F}\circ\gamma_i\right)_{ij}$ is equal to d. By elementary operations on this matrix it is seen that this rank is the same as the rank of the square matrix

$$\left(\frac{\partial\mathcal{F}}{\partial\beta_j}(x_i,y_i,b)\right)_{1\leq i,j\leq d} \tag{3.6}$$

for general x_i, y_i i.e., on a Zariski open subset of $\Gamma_\alpha^{(d)}$. It follows that the rank of (3.6) is maximal on a Zariski open subset, which is explicitly given as the complement of the divisor D_α; of course D_α is just the zero locus of the determinant of the matrix (3.6). Thus, the brackets $\{x_i,\beta_j\}_\alpha$ and $\{y_i,\beta_j\}_\alpha$ have their poles along the divisor D_α only, which is easily computed as

$$D_\alpha\colon \det\left(\frac{\partial\mathcal{F}}{\partial\beta_j}(x_i,y_i,b)\right)=0. \tag{3.7}$$

Remark that removing the divisor D_α from $\Gamma_\alpha^{(d)}$ has the effect of removing a divisor from every fiber of the moment map π_α.

In the general case one also has to take into account the algebra $\mathcal{C}$, whose elements are to be Casimirs and the relations which hold between the generators. Let us pick any set of generators $\gamma_1,\ldots,\gamma_m$ for $\mathcal{C}$ and any maximal set of independent relations $\mathcal{R}_1,\ldots,\mathcal{R}_n$. Taking the brackets with x_j (and similarly with y_j) we get as in (3.5),

$$\begin{cases} 0=\{\gamma_i,x_j\}_\alpha=\displaystyle\sum_{k=1}^{s}\frac{\partial\gamma_i}{\partial\beta_k}\{\beta_k,x_j\}_\alpha, \\ 0=\{\mathcal{R}_i,x_j\}_\alpha=\displaystyle\sum_{k=1}^{s}\frac{\partial\mathcal{R}_i}{\partial\beta_k}\{\beta_k,x_j\}_\alpha, \end{cases} \tag{3.8}$$

where i runs from 1 to m in the first line and from 1 to n in the second one. (3.8) and the first line of (3.5) are combined by using the matrices

$$\mathcal{M}_\alpha=\begin{pmatrix}\frac{\partial\mathcal{F}}{\partial\beta}\\ \frac{\partial\gamma}{\partial\beta}\\ \frac{\partial\mathcal{R}}{\partial\beta}\end{pmatrix} \qquad \text{and} \qquad \mathcal{N}_\alpha=\begin{pmatrix}\frac{\partial\mathcal{F}}{\partial y}\varphi\\ 0\\ 0\end{pmatrix},$$

of size $(d+m+n)\times s$ resp. $(d+m+n)\times d$. We have introduced the matrices

$$\left(\frac{\partial\mathcal{F}}{\partial\beta}\right)_{ij}=\frac{\partial\mathcal{F}}{\partial\beta_j}(x_i,y_i,b), \qquad \left(\frac{\partial\mathcal{F}}{\partial y}\varphi\right)_{ij}=\frac{\partial\mathcal{F}}{\partial y}(x_i,y_i,b)\varphi(x_j,y_i)\delta_{ij},$$

and

$$\left(\frac{\partial \gamma}{\partial \beta}\right)_{ij} = \frac{\partial \gamma_i}{\partial \beta_j}, \qquad \left(\frac{\partial \mathcal{R}}{\partial \beta}\right)_{ij} = \frac{\partial \mathcal{R}_i}{\partial \beta_j}.$$

Then (3.8) and the first line of (3.5) are equivalent to

$$\mathcal{M}_\alpha \begin{pmatrix} \{\beta_1, x_1\}_\alpha & \dots & \{\beta_1, x_d\}_\alpha \\ \vdots & & \vdots \\ \{\beta_s, x_1\}_\alpha & \dots & \{\beta_s, x_d\}_\alpha \end{pmatrix} = -\mathcal{N}_\alpha. \tag{3.9}$$

We claim that the rank of $\mathcal{M}_\alpha$ is s on a Zariski open subset. As we have noticed, the first d rows are independent; since the next m rows correspond to generators of $\mathcal{C}$, there are $\dim \mathcal{C}$ independent rows among them, and similarly the last n rows contain $s-\dim B$ independent rows. Moreover, rows in the three different blocks can not be dependent: the first ones depend on x_i, y_i while the others do not and the last rows cannot be dependent since the Casimirs are independent of the relations. It follows that

$$\operatorname{Rk} \mathcal{M}_\alpha = d + \dim \mathcal{C} + s - \dim B = s.$$

Since the brackets $\{y_i, \beta_j\}_\alpha$ are computed using the same matrix $\mathcal{M}_\alpha$ and as we will show that all brackets $\{\beta_i, \beta_j\}_\alpha$ are zero, we may conclude that the divisor D_α to be removed can be explicitly computed as the zero locus of one of the determinants which is not identically zero. Of course this divisor is not unique, it depends on the chosen determinant (the minimal divisor to be removed may be *strictly* contained in the one computed here).

In the following proposition we show that $\pi_\alpha^* \mathcal{O}(B)$ is involutive and of maximum dimension, leading to an integrable algebra on $\left(\Gamma_\alpha^{(d)} \setminus D_\alpha, \{\cdot,\cdot\}_\alpha\right)$.

Proposition 3.2. *If for general $b \in B$ the polynomial $\mathcal{F}(x,y,b) = 0$ is irreducible then*

$$\left(\Gamma_\alpha^{(d)} \setminus D_\alpha, \{\cdot,\cdot\}_\alpha, \pi_\alpha^* \mathcal{O}(B)\right)$$

is an integrable Hamiltonian system with moment map π_α and base space B.

Proof. We first show that $\pi_\alpha^* \mathcal{O}(B)$ is involutive with respect to $\{\cdot,\cdot\}_\alpha$. We use the obvious equality

$$\{\mathcal{F}(x_i, y_i, b), \mathcal{F}(x_j, y_j, b)\}_\alpha = 0$$

and write $\mathcal{F}(i)$ as a shorthand for $\mathcal{F}(x_i, y_i, b)$. If $i \neq j$ then this bracket expands in terms of any system of generators $\beta_1, \dots, \beta_s$ for $\mathcal{O}(B)$ (which we identify as before with the corresponding generators $\pi_\alpha^*\beta_i$ of $\pi_\alpha^*\mathcal{O}(B)$) as

$$\sum_{k=1}^{s}\frac{\partial\mathcal{F}}{\partial x}(i)\frac{\partial\mathcal{F}}{\partial\beta_k}(j)\left\{x_i,\beta_k\right\}_\alpha+\sum_{k=1}^{s}\frac{\partial\mathcal{F}}{\partial y}(i)\frac{\partial\mathcal{F}}{\partial\beta_k}(j)\left\{y_i,\beta_k\right\}_\alpha-(i\leftrightarrow j)$$
$$+\sum_{k,l=1}^{s}\frac{\partial\mathcal{F}}{\partial\beta_k}(i)\frac{\partial\mathcal{F}}{\partial\beta_l}(j)\left\{\beta_k,\beta_l\right\}_\alpha=0,$$

where $(i\leftrightarrow j)$ denotes the two terms obtained by interchanging i and j in the first two terms. Now for $i\neq j$

$$\sum_{k=1}^{s}\frac{\partial\mathcal{F}}{\partial\beta_k}(j)\left\{x_i,\beta_k\right\}_\alpha=\left\{x_i,\mathcal{F}(x_j,y_j,b)\right\}_\alpha=0,$$

so the first term vanishes; similarly the next three terms vanish and we are left with

$$\sum_{k,l=1}^{s}\frac{\partial\mathcal{F}}{\partial\beta_k}(i)\left\{\beta_k,\beta_l\right\}_\alpha\frac{\partial\mathcal{F}}{\partial\beta_l}(j)=0, \tag{3.10}$$

for all $i\neq j$. By skew symmetry of the bracket, (3.10) is actually valid for all i and j. If $s=\dim B$ then the matrix $\frac{\partial\mathcal{F}}{\partial\beta_k}(i)$ is invertible and we find that $\left\{\beta_k,\beta_l\right\}_\alpha=0$ for all k,l. Otherwise we use $\mathcal{C}$ and the relations $\mathcal{R}_i$ as before to obtain

$$\mathcal{M}_\alpha\left(\left\{\beta_i,\beta_j\right\}_\alpha\right)\mathcal{M}_\alpha^t=0.$$

Since $\mathcal{M}_\alpha$ has rank s we arrive at the same conclusion: $\pi_\alpha^*\mathcal{O}(B)$ is involutive with respect to $\{\cdot,\cdot\}_\alpha$.

Let us count dimensions:

$$\begin{aligned}\dim\Gamma_\alpha^{(d)}&=\dim B+d,\\ \dim\operatorname{Cas}\left(\Gamma_\alpha^{(d)}\right)&=\dim\mathcal{C}=\dim B-d,\\ \dim\pi_\alpha^*\mathcal{O}(B)&=\dim\mathcal{O}(B)=d,\end{aligned}$$

where we used in the last line that π_α is surjective. Put together they lead to

$$\dim\pi_\alpha^*\mathcal{O}(B)=\frac{1}{2}\left(\dim\Gamma_\alpha^{(d)}+\dim\operatorname{Cas}\left(\Gamma_\alpha^{(d)}\right)\right).$$

Completeness of $\pi_\alpha^*\mathcal{O}(B)$ follows from the assumption that the general curve in the family is irreducible: under this assumption, the general fiber of π_α is also irreducible and since all fibers over points of B have the same dimension d, we have according to Proposition 2.6 that $\pi_\alpha^*\mathcal{O}(B)$ is complete. It follows that $\pi_\alpha^*\mathcal{O}(B)$ is integrable. □

If for general $b \in B$ the curve $\mathcal{F}(x,y,b) = 0$ is not irreducible then we still get an integrable Hamiltonian system by completing $\pi_\alpha^*\mathcal{O}(B)$ (i.e., by replacing it with its integral closure in its field of fractions), but it may be hard to obtain a (more) explicit description of this algebra (see [Van3] for comments and details).

By now we have associated an integrable Hamiltonian system to the data (3.1). Using Proposition 2.7 we construct from it the quotient which is the integrable Hamiltonian system we were aiming at. The group which is acting on the integrable systems is the symmetry group S_d (of d letters). First of all, it acts on $\Gamma_\alpha^{(d)}$ in by permuting the d copies of $\mathbf{C}^2$ and the quotient

$$\mathrm{Sym}^d\,\Gamma_\alpha = \Gamma_\alpha^{(d)}/S_d$$

is an affine variety. Clearly the projection map $\pi_\alpha\colon \Gamma_\alpha^{(d)} \to B$ factorizes via $\mathrm{Sym}^d\,\Gamma_\alpha$ and, since no confusion can arise, we will use the same notation for the corresponding map

$$\pi_\alpha\colon \mathrm{Sym}^d\,\Gamma_\alpha \to B;$$

its fibers are now d-fold symmetric products of the fibers of $\Gamma_\alpha \to B$ (which are algebraic curves); in particular they are non-singular if the underlying curve is non-singular. The brackets (3.3) and (3.4) are clearly S_d-invariant, so that the divisor D_α and the Poisson structure $\{\cdot\,,\cdot\}_\alpha$ (on $\Gamma_\alpha^{(d)} \setminus D_\alpha$) are S_d-invariant — since S_d is a finite group, another way to formulate the latter is that the action of S_d on $\Gamma_\alpha^{(d)} \setminus D_\alpha$ is a Poisson action. A trivial application of Proposition 2.7 leads to the following corrolary of Propositions 3.1 and 3.2.

Proposition 3.3. *The brackets (3.3) and (3.4) define a Poisson strucure* $\{\cdot\,,\cdot\}_\alpha$ *on* $\mathrm{Sym}^d\,\Gamma_\alpha \setminus \mathcal{D}_\alpha$, *where* $\mathcal{D}_\alpha = D_\alpha/S_d$. *The fiber over* $b \in B$ *of the moment map* $\mathrm{Sym}^d\,\Gamma_\alpha \setminus \mathcal{D}_\alpha \to B$ *is (if non-empty) isomorphic to an affine part of the d-fold symmetric product of the curve* $\mathcal{F}(x,y,b) = 0$. *Moreover* $\left(\mathrm{Sym}^d\,\Gamma_\alpha \setminus \mathcal{D}_\alpha, \{\cdot\,,\cdot\}_\alpha, \pi_\alpha^*\mathcal{O}(B)\right)$ *is an integrable Hamiltonian system and the projection map*

$$\left(\Gamma_\alpha^{(d)} \setminus D_\alpha, \{\cdot\,,\cdot\}_\alpha, \pi_\alpha^*\mathcal{O}(B)\right) \to \left(\mathrm{Sym}^d\,\Gamma_\alpha \setminus \mathcal{D}_\alpha, \{\cdot\,,\cdot\}_\alpha, \pi_\alpha^*\mathcal{O}(B)\right)$$

is a morphism of integrable Hamiltonian systems.

For an explicit given α an explicit description of these integrable Hamiltonian system can in principle be given. To obtain it, one looks for a description of the ring of regular functions on $\Gamma_\alpha^{(d)}$ which are S_d invariant (i.e., exhibit generators and a complete set of relations), which is often difficult to obtain. Thus, in practice the above description is already at the level of the phase space not very explicit (remark however that an explicit description of the Poisson bracket and the integrable algebra would follow at once from an explicit description of the phase space). We will come back to this in the next section.

To close this section we wish to point out how the different Poisson structures $\{\cdot\,,\cdot\}_\alpha$ on $\Gamma_\alpha^{(d)}\setminus D_\alpha$ (hence also on $\mathrm{Sym}^d\,\Gamma_\alpha\setminus\mathcal{D}_\alpha$) for varying φ are related via S_d-invariant vector fields which have the property that the Lie derivative of the Poisson brackets are also Poisson brackets[4]. In view of the formula

$$\{\cdot\,,\cdot\}_{\varphi+\psi}=\{\cdot\,,\cdot\}_\varphi+\{\cdot\,,\cdot\}_\psi$$

our space of Poisson structures is linearly generated by the Poisson brackets associated to monomials x^iy^j and we will exhibit the symmetries only for these. To do this, we define two S_d-invariant vector fields X and Y as follows.

$$\begin{aligned} Xx_i &= -1, & Yx_i &= 0,\\ Xy_i &= 0, & Yy_i &= 1. \end{aligned}$$

Let us compute the Lie derivatives $L_X\{\cdot\,,\cdot\}_\varphi$ and $L_Y\{\cdot\,,\cdot\}_\varphi$ for $\varphi=x^my^n$, evaluated on x_i and y_j (all other brackets are obviously zero).

$$\begin{aligned} L_X\{\cdot\,,\cdot\}_{x^my^n}(x_i,y_j) &= L_X\{x_i,y_j\}_{x^my^n}-\{L_Xx_i,y_j\}_{x^my^n}-\{x_i,L_Xy_j\}_{x^my^n},\\ &= -X(x_i^my_j^n\delta_{ij}),\\ &= mx_i^{m-1}y_j^n\delta_{ij},\\ &= -m\{x_i,y_i\}_{x^{m-1}y^n}, \end{aligned}$$

so we see that the Lie derivative of $\{\cdot\,,\cdot\}_{x^my^n}$ with respect to X is proportional to $\{\cdot\,,\cdot\}_{x^{m-1}y^n}$. Similarly we find that the Lie derivative of $\{\cdot\,,\cdot\}_{x^my^n}$ with respect to Y is proportional to $\{\cdot\,,\cdot\}_{x^my^{n-1}}$. Remark also that vector fields X and Y (hence their Lie derivatives) commute. Thus we get the following diagram representing the Poisson structures associated to x^my^n and their relations.

[4] Since only φ is varying in the following discussion we suppose now all data fixed, except for φ and we denote the bracket corresponding to φ by $\{\cdot\,,\cdot\}_\varphi$.

$$\begin{array}{ccccccc}
\{\cdot,\cdot\}_1 & \xleftarrow{X} & \{\cdot,\cdot\}_x & \xleftarrow{X} & \{\cdot,\cdot\}_{x^2} & \xleftarrow{X} & \cdots \\
\uparrow{\scriptstyle Y} & & \uparrow{\scriptstyle Y} & & \uparrow{\scriptstyle Y} & & \\
\{\cdot,\cdot\}_y & \xleftarrow{X} & \{\cdot,\cdot\}_{xy} & \xleftarrow{X} & \{\cdot,\cdot\}_{x^2y} & \xleftarrow{X} & \cdots \\
\uparrow{\scriptstyle Y} & & \uparrow{\scriptstyle Y} & & \uparrow{\scriptstyle Y} & & \\
\{\cdot,\cdot\}_{y^2} & \xleftarrow{X} & \{\cdot,\cdot\}_{xy^2} & \xleftarrow{X} & \{\cdot,\cdot\}_{x^2y^2} & \xleftarrow{X} & \cdots \\
\uparrow{\scriptstyle Y} & & \uparrow{\scriptstyle Y} & & \uparrow{\scriptstyle Y} & & \\
\cdots & & \cdots & & \cdots & &
\end{array}$$

4. A concrete realization

We now pass to the construction of a slightly different integrable Hamiltonian system, associated to the same data $\alpha = (\varphi, B, \mathcal{F}, \mathcal{C})$ as in (3.1). While the integrable Hamiltonian systems constructed in Proposition 3.3 have the advantage of being most natural and their geometry is completely transparant at all levels, they are not totally explicit; for example the phase space $\operatorname{Sym}^d \Gamma_\alpha$ is defined as the quotient $\Gamma_\alpha^{(d)}/S_d$ and has a quite complicated structure (many generators and relations). Moreover no classical integrable system is of this form, while many turn out to be birational to such systems; the ones we will construct now are birational to the ones of Section 3, they are totally explicit and turn out to be closely related to (i.e., isomorphic to, or isomorphic to a quotient of) most known examples of (finite-dimensional) integrable Hamiltonian systems. We first treat the general case and then show how the integrable Hamiltonian systems introduced in [Van2] are obtained as a special case of it.

4.1. The general case

For $\alpha = (\varphi, B, \mathcal{F}, \mathcal{C})$ as in (3.1), consider the following affine variety

$$M_\alpha = \left\{(u(\lambda), v(\lambda), b) \in \mathbf{C}^{2d} \times B \mid \mathcal{F}(\lambda, v(\lambda), b) \bmod u(\lambda) = 0\right\}.$$

$\mathbf{C}^{2d}$ is viewed here as the space of pairs of polynomials $(u(\lambda), v(\lambda))$, where

$$\begin{aligned} u(\lambda) &= \lambda^d + u_1\lambda^{d-1} + \cdots + u_{d-1}\lambda + u_d, \\ v(\lambda) &= \qquad\; v_1\lambda^{d-1} + \cdots + v_{d-1}\lambda + v_d. \end{aligned} \tag{4.1}$$

For an arbitrary polynomial $p(\lambda)$ the expression $p(\lambda) \bmod u(\lambda)$ denotes the polynomial of degree less than $\deg u(\lambda)$ which is obtained as the rest in the

(Euclidean) division of $p(\lambda)$ by $u(\lambda)$, in particular $p(\lambda) \bmod u(\lambda) = 0$ means that $p(\lambda)$ is divisible by $u(\lambda)$. Remark that since $u(\lambda)$ is monic, $p(\lambda) \bmod u(\lambda)$ is polynomial in the coefficients of $p(\lambda)$.

We will denote the natural map $M_\alpha \to B$ by p_α. There is also a natural map

$$\chi: M_\alpha \to \operatorname{Sym}^d \Gamma_\alpha$$

which is defined by

$$(u(\lambda), v(\lambda), b) \mapsto ((x_1, v(x_1)), \ldots, (x_d, v(x_d)), b),$$

where x_i are the (not necessarily distinct) roots of $u(\lambda)$, i.e., $u(\lambda) = \prod_{i=1}^d (\lambda - x_i)$. Remark that this map is a (well-defined) morphism since the coordinate ring of $\operatorname{Sym}^d \Gamma_\alpha$ contains all functions which are symmetric in (x_i, y_i); moreover a point of $\mathcal{F}(\lambda, v(\lambda), b) \bmod u(\lambda) = 0$ is clearly mapped into a point for which $\mathcal{F}(x_i, y_i, b) = 0$, $(i = 1, \ldots, d)$ since each x_i is a root of $u(\lambda)$. The morphism χ is actually a birational isomorphism with inverse

$$\begin{aligned} ((x_1, y_1), (x_2, y_2), \ldots, (x_d, y_d), b) &\mapsto (u(\lambda), v(\lambda), b) \\ &= \left(\prod_{i=1}^d (\lambda - x_i), \sum_{i=1}^d y_i \prod_{j \neq i} \frac{\lambda - x_j}{x_i - x_j}, b \right). \end{aligned} \tag{4.2}$$

which is regular away from $\Delta / S_d \subset \operatorname{Sym}^d \Gamma_\alpha$, where Δ denotes the diagonal

$$\Delta = \{((x_1, y_1), (x_2, y_2), \ldots, (x_d, y_d), b) \mid x_i = x_j \text{ for some } i \neq j\}.$$

Having a birational map we can transfer the Poisson structure $\{\cdot, \cdot\}_\alpha$ on $\operatorname{Sym}^d \Gamma_\alpha \setminus \mathcal{D}_\alpha$ to the complement of a divisor in M_α. Recalling from Section 3 that the Poisson structure on $\operatorname{Sym}^d \Gamma_\alpha \setminus \mathcal{D}_\alpha$ was completely determined by the brackets

$$\{x_i, x_j\}_\alpha, \ \{y_i, y_j\}_\alpha \ \text{and} \ \{x_i, y_j\}_\alpha$$

upon using the relations which define the phase space and the elements of $\mathcal{C}$, we see that the corresponding Poisson structure (i.e., the one which makes χ into a Poisson morphism) on M_α is completely determined by the brackets

$$\{u_i, u_j\}_\alpha, \ \{v_i, v_j\}_\alpha \ \text{and} \ \{u_i, v_j\}_\alpha$$

(we use the same notation for the Poisson structure on both spaces), upon using the relations which define M_α and the elements of $\mathcal{C}$. This is a more economical way to determine the Poisson structure on M_α than by using the birational map since, as we will see, the divisor $\mathcal{E}_\alpha$ to be removed might be smaller than the divisor one expects when using the birational map (see Paragraph 4.2); moreover, transferring the integrable algebra via a birational map is very delicate (one may loose completeness).

Proposition 4.1. *There is a Poisson structure* $\{\cdot\,,\cdot\}_\alpha$ *on* $M_\alpha \setminus \mathcal{E}_\alpha$ *(where* $\mathcal{E}_\alpha$ *is some divisor) which makes* χ *into a Poisson morphism and* $(M_\alpha \setminus \mathcal{E}_\alpha, \{\cdot\,,\cdot\}_\alpha, p_\alpha^*\mathcal{O}(B))$ *is an integrable Hamiltonian system.*

Proof. Let us compute the brackets $\{u_i, u_j\}_\alpha$, $\{v_i, v_j\}_\alpha$ and $\{u_i, v_j\}_\alpha$ which make χ into a Poisson morphism. Clearly $\{u_i, u_j\}_\alpha = 0$. If $1 \le j \le d$, then

$$
\begin{aligned}
\{u_j, v(\lambda)\}_\alpha &= (-1)^j \left\{ \sum_{i_1<i_2<\cdots<i_j} x_{i_1}x_{i_2}\cdots x_{i_j}, \sum_{l=1}^{d} y_l \prod_{k\neq l} \frac{\lambda - x_k}{x_l - x_k} \right\}_\alpha, \\
&= (-1)^j \sum_{i_1<i_2<\cdots<i_j} \sum_{l=1}^{d} \{x_{i_1}x_{i_2}\cdots x_{i_j}, y_l\}_\alpha \prod_{k\neq l} \frac{\lambda - x_k}{x_l - x_k}, \\
&= (-1)^{j-1} \sum_{i_1<i_2<\cdots<i_j} \sum_{t=1}^{j} x_{i_1}x_{i_2}\cdots \widehat{x_{i_t}} \cdots x_{i_j}\varphi(x_{i_t}, y_{i_t}) \\
&\qquad\qquad \prod_{k\neq i_t} \frac{\lambda - x_k}{x_{i_t} - x_k}, \\
&= (-1)^{j-1} \sum_{l\notin\{i_1<i_2<\cdots<i_{j-1}\}} x_{i_1}x_{i_2}\cdots x_{i_{j-1}}\varphi(x_l, y_l) \prod_{k\neq l} \frac{\lambda - x_k}{x_l - x_k}, \\
&= (-1)^{j-1} \sum_{l=1}^{d} \varphi(x_l, y_l) \prod_{k\neq l} \frac{\lambda - x_k}{x_l - x_k} (-1)^{j-1} \sum_{m=0}^{j-1} x_l^m u_{j-m-1}, \\
&= \sum_{l=1}^{d} \sum_{m=0}^{j-1} x_l^m u_{j-m-1}\varphi(x_l, y_l) \prod_{k\neq l} \frac{\lambda - x_k}{x_l - x_k}.
\end{aligned}
$$

Substituting $\lambda = x_l$ in the right hand side one sees that $\{u_j, v(\lambda)\}_\alpha$ is the (unique) polynomial in λ of degree less than d, which takes at $\lambda = x_l$ the value $\sum_{m=0}^{j-1} x_l^m u_{j-m-1}\varphi(x_l, v(x_l))$, for $l = 1, \ldots, d$. As the x_l are the zeros of $u(\lambda)$ and since $y_l = v(x_l)$ the same is true for $\sum_{m=0}^{j-1} \lambda^m u_{j-m-1}\varphi(\lambda, v(\lambda)) \bmod u(\lambda)$, and we find

$$
\begin{aligned}
\{u_j, v(\lambda)\}_\alpha &= \sum_{m=0}^{j-1} \lambda^m u_{j-m-1}\varphi(\lambda, v(\lambda)) \bmod u(\lambda), \\
&= \varphi(\lambda, v(\lambda)) \left[\frac{u(\lambda)}{\lambda^{d-j+1}}\right]_+ \bmod u(\lambda).
\end{aligned} \tag{4.3}
$$

By a similar computation it follows that $\{v_i, v_j\}_\alpha = 0$.

Since χ is a Poisson morphism, $p_\alpha^*\mathcal{O}(B)$ is an involutive algebra. Since p_α is surjective,

$$\dim p_\alpha^*\mathcal{O}(B) = \dim B = \frac{1}{2}(\dim B + d + \dim B - d) = \frac{1}{2}(\dim M_\alpha + \dim \mathcal{C}).$$

To see that $p_\alpha^*\mathcal{O}(B)$ is complete, remark that χ maps every fiber of p_α to a fiber of π_α, i.e.,

$$\begin{array}{ccc} M_\alpha & \xrightarrow{\chi} & \operatorname{Sym}^d \Gamma_\alpha \\ & {\scriptstyle p_\alpha}\searrow \quad \swarrow{\scriptstyle \pi_\alpha} & \\ & B & \end{array}$$

is commutative. Since χ is regular with rational inverse it restricts to a birational map on each fiber of the moment map p_α so all fibers of p_α have the same dimension (since the ones of π_α do) and the general fiber of p_α is irreducible (same reason). It follows from Proposition 2.6 that $p_\alpha^*\mathcal{O}(B)$ is complete, hence integrable.

The integrable vector fields $\{\cdot\,, \beta_k\}_\alpha$ are computed as in Section 3 by using the defining relations $\mathcal{F}(\lambda, v(\lambda), b) \bmod u(\lambda) = 0$ and $\mathcal{C}$: since these relations were sufficient to determine the brackets on $\operatorname{Sym}^d \Gamma_\alpha$ they are also sufficient here. The (minimal) divisor on which they fail to be regular is denoted by $\mathcal{E}_\alpha$ (it may be empty, see Paragraph 4.2). Thus we have shown that $(M_\alpha \setminus \mathcal{E}_\alpha, \{\cdot\,,\cdot\}_\alpha, p_\alpha^*\mathcal{O}(B))$ is an integrable Hamiltonian system. The symmetries X and Y which we discussed in the preceding section can be transferred to the space M_α but we will not discuss this here. □

4.2. The polynomial case

We now show how the integrable Hamiltonian systems introduced in [Van2] (Section 2) are a special case of the systems of Section 4. We start from the following data

$$\begin{aligned} &1)\ \text{an integer } d \geq 1,\\ &2)\ \text{a polynomial } \varphi(x,y) \in \mathbf{C}[x,y] \setminus \{0\}, \\ &3)\ \text{a polynomial } F(x,y) \in \mathbf{C}[x,y] \setminus \mathbf{C}[x], \end{aligned} \tag{4.4}$$

and associate to it corresponding data of the form (3.1), namely we choose

$$\begin{aligned} &1)\ \varphi(x,y) \text{ as above,}\\ &2)\ B = \mathbf{C}^d,\\ &3)\ \mathcal{F}(x,y,b) = F(x,y) - (b_1x^{d-1} + \cdots + b_{d-1}x + b_d),\\ &4)\ \mathcal{C} = \mathbf{C}, \end{aligned} \tag{4.5}$$

(the b_i appearing in 3) are the components of b_i, i.e., $b = (b_1, \ldots, b_d)$). The main observation to be made here is that with this choice M_α is isomorphic to $\mathbf{C}^{2d}$ (and $\mathcal{E}_\alpha$ is empty).

Lemma 4.2. *The projection map $\mathbf{C}^{2d} \times B \to \mathbf{C}^{2d}$ restricts to an isomorphism $M_\alpha \to \mathbf{C}^{2d}$.*

Proof. For $\mathcal{F}$ as above we have that

$$M_\alpha = \{(u(\lambda), v(\lambda), b) \mid \mathcal{F}(\lambda, v(\lambda), b) \bmod u(\lambda) = b_1\lambda^{d-1} + \cdots + b_{d-1}\lambda + b_d)\}.$$

Since $u(\lambda)$ is monic, $\mathcal{F}(\lambda, v(\lambda), b) \bmod u(\lambda)$ is a polynomial in u_i, v_i (and λ), hence the map $(u(\lambda), v(\lambda), b) \to (u(\lambda), v(\lambda))$ has a regular inverse. □

Thus, in the present case the phase space is just $\mathbf{C}^{2d}$, the Poisson structure is given by $\{u_i, u_j\}_\alpha = \{v_i, v_j\}_\alpha = 0$ and the brackets (4.3), in particular the Poisson bracket is regular on $\mathbf{C}^{2d}$ (i.e., it is polynomial). The involutive algebra on $\mathbf{C}^{2d}$ is the polynomial algebra $\mathcal{A}_{F,d}$ generated by the d coefficients of

$$F(\lambda, v(\lambda)) \bmod u(\lambda).$$

In conclusion, for any data (4.4), $(\mathbf{C}^{2d}, \{\cdot,\cdot\}_\alpha, \mathcal{A}_{F,d})$ is an integrable Hamiltonian system and it coincides with the ones introduced in [Van2] (Section 2).

5. Integrable bi-Hamiltonian system associated to families of curves

The above constructions lead at once to the construction of many bi-Hamiltonian systems, namely we will associate one to the following data

$$\begin{aligned} &1)\ \text{a polynomial } \varphi(x,y) \in \mathbf{C}[x,y] \setminus \{0\},\\ &2)\ \text{an affine space } B = \mathbf{C}^d,\ (d \geq 1),\\ &3)\ \text{a closed immersion } \mathcal{F}\colon B \to \mathbf{C}[x,y],\\ &4)\ \text{a general polynomial } \psi \in \mathbf{C}[x,y]. \end{aligned} \tag{5.1}$$

The meaning of ψ being *general* will be explained in Paragraph 5.1 below; a special case of interest (in which $\psi(x,y)$ fails to be general in that sense) will be discussed in the second paragraph. Throughout this section the above data are fixed and we denote $\delta = (\varphi, B, \mathcal{F}, \psi)$. A subalgebra $\mathcal{C}$ of $\mathcal{O}(B)$, specifying the Casimirs, could also be chosen, but we take it to be trivial (i.e., $\mathcal{C} = \mathbf{C}$) for the simplicity of exposition and notation. Our construction is done at the level of $\Gamma_\delta^{(d)}$, for $\operatorname{Sym}^d \Gamma_\delta$ and M_δ the corresponding construction follows from it at once (e.g., in the introduction we formulated the result for M_δ). We will also restrict ourselves here to bi-Hamiltonian structures, the construction of multi-Hamiltonian structures (i.e., the case of several instead of just two Poisson brackets) also follows from it at once.

5.1. The general case

Using $\mathcal{F}$ we construct the following morphism,

$$\begin{aligned} \mathcal{F}' \colon B \times B &\to \mathbf{C}[x,y] \\ (b^1, b^2) &\mapsto \mathcal{F}\left(x, y, b^1 + \psi(x,y) b^2\right), \end{aligned} \tag{5.2}$$

where we view $\mathcal{F}(x,y,b)$ as an element of $\mathcal{O}(B)[x,y]$ (i.e., for given b as an element of $\mathbf{C}[x,y]$) as before. Since $\mathcal{F}$ is a closed immersion, $\mathcal{F}'$ will also be a closed immersion for general (i.e., most) $\psi(x,y)$; this is the case treated in this paragraph, we call such a $\psi(x,y)$ simply *general*. From $\mathcal{F}'$ we construct as in (3.2) the space $\Gamma_\delta^{(d)}$ by

$$\begin{aligned} \Gamma_\delta^{(d)} = \Big\{ &\left((x_1,y_1), \ldots, (x_d,y_d), b^1, b^2\right) \in \left(\mathbf{C}^2\right)^d \\ &\times B \times B \mid \mathcal{F}\left(x_i, y_i, b^1 + \psi(x_i,y_i) b^2\right) = 0 \Big\}, \end{aligned}$$

which admits two projections onto B, denoted by π_1 and π_2. From these we construct two data of the type (3.1):

$$\begin{aligned} \alpha_1 &= (\varphi, B \times B, \mathcal{F}', \pi_2^* \mathcal{O}(B)), \\ \alpha_2 &= (\varphi\psi, B \times B, \mathcal{F}', \pi_1^* \mathcal{O}(B)). \end{aligned}$$

They lead to two different integrable Hamiltonian systems. Remark that their phase space is the same[5] but they have different Poisson structures, in particular they have different algebras of Casimirs. However, they bare the following relation.

[5] The divisor to be removed from $\Gamma_\delta^{(d)}$ may be different for the two Poisson structures; to have a common space we can e.g. remove their union. We denote the divisor which we remove by D_δ.

Proposition 5.1. *The integrable Hamiltonian systems*

$$\left(\Gamma_\delta^{(d)} \setminus D_\delta, \{\cdot\,,\cdot\}_{\alpha_i}, \pi_1^*\mathcal{O}(B)\otimes\pi_2^*\mathcal{O}(B)\right) \qquad (i=1,2) \tag{5.3}$$

have many integrable vector fields in common, namely for any linear function β on $B=\mathbf{C}^d$,

$$\{\cdot\,,\pi_1^*\beta\}_{\alpha_1} = \{\cdot\,,\pi_2^*\beta\}_{\alpha_2},$$

hence these vector fields are bi-Hamiltonian vector fields.

Proof. Recall from (3.9) that the Hamiltonian vector fields $\{\beta_i,\cdot\}_\alpha$ were determined completely by

$$M_\alpha\{\beta,x\}_\alpha = -\mathcal{N}_\alpha,$$

and a similar equation for $\{\beta,y\}_\alpha$; we have introduced here a matrix

$$(\{\beta,x\}_\alpha)_{ij} = \{\beta_i,x_j\}_\alpha .$$

The corresponding equation for the integrable vector fields of α_1 is given by

$$\begin{pmatrix} \frac{\partial\mathcal{F}'}{\partial\beta^1} & \frac{\partial\mathcal{F}'}{\partial\beta^2} \\ \frac{\partial}{\partial\beta^1}(\pi_2^*\gamma) & \frac{\partial}{\partial\beta^2}(\pi_2^*\gamma)\end{pmatrix}\begin{pmatrix}\{\beta^1,x\}_{\alpha_1}\\ \{\beta^2,x\}_{\alpha_1}\end{pmatrix} = -\begin{pmatrix}\frac{\partial\mathcal{F}'}{\partial y}\varphi\\ 0\end{pmatrix}, \tag{5.4}$$

while the ones for α_2 are given by

$$\begin{pmatrix} \frac{\partial\mathcal{F}'}{\partial\beta^1} & \frac{\partial\mathcal{F}'}{\partial\beta^2} \\ \frac{\partial}{\partial\beta^1}(\pi_1^*\gamma) & \frac{\partial}{\partial\beta^2}(\pi_1^*\gamma)\end{pmatrix}\begin{pmatrix}\{\beta^1,x\}_{\alpha_2}\\ \{\beta^2,x\}_{\alpha_2}\end{pmatrix} = -\begin{pmatrix}\frac{\partial\mathcal{F}'}{\partial y}\varphi\psi\\ 0\end{pmatrix}. \tag{5.5}$$

Our notation is the same as the one we used in (3.9), except that we denote here by β_i^1 (resp. β_i^2) the generators which come from $\mathcal{O}(B)$ using π_1 (resp. π_2); thus, $\beta_i^1\colon\Gamma_\delta^{(d)}\to\mathbf{C}$ picks the i-th component of b^1 and similarly for β_i^2. Since the elements of $\pi_2^*\mathcal{O}(B)$ (resp. $\pi_1^*\mathcal{O}(B)$) are Casimirs for $\{\cdot\,,\cdot\}_{\alpha_1}$ (resp. $\{\cdot\,,\cdot\}_{\alpha_2}$) and

$$\frac{\partial}{\partial\beta^1}(\pi_2^*\gamma) = \frac{\partial}{\partial\beta^2}(\pi_1^*\gamma) = 0,$$

(5.4) and (5.5) are equivalent to

$$\begin{aligned}\frac{\partial\mathcal{F}'}{\partial\beta^1}\{\beta^1,x\}_{\alpha_1} &= -\frac{\partial\mathcal{F}'}{\partial y}\varphi,\\ \frac{\partial\mathcal{F}'}{\partial\beta^2}\{\beta^2,x\}_{\alpha_2} &= -\frac{\partial\mathcal{F}'}{\partial y}\varphi\psi.\end{aligned} \tag{5.6}$$

Now for the last equation we have that

$$\frac{\partial \mathcal{F}'}{\partial \beta_j^2}(x_i, y_i, b^1 + \psi(x_i, y_i)b^2) = \psi(x_i, y_i)\frac{\partial \mathcal{F}'}{\partial \beta_j^1}(x_i, y_i, b^1 + \psi(x_i, y_i)b^2),$$

so that the last equation of (5.6) can be written as

$$\frac{\partial \mathcal{F}'}{\partial \beta^1}\{\beta^2, x\}_{\alpha_2} = -\frac{\partial \mathcal{F}'}{\partial y}\varphi,$$

and we arrive at the conclusion

$$\{\beta^1, x\}_{\alpha_1} = \{\beta^2, x\}_{\alpha_2}.$$

Since the same holds for the brackets with y, we have shown that

$$\{\beta^1, \cdot\}_{\alpha_1} = \{\beta^2, \cdot\}_{\alpha_2},$$

i.e., the integrable vector fields corresponding to linear functions of B agree. □

If we denote the vector field $\{\cdot\,, \beta_j^1\}_{\alpha_1} = \{\cdot\,, \beta_j^2\}_{\alpha_2}$ by X_j ($j = 1, \ldots, d$) then we arrive at d bi-Hamiltonian hierarchies, which we depict in the following way.

$$\begin{array}{ccccccccc} & & \beta_j^1 & & & & \beta_j^2 & & \\ & \swarrow 2 & & 1 \searrow & & \swarrow 2 & & 1 \searrow & \\ 0 & & & & X_j & & & & 0 \end{array}$$

A straightforward application of Proposition 2.5 on these hierarchies provides another proof that $\pi_1^* \mathcal{O}(B) \otimes \pi_2^* \mathcal{O}(B)$ is involutive.

5.2. A special case

We next consider a case in which $\mathcal{F}'$, defined in (5.2) is not a closed immersion but still leads to bi-Hamiltonian vector fields. For a particular immersion $\mathcal{F}$ and $\psi(x, y) = x$ these were first described by us in [Van1] and later generalized in [Bue] for arbitrary $\mathcal{F}$ (still taking $\psi(x, y) = x$).

We fix some basis of $B = \mathbf{C}^d$ and we suppose that $\mathcal{F}$ is of the form

$$\mathcal{F}(x, y, b) = F(x, y) - (b_1 + \psi b_2 + \psi^2 b_3 + \cdots + \psi^{d-1} b_d),$$

where $b = (b_1, \ldots, b_d)$ with respect to the chosen basis. Then $\mathcal{F}'$, constructed as in (5.2), factors through a morphism

$$\begin{aligned} \mathcal{F}'': C &\to \mathbf{C}[x, y] \\ c &\mapsto F(x, y) - (c_1 + \psi c_2 + \cdots + \psi^d c_{d+1}), \end{aligned}$$

where $C = \mathbf{C}^{d+1}$ and $c = (c_1, \dots, c_{d+1})$. It leads to the family of curves

$$F(x, y) - (c_1 + \psi c_2 + \cdots + \psi^d c_{d+1}) = 0,$$

parametrized by C and to the affine variety

$$\begin{aligned} \Gamma_\delta^{(d)} =& \{((x_1, y_1), \dots, (x_d, y_d), c) \in \mathbf{C}^{2d} \times C \\ \mid F(x_i, y_i) =& c_1 + \cdots + \psi^d(x_i, y_i) c_{d+1}\}, \end{aligned}$$

which admits two projection maps π_1 and π_2 onto B, defined by

$$\begin{aligned} \pi_1(x_1, \dots, y_d, c_1, \dots, c_{d+1}) &= (c_1, \dots, c_d), \\ \pi_2(x_1, \dots, y_d, c_1, \dots, c_{d+1}) &= (c_2, \dots, c_{d+1}). \end{aligned}$$

The projection map $\Gamma_\delta^{(d)} \to C$ will be denoted by π_3. On $\Gamma_\delta^{(d)} \setminus D_\delta$ (the divisor D_δ is as above) we construct the two integrable Hamiltonian systems associated to the data

$$\begin{aligned} \alpha_1 &= (\phi, C, \mathcal{F}'', \pi_2^* \mathbf{C}[\beta_d]), \\ \alpha_2 &= (\phi\psi, C, \mathcal{F}'', \pi_1^* \mathbf{C}[\beta_1]). \end{aligned}$$

Remark that the function on $\Gamma_\delta^{(d)}$ which picks the last component of c is a Casimir for the integrable Hamiltonian system associated to α_1; similarly the function on $\Gamma_\delta^{(d)}$ which picks the first component of c is a Casimir for the integrable Hamiltonian system associated to α_2. It leads to the following proposition, analogous to Proposition 5.1 (the proof is similar).

Proposition 5.2. *The integrable Hamiltonian systems*

$$\left(\Gamma_\delta^{(d)} \setminus D_\delta, \{\cdot\,,\cdot\}_{\alpha_i}, \pi_3^* \mathcal{O}(c)\right) \qquad (i = 1, 2) \tag{5.7}$$

have for every linear function β on $B = \mathbf{C}^d$ an integrable vector field in common, namely

$$\{\cdot\,, \pi_1^* \beta\}_{\alpha_1} = \{\cdot\,, \pi_2^* \beta\}_{\alpha_2}.$$

It leads to a single bi-Hamiltonian hierarchy, which takes the following form ($\beta_j^i = \pi_i^* \beta_j$).

$$\begin{array}{ccccccccccccc} & & \beta_1^1 & & & & \beta_2^1 = \beta_1^2 & & & \cdots & & \beta_d^2 & \\ & \swarrow 2 & & 1 \searrow & & \swarrow 2 & & 1 \searrow & \swarrow 2 & & 1 \searrow \;\; \swarrow 2 & & 1 \searrow \\ 0 & & & & X_1 & & & & X_2 & \cdots & X_d & & 0 \end{array}$$

Proposition 5.2 is easily specialized to the case of families of hyperelliptic by taking $F(x, y)$ of the form $F(x, y) = y^2 + f(x)$ (d is taken as the genus of the curve). Taking $\psi(x, y) = x$ we recover, (in terms of the concrete realization in terms of polynomials) the multi-Hamiltonian structure of the even and odd master systems, given in [Van1] (see also [Van3]). A Lie-algebraic construction of these multi-Hamiltonian structures will be given in the forthcoming paper [PV].

References

[Bue] Bueken, P., Multi-Hamiltonian formulation for a class of degenerate completely integrable systems, *J. Math. Phys.* **37** (1996), 2851–2862.

[CMP] Casati, P., Magri, F., Pedroni, M., The bi-Hamiltonian approach to integrable systems, *Modern Group Analysis: Advanced Analytical & Computational Methods in Mathematical Physics*, Kluwer Academic Publishers, Dordrecht (1993).

[Har] Hartshorne, R., *Algebraic Geometry*, Springer Verlag, 1977.

[PV] Pedroni, M., Vanhaecke, P., A Lie algebraic generalization of the Mumford system, its symmetries and its multi-Hamiltonian structure, preprint.

[Van1] Vanhaecke, P., Linearizing two-dimensional integrable systems and the construction of action-angle coordinates, *Math. Z.* **211** 265–313, (1992).

[Van2] Vanhaecke, P., Integrable systems and symmetric products of curves, *Math. Z.*, to appear.

[Van3] Vanhaecke, P., Integrable systems in the realm of algebraic geometry, *Lect. Notes in Math.* **1638** (1996), Springer-Verlag, New York.

Université des Sciences et Technologies de Lille
U.F.R. de Mathématiques
59655 Villeneuve d'Ascq Cedex, France
Pol.Vanhaecke@Univ-Lille1.fr

University of California
Department of Mathematics
Davis, California 95616-8633, USA
Vanhaeck@math.ucdavis.edu

Received: October, 1995.

Progress in Mathematics

Edited by:

Hyman Bass	J. Oesterlé	A. Weinstein
Dept. of Mathematics	Institut Henri Poincaré	Department of Mathematics
Columbia University	11, rue Pierre et Marie Curie	University of California
New York, NY 10010	75231 Paris Cedex 05	Berkeley, CA 94720
USA	FRANCE	USA

Progress in Mathematics is a series of books intended for professional mathematicians and scientists, encompassing all areas of pure mathematics. This distinguished series, which began in 1979, includes authored monographs and edited collections of papers on important research developments as well as expositions of particular subject areas.

We encourage preparation of manuscripts in some form of TeX for delivery in camera-ready copy which leads to rapid publication, or in electronic form for interfacing with laser printers or typesetters.

Proposals should be sent directly to the editors or to: Birkhäuser Boston, 675 Massachusetts Avenue, Cambridge, MA 02139, U. S. A.

100 TAYLOR. Pseudodifferential Operators and Nonlinear PDE
101 BARKER/SALLY. Harmonic Analysis on Reductive Groups
102 DAVID. Séminaire de Théorie des Nombres, Paris 1989-90
103 ANGER /PORTENIER. Radon Integrals
104 ADAMS /BARBASCH/VOGAN. The Langlands Classification and Irreducible Characters for Real Reductive Groups
105 TIRAO/WALLACH. New Developments in Lie Theory and Their Applications
106 BUSER. Geometry and Spectra of Compact Riemann Surfaces
107 BRYLINSKI. Loop Spaces, Characteristic Classes and Geometric Quantization
108 DAVID. Séminaire de Théorie des Nombres, Paris 1990-91
109 EYSSETTE/GALLIGO. Computational Algebraic Geometry
110 LUSZTIG. Introduction to Quantum Groups
111 SCHWARZ. Morse Homology
112 DONG/LEPOWSKY. Generalized Vertex Algebras and Relative Vertex Operators
113 MOEGLIN/WALDSPURGER. Décomposition spectrale et séries d'Eisenstein
114 BERENSTEIN/GAY/VIDRAS/YGER. Residue Currents and Bezout Identities
115 BABELON/CARTIER/KOSMANN-SCHWARZBACH. Integrable Systems, The Verdier Memorial Conference: Actes du Colloque International de Luminy
116 DAVID. Séminaire de Théorie des Nombres, Paris 1991-92
117 AUDIN/LAFONTAINE (eds). Holomorphic Curves in Symplectic Geometry
118 VAISMAN. Lectures on the Geometry of Poisson Manifolds
119 JOSEPH/ MEURAT/MIGNON/PRUM/ RENTSCHLER (eds). First European Congress of Mathematics, July, 1992, Vol. I
120 JOSEPH/ MEURAT/MIGNON/PRUM/ RENTSCHLER (eds). First European Congress of Mathematics, July, 1992, Vol. II
121 JOSEPH/ MEURAT/MIGNON/PRUM/ RENTSCHLER (eds). First European Congress of Mathematics, July, 1992, Vol. III (Round Tables)
122 GUILLEMIN. Moment Maps and Combinatorial Invariants of T^n-spaces
123 BRYLINSKI/BRYLINSKI/GUILLEMIN/KAC. Lie Theory and Geometry: In Honor of Bertram Kostant
124 AEBISCHER/BORER/KALIN/LEUENBERGER/ REIMANN. Symplectic Geometry
125 LUBOTZKY. Discrete Groups, Expanding Graphs and Invariant Measures

126 RIESEL. Prime Numbers and Computer Methods for Factorization
127 HORMANDER. Notions of Convexity
128 SCHMIDT. Dynamical Systems of Algebraic Origin
129 DIJGRAAF/FABER/VAN DER GEER. The Moduli Space of Curves
130 DUISTERMAAT. Fourier Integral Operators
131 GINDIKIN/LEPOWSKY/WILSON (eds). Functional Analysis on the Eve of the 21st Century. In Honor of the Eightieth Birthday of I. M. Gelfand, Vol. 1
132 GINDIKIN/LEPOWSKY/WILSON (eds.) Functional Analysis on the Eve of the 21st Century. In Honor of the Eightieth Birthday of I. M. Gelfand, Vol. 2
133 HOFER/TAUBES/WEINSTEIN/ZEHNDER. The Floer Memorial Volume
134 CAMPILLO LOPEZ/NARVAEZ MACARRO (eds) Algebraic Geometry and Singularities
135 AMREIN/BOUTET DE MONVEL/GEORGESCU. C_0-Groups, Commutator Methods and Spectral Theory of N-Body Hamiltonians
136 BROTO/CASACUBERTA/MISLIN (eds). Algebraic Topology: New Trends in Localization and Periodicity
137 VIGNERAS. Représentations l-modulaires d'un groupe réductif p-adique avec $l \neq p$
138 BERNDT/DIAMOND/HILDEBRAND (eds).
139 BERNDT/DIAMOND/HILDEBRAND (eds). Analytic Number Theory, Vol. 2 In Honor of Heini Halberstam
140 KNAPP. Lie Groups Beyond an Introduction
141 CABANES. Finite Reductive Groups: Related Structures and Representations
142 MONK. Cardinal Invariants on Boolean Algebras
143 GONZALEZ-VEGA/RECIO. Algorithms in Algebraic Geometry and Applications
144 BELLAÏCHE/RISLER. Sub-Riemannian Geometry
145 ALBERT/BROUZET/DUFOUR (eds). Integrable Systems and Foliations Feuilletages et Systèmes Intégrables

MIX
Papier aus verantwortungsvollen Quellen
Paper from responsible sources
FSC® C105338

If you have any concerns about our products,
you can contact us on
ProductSafety@springernature.com

In case Publisher is established outside the EU,
the EU authorized representative is:
Springer Nature Customer Service Center GmbH
Europaplatz 3, 69115 Heidelberg, Germany

Printed by Libri Plureos GmbH
in Hamburg, Germany